KB271802

TOURISM AND ISSUE
관광과
이슈

송지준 지음

관광과 이슈

KSI 한국학술정보㈜

저자의 말

　관광은 정치·경제·사회·문화 등 모든 사회현상과 복합적으로 관련되어 있는 학문이므로, 관광현상을 포괄적으로 이해하기 위해서는 전체에서 관광과 관련되는 부분을 조망하는 체계적 사고가 필요하다. 관광현상이란 독립적으로는 설명되지도 않고 이해할 수도 없는 사회현상이며, 모든 사회현상과 그물망처럼 얽혀서 존재하기 때문에 사회 전반에 관한 체계적인 지식이 부족하면 관광현상을 이해하는 데도 한계가 있을 수밖에 없다. 필자는 그동안 강단에서 절실히 느낀 것 중 하나가 바로 사회현상으로서 관광을 가장 흥미로운 주제로 생각하면서도 포괄적 지식의 부족으로 가장 어려워한다는 것이었다. 관광의 일면(一面)만을 바라본다면 이는 단편적인 지식에 불과하기 때문에 다각적인 차원에서 관광현상에 주목해야 하는 것은 너무나 당연한 사실이다. 현재 관광학(觀光學)과 관련한 헤아릴 수 없을 정도의 많은 서적들이 출간되어 있다. 그렇지만 사회현상으로서 관광을 설명한 서적은 찾아보기 힘이 든다. 이에 복잡한 사회현상 속에서 관광현상을 설명하는데 조금이나마 도움이 되고자 졸저를 출판하기로 결심하였다.

　본 저서는 필자가 그동안 강의를 하면서 학생들이 가장 많은 관심을 가지고 주목한 강의 주제를 모태로 하였고, 여기에 필자의 연구과정을 통해 축적된 지식과 능력이 더해진 결과물이다. 본서의 내용 중 일부분은 필자의 주관적인 사고에서 자유로울 수 없다는 것을 미리 밝혀둔다. 따라서 저서의 내용 중 어떤 부분에서는 의견을 달리하는 독자들이 있을 수도 있다. 그 만큼 논쟁의 여지가 많은 주제를 담고 있다. 그래서 본서의 제목도 "관광과 이슈"라 하였다. 이슈라 함은 논쟁거리, 쟁점사항 등으로 해석할 수 있는 만큼, 필자와 독자들 간에는 상이한 결론에 도달할 가능성도 있다. 이러한 경우는 독자 상호간에 토론과 논의를 통하여 새로운 결론을 도출할 수 있는 의미 있는 시간을 가졌으면 하는 바람이다. 아울러 필자와의 의견교환도 언제든지 가능함을 밝혀둔다.

본 저서는 필자가 오랫동안 관심을 가지고 지켜본 관광현상을 폭넓은 국내·외 정세와 연결하여 설명하는 데 노력하였다. 사회현상 내에서 관광현상을 설명하는 과정 혹은 관광현상을 가지고 사회현상을 이해하는 과정에서 자연스럽지 못한 측면이 있을 수도 있다. 이는 부족한 관련 문헌과 아직까지 더 많은 연구를 필요로 하는 필자의 연구역량의 부족으로 이해해 주길 바란다. 그러나 시사와 상식, 국내·외 역사와 현대사회의 불안한 국제정세 속에서 관광현상을 이해하고 설명하였다는 것은 분명 매우 유익한 시도일 것이다. 독자들이 본서를 통하여 관광현상의 깊은 의미를 이해하고, 새로운 관광현상을 규명하는 능력이 생겨나기를 기원해 본다.

마지막으로 졸저를 출간함에 있어 수고를 아끼지 않으신 한국학술정보(주) 관계자 여러분께 깊은 감사를 드린다.

2008년 2월
송지준

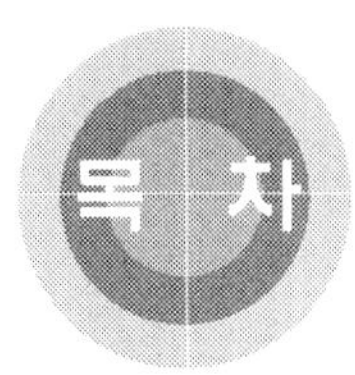# 목차

제3부 관광과 탈북자의 심리적 정착 / 141

 **제4부 관광과 국제무역시장의 개방 / 193**

01

대한민국 정권별
사회상황과 관광

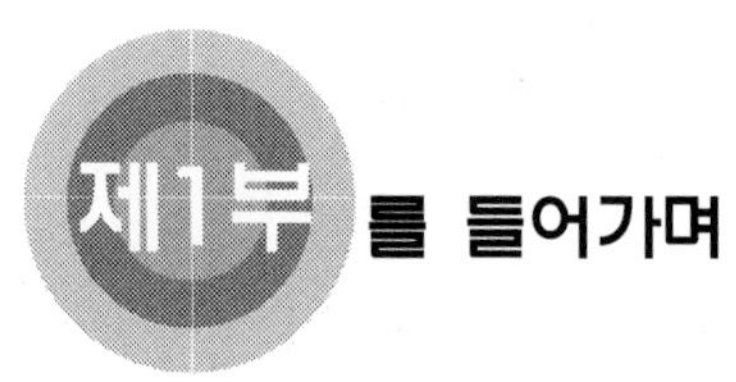

제1부 를 들어가며

1부에서 설명하는 시대배경은 일제식민 시대부터 김대중 정부까지로 그 주요내용은 다음과 같다. 제1절 일제시대부터 이승만 정권까지의 관광, 제2절 박정희 정권시대의 관광, 제3절 전두환·노태우 정권시대의 관광, 제4절 김영삼, 김대중 정권시대의 관광으로서 그간의 한국 현대사 속에서 있었던 경제적, 정치적, 사회적 사건 속에서 관광은 어떠한 긍정적 혹은 부정적 영향을 주고받았는지에 대한 설명이다. 주지된 바와 같이 대한민국의 초기 교통시설은 일본의 대륙침략을 위한 군사적 목적에서 시작하였으며, 초기의 관광호텔 역시 일본과 서양인 등 그들의 목적 달성을 위해 설립되었다. 비록 초기의 관광 인프라는 우리의 손에 의해 이루어지지 않았지만, 현대사를 지나면서 관광은 국가적 차원에서 그 중요성이 강조되었고, 박정희 정권에서는 그 빛을 발하게 된다.

우리나라 관광정책 방향을 연대별로 간략하게 살펴보면, 1960년대부터 1970년까지는 주로 국가경제발전을 위한 외화획득을 목적으로 국제관광 진흥에 주력하여 왔다. 1980년부터 1990년대까지는 경제수준의 향상, 여가시대의 증대 등으로 국민관광이 활발해지면서 복지관광의 중요성이 강조되어 국제관광뿐만 아니라 국민관광에도 관광정책의 중점을 두게 되었다. 그리고 2000년대에는 국민관광수요의 해외유출을 방지하고 외래 관광객 1,000만 명 시대를 열어갈 수 있는 매력적인 관광 인프라 확충으로 동북아시아 관광 허브로의 도약을 정책목표로 삼고 있다. 이처럼 관광산업은 시대의 변화에 따라 정책방향이 달라짐을 알 수 있다. 그간의 관광학자들은 관광은 정치적, 경제적, 사회적 변화에 매우 민감하게 반응한다고 강조하면서도 시대상황에 따라 관광이 어떻게 민감하게 변화하였는지에 대한 구체적인 지식을 전달하지 않은 것같이 보인다.

이에 1부에서는 관광 분야에서 그동안 다루지 않았던 한국 현대사 속에서 일어난 사건들과 이로 인해 관광산업의 변화에 대한 이야기를 하고자 한다. 관광은 대한민국 현대사에서 정권이 교체될 때마다 주요 국가 전략적 산업으로 혹은 외화낭비의 주범으로 일관성 없이 인식되었기에 시대상황의 변화 속에서 관광의 변화를 이해하는 것은 관광에 대한 폭넓은 지식을 전달할 것으로 기대한다.

제1절 일제시대부터 이승만 정권까지의 관광산업

1. 일제시대부터 이승만 정권까지의 사회상황

19세기가 들어서면서 일본은 1853년 미국에게 문호를 개방하고 조선보다 앞선 급속한 근대화 정책을 펼쳐 제국주의 대열에 합류를 시도하였고, 조선에 압력을 가하여 굳게 닫힌 조선의 문호를 강제로 열게 만들었다. 그 후 일본은 조선과 자주 접촉하면서 자국의 이익을 취하기 위하여, 조선의 일부 대신들을 돈으로 매수하였으며 매수당한 대신들은 일신의 영달을 위해 지속적으로 일본에 동조하여 대한제국은 시나브로 일본의 손아귀에 들어가고 있었다. 1905년에는 고종황제가 보는 앞에서 매국노 이완용 등은 을사보호조약을 체결하면서, 일본은 대한제국의 외교권뿐만 아니라 행정권까지도 마음대로 조정하였다. 고종황제를 강제로 퇴위시킨 일본은 이완용 등을 주축으로 내각을 구성하여 사법권마저 빼앗고 군대마저 해산시키고 결국 1910년 8월 22일 한일합방에 이르게 된다.

한일합방 이후 전국 각지에서 의병과 열사들이 일어나 독립운동을 펼쳤으며, 국외에서는 임시정부 수립운동이 전개되고 있었다. 가장 먼저 임시정부 수립운동이 전개된 곳이 손병희를 대통령으로 이승만을 국무총리로 하는 정부조직을 발표한 블라디보스톡이었다. 이어 상해에서도 임시정부를 선포하였고, 마지막 서울에서도 임시정부가 수립되었다. 블라디보스톡, 상해, 서울 등의 세 곳의 임시정부는 협상 후 1919년 9월 6일 상해에서 이승만을 대통령으로 한 하나의 임시정부가 탄생된다. 정식명칭은 대한민국 임시정부였다. 처음에는 별다른 문제가 없었던 임시정부였지만 얼마 지나지 않아 내부적인 갈등이 발생한다. 임시정부의 국무총리였던 이동휘는 레닌으로부터 한국의 독립운동자금으로 금화 200만 루블의 지원을 약속받고 그중 60만 루블을 먼저 지원받았다. 그러나 이동휘는 이 지원금을 임시정부에 입금하지 않고 자신이 총수로 있는 사회주의 단체인 한인사회당에 사용하였다. 대통령으로 있던 이승만 역시 미국교포들이 지원한 자금을 임의로 사용하였고, 심지어는 미국에 한국의 위임통치를 청원하기까지 하였다. 이러한 상해임시정부는 내부적인 갈등으로 인해 자리를 잡지 못하고 흔들리기 시작하였다. 그 당시는 한국, 중국, 일본 등지에서는 사회주의 바람이 불고 있었고, 각 나라에는 공산당이 결성되었던 시점으로 대한민국에도 공산당이 결성되던 시기였다. 그 결과 상해임시정부는 민족주의와 사회주의로 사상이 대립되어 내부적 갈등은 깊어만 갔고 1925년 3월 독단적으로 일을 처리하던 이승만은 탄핵되어 축출되었다. 이렇듯 대한민국 임시정부는 수립되어 뚜렷한 업적을 남기지도 못한 채 침체기에 빠지게 된다.

일본은 1931부터 1945년 해방까지 우리 민족에 대한 민족말살정치를 시작하였지만, 대한민국 임시정부는 그 역할을 다하지 못하고 있었고, 이러한 때 임시정부 국무령으로 지내던 김구는 1931년 11월 비밀 항일 결사단인 한인애국단을 결성하였다. 김구가 한인애국단을 결성하자 한국의 많은 젊은이들이 자신의 목숨을 기꺼이 바치고자 김구의 휘하에 들어갔다. 한인애국단의 행동대원의 수는 윤봉길, 이봉창, 이덕주 등을 포함하여 80여 명이나 되었다. 이상과 같이 대한민국 임시정부의 국제사회에서의 역할 미비, 한인애국단의 항일투쟁활동 등은 일본에게 식민통치의 강도를 더욱 높이는 결과를 초래하여 결국에는 일본에 협조하는 세력, 소위 친일파들이 대거 속출하게 된다. 친일파들은 지식인층과 유명

인사들에서 더 많이 나왔는데, 그들 중 일부는 처음에는 독립운동을 하다 친일파가 된 경우도 있었다. 이들은 시대적 상황에 어쩔 수 없는 선택이었다 할지라도, 목숨을 버리면서 애국활동 벌인 애국자들 앞에서는 현대에 와서도 자유롭지 못한 신분으로 대우받는 것은 어찌 보면 당연한 결과일 것이다.

1937년 중·일 전쟁이 발발하자 중국 각처에서 활동하던 독립군들이 임시정부를 중심으로 모여들기 시작하였다. 그러나 결코 그들은 하나가 될 수 없었다. 이미 사상이 좌익과 우익으로 나뉘어져 있었기 때문이다. 임시정부는 김구를 중심으로 한 광복단체연합회와 김원봉을 중심으로 한 조선민족전선연맹이 대립구도를 형성하고 있었다. 결과론적으로 대한민국은 해방을 앞둔 시점에서 크게 친일파, 우익, 좌익 등 세 개의 계파로 나뉘어져 있었던 것이다.

1945년 8월 15일 일본 천왕의 항복과 함께 해방을 맞이하면서 국민들은 새로운 국가건설에 흥분이 되어 있을 시점에 모스크바 3상회의가 한반도를 신탁통치에 두기로 결정하였다. 이로써 남한은 또 다른 사상 분열이 발생한다. 좌익과 우익이 하나로 뭉쳐도 될까 말까 한 이 시기에 남한지역의 우익들 사이에서 또 다른 분열이 발생한 것이다. 미국의 편에 서서 반탁을 반공·반소운동으로 발전시키고자 한 이승만 세력과 반탁을 통하여 민족주의적 정신을 주장한 김구 세력이 그것이다. 한편, 미군은 한반도에 주둔하기 위해 1945년 9월 8일 인천을 통해 한반도에 상륙하는데, 이때부터 1948년 8월 15일 남한 단독정부가 수립될 때까지 대한민국은 미국의 의해 군사통치(미군정기)를 받게 된다. 미군정기 시기인 3년 동안 미국은 철저한 계획 아래 대한민국을 통치하게 된다. 미군 자신들에게 적극적으로 동조할 친일파 세력의 대거 등용과 자신들에 반하는 세력인 상해 임시정부세력의 경계였다. 미군들은 해방 후 자신들의 뜻에 동조하는 이승만 세력이 대한민국에 입국한 후에야 상해 임시정부 세력들을 개인 자격으로만 입국을 허락한 것은 이미 대한민국 통치를 위한 사전 계획을 수립하였다는 증거가 될 것이다.

1947년 미국이 트루먼 독트린을 발표하면서 미·소관계가 악화되기 시작하고, 남한만의 단독선거가 미국에 의해 결정되었다. 이에 각계각층의 인사들과 민중들이 단독선거·단독정부 수립 반대를 외치며 전국 곳곳에서 들고 일어났다. 김구는 즉각적으로 북한의 김일성과 김두봉에게 편지를 보내 정치협상을 제의하였고 남한의 각 정당과 사회단체들은 잇달아 지지하였다. 그러나 미군정의 적극적인 지지를 받던 이승만 세력은 김구 세력들을 용공주의자라 비판하며 국민들의 지지를 이끌어 내려고 온갖 노력을 하였으며, 결국 1948년 5월 10일 남한 단독 총선거가 실시되어 이승만은 대통령으로 임명되고 부통령에는 이시영을 선출하였다. 이승만은 상해 임시정부 시절 탄핵된 바 있고 오랜 미국 생활로 인해 국내에서도 정치 기반이 미약하였지만, 그는 미국의 전폭적인 지지하에 남한의 대통령으로 선출되었던 것이다. 미국은 매우 급진적인 성향을 가진 김구는 인정하지 않았고 친미성향이 짙은 이승만을 지지하였으며, 또한 업무의 효율성을 내세워 친일파를 해방 이후 재기용하였는데 이들이 바로 이승만의 주요한 지지 세력들이었던 것이다. 결국 양심과 나라를 팔아 호위호식하던 친일파는 일본 패망 이후에도 우리나라에서 다시 기세등등하게 자리를 잡게 되었으며, 이들의 전폭적인 지지로 이승만은 대통령으로 당선된 것이다. 이로써 남한의 정치는 미국의 뜻대로 움직이게 된다. 이후 이승만은 대한민국의 대통령으로서 장기 집권의 야욕을 성취하기 위하여 대통령 중임제한 조항을 철폐하고, 대규모 부정선거 실시, 사사오입개헌, 진보당 사건 등을 일으킨다. 이러한 국민들의 여론에 반(反)하는 정책적 결정을 한 이승만 독재정부는 급기야 학생들과 시민들이 중심이 된 4·19의거를 통하여 국민들의 손에 의해 하야하게 됨으로써 미국의 지지 속에 보낸 12년간의 통치생활에 종지부를 찍는다.

일제시대부터 이승만 정부시절까지 관광과 관련된 기록은 전무하다고 할 수 있다. 그러나 일제시대 당시 일본의 대륙침략을 목적으로 한반도에 설치한 교통 관련시설들은 훗날 관광 인프라 구축에 도움이 되었다는 점과 한국동란 중임에도 불구하고 이승만 정부는 교통부 산하에 관광계를 신설하여 전후복구사업에 필요한 외화를 UN 휴가 장병과 같은 외래 관광객 유치를 통해서 획득하고자 하였다는 점은 주목할 만하다.

2. 일제시대부터 이승만 정권까지의 관광

1) 관광의 인프라, 교통시설의 탄생

① 자동차

우리나라에서 자동차가 처음 도입된 것은 1903년 왕실에서 고종황제 전용 어차로 재위 40년을 축하하는 칭경식(稱慶式)에 타고 갈 리무진 1대를 구입한 것이 최초의 자동차 도입이다. 그러나 황제가 매연과 소음을 내는 자동차를 타는 것은 경망스럽다고 하여 자동차는 구경거리로 전락되고 이듬해인 러·일 전쟁으로 사라지고 말았다. 이후 우리나라는 1911년에는 황실 2대, 조선총독부 1대, 프랑스 영사 1대 등 4대로 늘어난 이후 외국공관, 왕족들이 자동차 구입을 하여 1919년에는 모두 50대 정도를 보유하게 된다.

우리나라 최초의 승합버스는 1912년 일본인 에가와가 8인승 포드 승용차 한 대를 들여오면서 시작된다. 에가와는 당시 진주에서 살고 있었는데 자동차로 돈을 벌 궁리를 하다 마산－삼천포 간 운행을 최초로 시작하였던 것이다. 운임요금은 마산－삼천포는 1원 30전, 마산－진주는 3원 80전이었다. 당시 쌀 한 가마니 값이 4원이 채 못 되었으니 버스요금이 얼마나 비쌌는지를 알 수 있다.

1913년 일본인 곤도는 연합상회를 설립하여 평양－진남포, 사리원－해주, 천안－온양, 김천－상주, 의주－신의주 등 5개 노선에 8인승 승합버스를 정기운행하였다. 그 후 늘어나는 교통인구에 대응하기 위하여 1929년에는 8인승 승합버스를 14인승으로 바꾸었다. 그리고 버스가 시내관광에 이용되기도 하여 1931년에는 경성유람 승합자동차 주식회사가 설립되어 서울 시내 관광을 위해 2－5시간에 걸쳐 운행하였다. 당시 관광버스는 16인승으로 요금은 2원 20전으로 부자들만이 이용할 수 있는 전유물이었다. 택시는 일본인 노무라가 경성택시회사를 설립하여 단 2대를 가지고 영업을 시작하여, 1926년에는 요금기가 달린 본격적인 택시가 등장하였다.

이러한 일제시대의 우리나라의 운수업은 한국동란 이후 75% 정도가 파괴되어 복구가 매우 어려운 상황에 직면하게 되지만, 1955년 시발 자동차회사가 미군의 지프를 개조하여 새로운 지프를 생산하였고, 1956년부터 택시도 공급하는데 이것이 시발택시이다. 우리의 손으로 만든 첫 자동차인 시발은 2도어 4기통 1.323cc 엔진으로, 한 대를 만드는 데 4개월 정도 걸리는 매우 값이 비싼 제품으로 초기에는 사 가는 사람이 거의 없었다고 한다. 그러다 1955년 10월 광복 10주년을 기념하여 경복궁에서 열린 산업박람회 때 시발차를 출품하여 최우수 상품으로 선정됨과 동시에 대통령상을 수상하여 전국적으로 알려지기 시작하였고, 그때부터 영업용 택시로 각광을 받아 생산능력이 수요를 따라가지 못할 만큼의 성황을 누렸다. 1962년 새나라 자동차회사가 새나라 승용차를 시판하면서 시발택시는 점차적으로 종적을 감추게 된다. 이와 같이 우리나라의 대표적인 교통시설인 버스와 택시는 일본 식민지정책에 의해 근대문물이 도입되면서 대부분 일본인들의 의해 시작되었다.

② 철 도

1899년 9월 경인선(노량진-제물포) 32.2㎞가 개통된 것이 우리나라 최초의 철도로서 일본인이 경영하는 경인철도회사가 건설하였다. 1901년 일본은 대륙침략의 발판을 마련하기 위하여 경부선 철도건설에 착수하여 1905년 1월 영등포-초량(부산) 간 450.5㎞의 경부선을 개통하였다. 1906년에는 서울에서 신의주(경의선)까지 철도운행이 시작되었고, 1914년 대전에서 목포(호남선), 1924년에는 철원-금화 간 금강산철도가 개통되어 관광객 수송의 역할까지 하였다. 뿐만 아니라 1929년 조치원에서 충주(충북선), 1931년 천안에서 장항(장항선), 1936년 익산에서 여수(전라선), 1939년 성동에서 춘천(경춘선), 1942년 청량리에서 경주(중앙선) 등의 노선이 개설되었다. 이 시기에 개통된 대부분의 철도는 일본의 식민지 착취와 대륙침략의 목적으로 건설·운영되었으며, 철도의 총길이는 6,632㎞이었다. 해방이 되기 전까지는 우리의 기술로 만든 기관차는 없었지만, 해방이 되는 해 우리의 기술로 만든 최초의 기관차(해방 제1호)가 영등포-수원 간 시운전되었다.

③ 항공 및 해운

우리나라에 비행기가 등장한 것은 라이트 형제가 비행을 한 후 10년 뒤인 1913년이었다. 일본 해군중위 나라하라가 용산 연병장에서 잠시

떴다 내린 기록이 있는데, 비행이라고 하기에는 너무나 짧은 시간이었다. 이듬해인 1914년 일본인 다까소오가 용산에서 시험비행 한 것을 우리나라에서의 최초의 비행이라고 이야기할 수 있을 것이며, 한국인으로서는 안창남이 1922년 모국방문비행을 한 것이 최초의 일이다.

1948년 민간에 의해 대한민국항공사가 설립되어 미국의 스틴슨(Stinson)형 단발기 3대를 도입하여 서울-강릉, 서울-광주-제주, 서울-옹진, 서울-부산 간의 국내선 면허를 얻어 취항하면서 본격적인 민간항공사가 탄생하였다. 그러나 만성적인 적자에 어려운 경영난을 겪다 1961년 5·16군사쿠데타로 문을 닫게 된다. 이듬해인 1962년 6월 정부출자로 국영항공공사를 설립하여 대한항공공사(Korean Air Lines)를 운영하였으나, 이 역시 만성적인 적자로 인해 1969년 민간회사인 한진상사에 대한항공공사의 운영권을 넘기고 현재의 대한항공(주)이 창설된다.

우리나라의 최초의 비행장은 용산의 일본군 연병장이었으며, 현재의 김포공항은 1939년 3개의 활주로를 건설하여 일본 가미가제 특공대의 훈련장소로 사용하던 곳이었다. 해방 후 김포공항의 관할권은 미군으로 넘어갔으며, 한국동란 시 미 제5공군 전용 활주로로 사용했다. 1954년 1월 김포공항은 단계적으로 미국에서 한국으로 관리권이 이양되었으며, 동년 3월에 대통령령으로 김포공항은 국제공항으로 지정된다.

우리나라의 해운업은 1876년 2월 27일 병자수호조약(강화도조약 혹은 조·일수호조약)에 의해 부산항이 개항된 이래로 원산·인천·진남포·청진·군산 등이 개항을 하면서 외국에 서서히 문호를 개방하기 시작하면서 본격화된다.

2) 관광의 인프라, 숙박시설의 탄생

1876년 병자수호조약의 체결로 원산, 부산, 인천 등의 항구가 개항되었고, 1882년 조·미 수호통상체결과 함께 영국, 프랑스, 이태리 등 서구열강들이 조선에 속속 입국하게 되었다. 이에 따라 운수업, 무역업, 미곡상, 잡화상, 여관업, 요리업 등이 발달하게 되었다. 또한 전국적으로 각 지역을 잇는 철도의 개통으로 철도역을 중심으로 숙박업이 발달하기 시작하여 1908년에는 전국에 123개의 여관이 있었다고 한다. 한국에서의 근대적 숙박시설의 발전은 이 시기부터라 할 수 있다. 이러한 근대적 여관과 함께 외국인을 대상으로 탄생된 최초의 호텔은 인천의 '대불호텔'이라 전해지고 있다. '대불호텔'은 일본인 호리 리키타로가 1887년 착공하여 1888년에 완공시킨 외국인에 의해 최초로 건립된 3층 호텔이다.

서울에서 제일 먼저 세워진 서양식 호텔은 1902년 독일인 손탁이 정동에 세운 '손탁호텔'이다. 손탁은 1885년 초대 한국 주재 러시아 대리공사 베베르(Karl Ivanovich Veber)와 함께 서울에 도착해 베베르 부부의 추천으로 궁궐에 들어가 양식 조리와 외빈 접대를 담당하였다. 그러다 명성황후의 신임을 얻어 정계의 배후에서 활약하다가 1895년 고종으로부터 정동(貞洞)에 있는 가옥을 하사받아 외국인들의 집회 장소로 사용하였다. 1902년 10월에는 이 가옥을 헐고 2층의 서양식 호텔을 지었는데, 이 호텔이 바로 손탁호텔이다. 1902년에 개업한 이 호텔은 위층을 귀빈들의 객실로 사용하였고 아래층은 일반 객실과 식당으로 사용하였다. 미국을 주축으로 결성된 정동구락부의 모임 장소로 사용되었을 정도로 구한말 서구 열강의 외교관들이 외교 각축을 펼친 곳으로 유명한 곳이다. 1918년 문을 닫은 뒤 이화학당에서 사들여 기숙사로 사용하다가 1923년 호텔을 헐고 새 건물을 지었으나 6·25전쟁 때 폭격을 당해 지금은 호텔의 터만 남아 있다.

1936년에 설립한 반도호텔은 미국의 스타틀러(Ellsworth Statler) 호텔이 최초로 시도한 대중용 상업호텔양식을 도입하여 건설하였는데, 그 당시 우리나라 상용호텔을 대표하는 호텔이라 할 수 있다. 서양식 숙박시설로서 등장한 '반도호텔'의 탄생은 우리나라 호텔산업의 전환기를 가져왔다고 할 수 있다. 반도호텔은 일본인 노구치에 의해 건축된 건물로 대지 1,544평에 연건평 6,164평의 8층 철근콘크리트 건물로 객실 111개실을 보유하여 150여 명을 수용할 수 있는 규모이다. 해방 후 미군정기 시절에 일제시대의 사설철도가 미군정하에서 국철화되면서 각 역사 내에 있던 식당과 호텔 등이 국영화되었다.

3) 관광관련 정부부서의 탄생
(교통부 산하의 관광부서의 탄생)

1952년 정부부서인 교통부 산하에 관광계가 신설된다. 이로써 우리나라 정부부서에 관광관련 부서가 최초로 등장하게 된다. 교통부 산하의 관광계는 당초 교통부 산하인 육운국, 이의 하위부서인 영업과, 이의 하위부서인 여객계의 여관담당업무를 관광계로 승격한 것이었다. 1952년도 우리나라의 상황은 한국동란 중이었기 때문에 당시 교통부 내부에서는 전쟁 중에 관광관련 부서를 신설하는 것에 대해, 관광이 관광(觀光)이 아니고 관광(觀狂)이 아니냐며 반대의견이 많다고 전해진다.

그러나 전쟁 중임에도 불구하고 관광관련 부서를 신설한 이유는 다음과 같이 전해지고 있다. 전쟁의 종전이 예상되는 가운데 전후복구사업을 위해서는 외화가 필요한데 관광만큼 손쉽게 외화획득을 하는 사업은 없다. 따라서 일본, 홍콩 등지로 주로 관광을 하는 한국전쟁 참전 UN 휴가 장병들을 한국으로 유치하여 외화획득을 하여야 한다는 것이었다. 외국인 유치를 위한 관광계획이라는 것은 하루아침에 이루어지는 것이 아니어서, 비록 전쟁 중이라 할지라도 장기적인 계획을 수립하기 위해서는 관광계의 신설이 절대적으로 필요하였기 때문이다.

교통부 산하인 육운국, 영업과, 여객계의 여관담당이 관광계로 승격이 된 후, 점차적으로 국가적인 차원에서 관광의 중요성이 부각되어 현재에는 문화관광부가 관광관련 정부부서로서의 역할을 하고 있다.

제2절 박정희 정권시대의 관광

1. 박정희 정권시대의 사회 상황

박정희 정부는 군부 정권기와 제3공화국, 유신정권인 4공화국에 걸쳐 존재한다. 박정희 정부는 군부세력이 무력으로 쿠데타를 일으켜 민주당 정권을 붕괴시키고 성립된 정권이다. 4·19혁명과 같은 국민들에 의해 물러난 이승만 정부의 뒤를 이은 장면 정부는 정치적으로 불안정하고 불신의 상황을 제공하여 사회적으로 매우 무질서한 환경을 야기했다. 이러한 상황은 군인들이 정치에 개입하는 배경을 충족시켰고, 이승만 정부를 붕괴시킨 국민들도 결국 이를 거부하지 못한 것으로 해석된다.

　박정희를 중심으로 한 군부세력은 모든 정치활동을 금지시키고 국가재건최고회의를 설치하여 3권을 장악한 후 1963년 12월 17일 헌법에 따라 국민투표를 거쳐 대통령에 취임하여 우리나라는 제3공화국이 시작된다. 박정희 정부의 초기에는 국민들의 저항이 극심하더라도 국제관계를 개선하려는 의지를 엿볼 수 있다. 대표적으로 한일국교정상화와 월남파병을 들 수 있다. 특히 월남파병의 경우 미군을 제외한 베트남전에 참전한 오스트레일리아, 뉴질랜드, 타이, 필리핀, 대만, 스페인 등 6개국의 파병병력 총합의 거의 3배에 달하는 5만여 명의 부대를 파견하며 미국으로부터 신임을 얻으려고 하였다. 이러한 반(反)국민적 정서 속에서 시행한 정책도 있지만, 경제개발계획과 같은 근대화 추진 정책은 국민들의 큰 호응 속에서 결실을 이뤘다. 이를 기반으로 박정희에 대한 국민들의 신뢰와 인기는 높아갔고, 1967년에 실시된 박정희 제2기 대통령 선거에서도 재선하게 된다. 박정희는 2기 임기 말에 과거 이승만 정부와 유사한 변칙적인 3선 개헌을 단행하여, 1971년 대통령선거에서 김대중 후보와 근접한 차이로 대통령에 또다시 당선되었다.

　박정희는 비록 쿠데타로 정권을 잡은 정부이지만, 그 후 두 번에 걸쳐 국민들의 투표에 의해 재선을 거듭나는 정부이기도 하였다. 그러나 박정희는 우리나라 제도상으로 3선이 마지막 선거였으므로, 영구집권기반을 구축하기 위하여 1972년 10월 17일 '비상계엄'을 선포하고 11월 21일 유신헌법을 확정하였다. 유신헌법은 대통령의 임기를 6년으로 늘리고 중임제한 조항을 철폐했으며, 국회의원의 1/3은 대통령이 임명하여 사실상 국회를 대통령이 완전히 장악할 수 있도록 하였다. 박정희는 유신헌법을 통하여 1972년 12월 27일 제8대 대통령에 취임하여 제4공화국이 시작되었다. 유신헌법으로 탄생한 제4공화국은 야당과 재야의 저항이 극심한 가운데 1978년 7월 유신 제2기의 6년 대통령 임기를 시작한다. 그 당시 실시된 제10대 국회의원 총선거 결과 국민들이 야당에게 1.1% 더 지지하고 있는 결과로 나타나 사실상 국민들은 유신체제에 대해 부정적인 입장을 취하고 있다고 해석할 수 있을 것이다. 그 후 유신체제는 1979년 10월 26일 당시 중앙정보부장이던 김재규에 의해 박정희가 시해됨으로써 종말을 맞이했다.

현대에 와서 박정희에 대한 평가는 동전의 양면과 같은 평가를 받고 있다. 반(反)박정희의 시각을 가진 지식인들의 시각에서는 그를 기회주의자로 평가하기도 한다(한홍구, 2004). 박정희는 경상북도 문경에서 초등학교 교사로 재직하다 만주군관학교를 1942년 수석으로 졸업하고 일본육사 3학년에 편입한다. 그의 이름은 다카키 마사오, 일본육사 57기를 3등으로 졸업한 후 1944년 7월 만주군 소위로 임관되어 만주군 제5군관구 예하의 만군 보병 8단에 근무한다. 일본군 소위로서 이렇다 할 역할을 해 보지 못한 채 일본은 패전국으로 전락하게 되었고, 조국은 해방을 맞이하였다. 조국으로 돌아온 박정희는 형 박상희의 권유로 1946년 조선경비사관학교에 입교했다. 박정희 형인 박상희는 사회주의자로서 대구를 중심으로 10월 인민항쟁 때 경찰의 총에 맞아 죽었다. 이 사건을 계기로 박상희의 친구인 이재복에 의해 박정희는 우리나라 군부 속에 존재한 남로당에 가입하여 우익 속 좌익의 역할을 수행하게 된다. 우리나라 군부 안에서 남로당 활동을 하던 박정희는 군부 안 좌익 색출 작업 시 남로당원 명단을 모두 털어 놓으면서 사형을 면하였지만, 무기징역과 파면 급료 몰수 형을 선고받는다. 이후 한국전쟁이 터진 뒤 대한민국 현역으로 다시 복귀하게 된다. 박정희의 과거를 돌이켜보면, 만주, 일본, 대한민국 등 3국의 육군사관학교를 다닌 기록을 가지고 있으며, 특히 대한민국의 군인으로서 좌익에 가담한 전력도 가진 군인이었다. 그 후 1961년 우익의 이름으로 쿠데타를 통해 정권을 잡았으며, 박정희 정부 시절에 그의 정책에 반대한 많은 사람들이 좌익의 누명을 쓰고 유명을 달리하였다. 이러한 박정희의 과거사와 그의 정부가 행한 일들은 현대에 와서 많은 논란을 낳기에 충분한 것으로 보인다.

박정희 대통령의 업적이라 함은 누구나 경제업적을 높게 평가하는 데 이견이 없을 것이다. 당시 우리나라의 낙후된 경제의 근대화를 위해 경제성장을 최우선의 목표로 삼고 정책을 수행하였다. 그 결과 1960년 중반부터 급속한 경제성장률을 기록하였으며, 실업률 또한 박정희 정부가 지속되면서 낮아지게 된다.

관광산업 측면에서 박정희 정부를 평가하자면, 역대 대통령 중 가장 관광 분야에 관심을 가졌던 정부로 평가할 수 있을 것이다. 관광을 외화획득을 위한 주요 산업으로 인식하여 국제관광(Inbound)의 활성화에 주력하였고, 이를 위해 관광관련 법의 제정, 관광심의 위원회 설치, 관광호텔 설립, 관광교통개선, 관광단지의 설립 등과 같은 관광 인프라 구축에 투자를 하였다. 그 당시 설립된 관광 기반시설은 현재까지도 유용하게 활용되고 있다.

박정희는 후대에 와서 혹자에게는 기회주의자로 또 다른 시각으로는 경제성장을 이룩한 위대한 인물로 평가를 받는데, 역대 대통령 중 이렇게 다각적인 차원에서 찬반논란의 평가를 받는 대통령은 드물다. 그러나 관광산업적 측면에서 박정희 대통령은 분명 수많은 업적과 공헌을 하였던 것만큼은 부인할 수 없다. 역대 대통령 중 집권시기가 가장 길었던 만큼 관광 분야에 남긴 업적도 많다. 박정희 정부는 외화획득이라는 대명제 아래 관광산업을 육성하였고, 그 이후 1980년대에 들어 국민관광이 활성화를 이룰 수 있었던 배경도 이 시절에 이룩한 경제성장을 배경으로 하고 있다는 것을 기억해야 할 것이다.

박정희 정권시절인 1960년대부터 1970년대까지의 우리나라 관광정책

방향을 보면, 주로 국가경제발전을 위한 외화획득 목적으로 국제관광 진흥에 주력하여 왔다. 1960년대는 관광산업진흥을 위한 제도적 기반을 구축하는 시기였다고 할 수 있으며, 관광산업을 경제개발계획에 포함시켜 국가의 주요 전략사업의 하나로 적극 육성한 시기였다. 구체적인 사건들을 보면, 1961년 8월 한국관광의 획기적인 발전의 전기가 된 관광사업진흥법을 제정·공포(법률 제689호)하였고, 1962년에는 국제관광공사법을 제정하여 현재의 한국관광공사가 설립되게 된다. 1965년에는 한·일국교정상화가 수립되어 일본관광객이 대폭 증가하게 되었고, 서울에서 국제관광진흥을 위한 제14차 아시아·태평양관광협회(PATA)가 개최되어 한국관광이 대외에 크게 홍보된다. 1967년 3월에는 자연공원법에 따라 우리나라 최초의 국립공원으로 지리산이 지정되기도 하였다. 1975년에는 국제관광진흥의 기본방향을 경제개발계획에 포함시켜 국가의 주요 전략산업으로 발전시켰고, 1978년에는 국제적 수준의 종합관광 위락단지로서 경주보문관광단지를 건설한다. 이러한 국제관광 정책에 힘입어 1978년에는 외래 관광객 100만 명을 돌파하게 되었다(문화관광부, 2006).

2. 박정희 정권시대의 관광

1) 최초의 관광법의 제정

① 1961년 관광사업진흥법 제정

박정희가 1961년 5·16 군사혁명을 통해 대한민국 정권의 실질적인 권력을 잡은 지 3개월 정도 지난 8월 22일 우리나라 최초의 관광법인 관광사업진흥법이 제정된다. 이 법은 당시 대통령인 윤보선의 명의로 공포 시행되었다.

관광사업진흥법을 제정하게 된 이유는 그 당시 정부는 관광사업이 외화획득사업으로서 가치가 충분히 있다고 판단하였지만, 무엇이 관광사업에 포함되는지에 대한 법적근거가 전혀 없었으므로 관광사업 진흥을 위한 관련 시책을 마련할 필요성이 절실하였다. 1960년대 초반에는 관광의 개념조차 정립되지 않는 시기였기에 무엇이 관광이고 어디서 어디까지를 관광의 범주에 포함시키느냐에 대해서 이견이 많았다고 한다. 따라서 관광사업의 육성을 위해 관광사업의 종류를 확실히 명시하고 또 이들 사업에 대해 정부가 재정적, 행정적으로 지원책을 마련할 목적으로 관광사업진흥법을 제정하였다.

최초의 관광사업진흥법에 명시된 관광사업은 여행알선업, 통역안내업, 관광호텔업, 관광시설업이었으나, 1963년 법을 개정하여 관광토산품판매업, 관광교통업을 추가로 포함시켜 관광업종을 확대 신설하였다. 현재 관광진흥법에 명시된 관광사업은 여행업, 관광숙박업, 관광객이용시설업, 관광편의시설업, 유원시설업, 국제회의업, 카지노업 등 7가지로 구분된다.

관광관련 최초의 법인 관광사업진흥법은 지금의 관광기본법과 관광진흥법의 모태인 관광사업법으로 나누어진다. <그림 1>은 우리나라 관광법규 변천사를 나타낸 것이다.

② 1962년 국제관광공사법 제정과 해외지사의 설립

1962년 국제관광 진흥을 목적으로 국제관광공사법을 제정하고 국제관광공사(현 한국관광공사)를 설립한다. 일반적으로 국제관광의 범주는 인바운드(Inbound)와 아웃바운드(Outbound)를 포함하는 개념으로 통용되지만, 1960년대 당시는 관광시장이 개방이 되지 않았던 시절이기에 인바운드(Inbound)만을 의미하는 것으로 해석하여야 할 것이다.

국제관광공사법의 제안 이유를 살펴보면, 외국인 관광객 및 주한 유엔군을 유치하여 연간 약 1억 달러 이상의 외화를 획득할 수 있는 관광사업을 국가가 운영할 경우 급변하는 주변 상황에 능동적으로 대처할 수 없어 자칫 외래 관광객 유치에 실패할 확률이 높고, 또한 관광종사원이 공무원일 경우 서비스에 만전을 기하지 못할 우려가 있는 반면 관광사업을 전적으로 민간에 위탁할 경우 자본 부족으로 인한 문제점이 발생할 수 있으므로 국제관광공사를 설립하여 투자를 극대화하고 경영의 합리화 및 최상의 서비스를 도모해야 한다는 것이다.

국제관광공사법은 1982년 11월 29일 한국관광공사법으로 명칭이 변경되어 현재는 한국관광공사로 불린다.

국제관광공사는 좀 더 적극적인 외래 관광객 유치를 위한 한국관광의 해외홍보 강화의 필요성에 따라 국제관광공사의 해외지사를 설립한다. 1969년 7월 일본 도쿄 지사를 시작으로 2004년 12월 쿠알라룸푸르(kuala Lumpur) 지사와 두바이(Dubai) 지사까지 총 23개 지사와 1개의 대행소를 운영하고 있다. 구체적으로 아시아 국가로서는 일본 5개 지사, 홍콩 1개 지사, 싱가포르 1개 지사, 대만 1개 지사, 태국 1개 지사, 중국 2개 지사, 말레이시아 1개 지사, 아랍에미리트 1개 지사, 인도 1개 대행소를 운영하고 있고, 기타 지역으로 미국 3개 지사, 캐나다 1개 지사, 호주 1개 지사, 독일 1개 지사, 프랑스 1개 지사, 영국 1개 지사, 러시아 2개 지사를 운영하고 있다.

〈그림 1〉 대한민국 관광법규 변천사

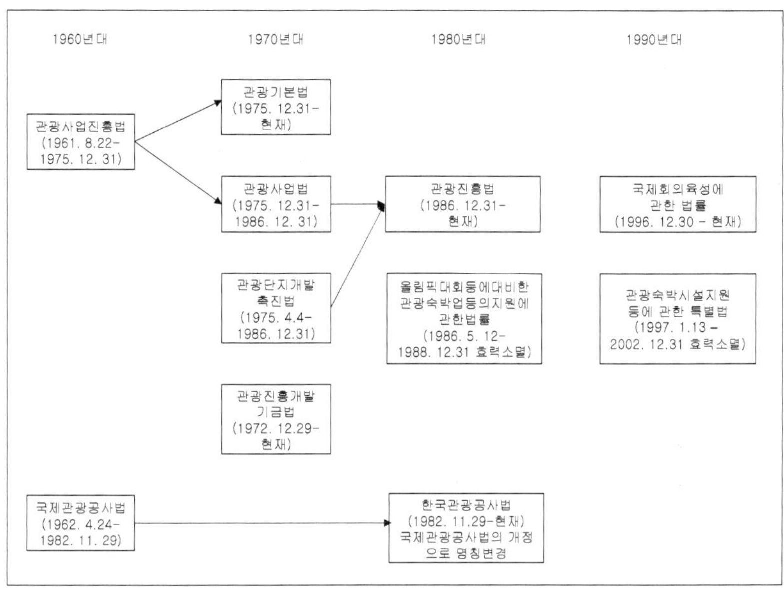

〈표 1〉 한국관광공사 해외지사 현황(2006년 현재)

지 역	지사현황 / 홈페이지(이메일)주소	설립연도
일 본	도쿄(Tokyo)지사 / japanese.tour2korea.com/tokyo	1969년 7월
	오사카(Osaka)지사 / japanese.tour2korea.com/osaka	1975년 7월
	후쿠오카(Fukuoka)지사 / japanese.tour2korea.com/fukuoka	1976년 10월
	센다이(Sendai)지사 / japanese.tour2korea.com/sendai	1998년 7월
	나고야(Nagoya)지사 / japanese.tour2korea.com/nagoya	1995년 5월
아시아	홍콩(Hong Kong)지사 / \english.tour2korea.com/hongkong	1987년 4월
	싱가포르(Singapore)지사 / english.tour2korea.com/singapore	1977년 12월

지 역	지사현황 / 홈페이지(이메일)주소	설립연도
아시아	타이페이(Taipei)지사 / english.tour2korea.com/taipei	1980년 7월
	방콕(Bangkok)지사 / www.knto-th.org	1982년 9월
	중국 북경(Beijing)지사 / chinese.tour2korea.com/beijing	1995년 3월
	중국 상해(Shanghai)지사 / ssanghai@mail.knto.or.kr	2002년 8월
	말레이시아 쿠알라룸푸르(Kuala Lumpur)지사 / info@knto.com.my	2004년 12월
	아랍에미리트 두바이(Dubai)지사 / knto@emirates.net.ae	2004년 12월
	인도 뭄바이 대행소 / trac@powersurfer.net	
미 주	미국 로스앤젤레스(Los Angeles)지사 / english.tour2korea.com/losangeles	1974년 3월
	미국 뉴욕(New York)지사 / english.tour2korea.com/newyork	1975년 8월
	미국 시카고(Chicago)지사 / english.tour2korea.com/chicago	1979년 5월
	캐나다 토론토(Toronto)지사 / english.tour2korea.com/toronto	1990년 4월
오세아니아	시드니(Sydney)지사 / english.tour2korea.com/sydney	1979년 9월
유 럽	독일 프랑크푸르트(Frankfurt)지사 german.tour2korea.com/frankfurt	1974년 4월
	프랑스 파리(Paris)지사 / french.tour2korea.com/paris	1977년 3월
	영국 런던(London)지사 / english.tour2korea.com/london	1981년 10월
	러시아 모스크바(Moscow)지사 / russian.tour2korea.com/moscow	2001년 10월
	러시아 블라디보스톡(Vladivostok)지사 / nevalee@mail.겨	

2) 한일국교정상화 수립

박정희 정권은 1965년 한일기본조약 및 제 협정의 조인을 통하여 한 일관계를 새로운 상황으로 변화시키고, 이를 바탕으로 일본으로부터 청구권 및 경제협력자금을 공여받아 경제개발에 사용했다. 이에 대해 재야, 야당 및 국민은 굴욕외교라는 비판과 저항을 계속하며 거리로 뛰쳐나왔다. 36년간의 식민치하 속에서 치를 떨었던 국민들의 당연한 모습이기도 할 것이다. 뿐만 아니라 같은 해 야당 일부와 재야세력의 반대를 무릅쓰고 월남전에 국군을 파병하여 자유민주주의체제 수호라는 명분과 함께 미국과의 동맹관계강화와 미국 및 월남으로부터 경제적 원조를 받아냈다. 이러한 이유로 당시의 시대상황은 매우 혼란스러운 것으로 기록되고 있다. 그러나 국민들의 반대에도 불구하고 대한민국과 일본은 상호 간의 국교를 수립하였고, 전(全) 산업 분야에서 큰 변화를 겪게 된다. 관광 측면에서 보면 한일국교정상화는 관광현대사에서 하나의 획을 긋는 엄청난 큰 사건이었다.

비록 국민들의 심한 반대에도 불구하고 성사된 국교 수립이지만, 관광 분야에서는 분명히 긍정적인 영향을 미친 것으로 나타난다. <표 2>에서 보는 바와 같이 한일국교정상화가 이루어진 다음 해인 1966년 우리나라 외래 관광객 입국자 수는 전년대비 103.1%라는 경이로운 증가율을 보이게 된다. 이것은 관광통계가 기록되기 시작한 이후 현재까지의 기록으로 볼 때 전년대비 증가율이 가장 높게 기록되고 있는 것이다.

한일국교정상화라는 정치적 화해는 정치적 변화가 관광산업에 얼마나 영향을 미치게 되는지 극명하게 보여주는 단적인 예로서 한국관광의 인바운드 시대로 이어졌다. 비록 국내적으로는 혼란을 야기하였지만 우리나라 관광수입에는 분명한 긍정적인 영향을 미쳤으며, 현재에도 방한 외래 관광객 중 일본관광객이 차지하는 비율은 여타 국가와 비교하여 매우 높은 것으로 나타나고 있다.

〈표 2〉 연도별 관광통계(1961-2005)

연도 Year	입국자 수 Visitor Arrivals		출국자 수 Korean Departures		관광수입 Tourism Receipts (US$ 1,000)		관광지출 Tourism Expenditures (US$ 1,000)		관광수지 B5alance (US$ 1,000)
	인 원	성장률 (%)	인 원	성장률 (%)	인 원	성장률 (%)	인 원	성장률 (%)	
1961	11,109	28.1	10,242	(8.9)	1,353		2,374		-1,021
1962	15,184	36.7	10,242	-8.9	4,632	242.4	2,166	-8.8	2,466
1963	22,061	45.3	11,860	15.8	5,212	12.5	2,276	5.1	2,936
1964	24,953	13.1	20,486	72.7	15,704	201.3	2,381	4.6	13,323
1965	33,464	34.1	19,796	-3.4	20,798	32.4	1,662	-30.2	19,136
1966	67,965	103.1	35,095	77.3	32,494	56.2	3,193	92.1	29,301
1967	84,216	23.9	40,374	15.0	33,817	4.1	8,396	163.0	25,421
1968	102,748	22.0	67,381	66.9	35,454	4.8	10,487	24.9	24,967
1969	122,686	19.4	72,311	7.3	32,809	-7.5	10,964	4.5	21,845
1970	173,335	41.3	73,569	1.7	46,772	42.6	12,424	13.3	34,348
1971	232,795	34.3	76,701	4.3	52,383	12.0	14,808	19.2	37,575
1972	370,656	59.2	84,245	9.8	83,011	58.5	12,570	-15.1	70,441
1973	679,221	83.2	101,295	20.2	269,434	224.6	16,984	35.1	252,450
1974	517,590	-23.8	121,573	20.0	158,571	-41.1	27,618	62.6	130,953
1975	632,846	22.3	129,378	6.4	140,629	-11.3	30,709	11.2	109,920
1976	834,239	31.8	164,727	27.3	275,011	95.6	46,234	50.6	228,777
1977	949,666	13.8	209,698	27.3	370,030	34.6	102,714	122.2	267,316
1978	1,079,396	13.7	259,578	23.8	408,106	10.3	208,019	102.5	200,087
1979	1,126,100	4.3	295,546	13.9	326,006	-20.1	405,284	94.8	-79,278
1980	976,415	-13.3	338,840	14.6	369,265	13.3	349,557	-13.8	19,708
1981	1,093,214	12.0	436,025	28.7	447,640	21.2	439,029	25.6	8,611
1982	1,145,044	4.7	499,707	14.6	502,318	12.2	632,177	44.0	-129,859
1983	1,194,551	4.3	493,461	-1.2	596,245	18.7	555,501	-12.1	40,744
1984	1,297,318	8.6	493,108	-0.1	673,355	12.9	576,250	938.3	97,105
1985	1,426,045	9.9	484,155	-1.8	784,312	16.5	605,973	5.2	178,339
1986	1,659,972	16.4	454,974	-6.0	1,547,502	97.3	612,969	1.2	934,553

연도 Year	입국자 수 Visitor Arrivals		출국자 수 Korean Departures		관광수입 Tourism Receipts (US$ 1,000)		관광지출 Tourism Expenditures (US$ 1,000)		관광수지 B5alance (US$ 1,000)
	인 원	성장률 (%)	인 원	성장률 (%)	인 원	성장률 (%)	인 원	성장률 (%)	
1987	1,874,501	12.9	510,538	12.2	2,299,156	48.6	704,201	14.9	1,594,955
1988	2,340,462	24.9	725,176	42.0	3,265,232	42.0	1,353,891	92.3	1,911,341
1989	2,728,054	16.6	1,213,112	67.3	3,556,279	8.9	2,601,532	92.2	954,747
1990	2,958,839	8.5	1,560,923	28.7	3,558,666	0.1	3,165,623	21.7	393,043
1991	3,196,340	8.0	1,856,018	18.9	3,426,416	−3.7	3,784,304	19.5	−357,883
1992	3,231,081	1.1	2,043,299	10.1	3,271,524	−4.5	3,794,409	0.3	−522,885
1993	3,331,226	3.1	2,419,930	18.4	3,474,640	6.2	3,258,907	−14.1	215,733
1994	3,580,024	7.5	3,154,326	30.3	3,806,051	9.5	4,088,081	25.4	−282,030
1995	3,753,197	4.8	3,818,740	21.1	5,586,536	46.8	5,902,693	44.4	−316,157
1996	3,683,779	−1.8	4,649,251	21.7	5,430,210	−2.8	6,962,847	18.0	−1,532,637
1997	3,908,140	6.1	4,542,159	−2.3	5,115,963	−5.8	6,261,539	−10.1	−1,145,576
1998	4,250,216	6.1	3,066,926	−32.5	6,865,400	34.2	2,640,300	−57.8	4,225,100
1999	4,659,785	9.6	4,341,546	41.6	6,801,900	−0.9	3,975,400	50.6	2,826,500
2000	5,321,792	14.2	5,508,242	26.9	6,811,300	0.1	3,174,000	−20.2	3,637,300
2001	5,147,204	−3.3	6,084,476	10.5	6,373,200	−6.4	6,547,000	106.3	−173,800
2002	5,347,468	3.9	7,123,407	17.1	5,918,800	−7.1	9,037,900	38.0	−3,119,100
2003	4,752,762	−11.1	7,086,133	−0.5	5,343,400	−9.7	8,248,100	−8.7	−2,904,700
2004	5,818,138	22.4	8,825,585	24.5	6,053,100	13.3	9,856,400	19.5	−3,803,300
2005	6,021,764	3.5	10,077,619	14.2	5,649,800	−6.7	11,942,700	21	−6,292,900

〈출처〉 한국관광공사 관광통계.

3) 최초의 국제회의 PATA 총회 서울 개최

1965년 3월 26일부터 4월 2일까지 제14차 PATA(Pacific Area Travel Association: 태평양지구 관광협회, 1986년 Pacific Asia Travel Association: 태평양아시아 관광협회로 개칭)가 서울에서 개최되었다. 14차 PATA총회는 우리나라에서 개최된 최초의 국제회의로 평가된다.

국제회의 산업은 1996년 12월 30일 「국제회의육성에 관한 법률」이 제정되면서, 그 중요성은 더욱 부각된다. 일반적으로 학계에 알려진 한 조사에 의하면, 우리나라 국제회의에 참가한 외래 관광객의 평균 체재일수는 7일 이상으로 일반관광객의 평균체재일수 4박 5일을 훨씬 웃돌며, 평균소비액 역시 일반관광객의 2배 이상 되는 것으로 보고된다. 그러나 국제회의산업은 이러한 눈앞에 보이는 경제적 실익보다도 각 국가의 저명인사로 구성된 대규모 국제회의 경우 항상 기자단이 동반되는 것이 통상적이고, 이러한 기자단이 자국으로 돌아가서 언론매체를 통한 한국의 이미지 방송은 상상할 수 없을 만큼의 언론홍보 효과를 가져다주는 데서 진정한 의미를 해석할 수 있다.

2000년 서울에서 ASEM(Asia Europe Meeting: 아시아 유럽 정상회의)이 개최되었을 때 시민단체의 반대에도 불구하고 차량 2부제를 실시한 이유는 참가한 26개국에게 깨끗한 서울의 이미지를 전 세계에 알리기 위함이었다.

PATA 총회 개회식에 참석한 박정희 대통령은 환영사를 통해서 "관광 사업은 외화획득뿐만 아니라 국제친선과 문화교류에 크게 이바지하며, 관광객들 간의 상호 접촉은 세계 평화에 기여한다"고 하였다.

워커힐호텔

제14차 PATA총회가 서울에서 개최할 수 있었던 배경은 당시 워커힐호텔과 같은 수준 높은 국제회의 장소가 있었기 때문에 가능하였다.

워커힐호텔은 1961년 11월 22일 사단법인 워커힐을 창립하여 1963년 4월 8일 개관하였다.

워커힐이라는 명칭은 워커힐 관계자들을 대상으로 한 공모에서 결정되었다. 그 당시 호텔 이용객의 대부분은 외래 관광객 및 주한 UN군 장병이었기 때문에 이들에게 친숙한 용어를 사용하여야 했다. 그래서 미 8군 사령관이면서 한국전쟁에도 참가한 워커(Walton H. Walker) 장군의 이름을 따기로 결정하였다.

워커 장군은 1950년 12월 서울 도봉역 전투에서 자동차 사고로 순직하였는데, 그를 추모하기 위하여 '워커의 언덕'이라는 의미를 가진 '워커힐'이라고 정하고 그를 추모하였다.
  또한 호텔 5개동은 한국전쟁에 참전한 역대 UN군 사령관의 이름을 따, 더글라스(Douglas MacArtur), 매튜(Matthew Ridgeway), 맥스웰(Maxwell Taylor), 제임스(James Vanfleet), 라이만(Lyman Lemnitzer)이라 칭하였다.

4) 관광과 정치적 불안(1·21사태와 북한의 미국선박납치사건)

1968년 1월 21일 북한의 특수훈련을 받은 무장공비 31명이 박정희 암살을 목적으로 휴전선을 넘어 청와대 근처까지 접근하였다. 이날 벌인 전투로 종로경찰서장이 순직하고 민간인 10여 명을 살상되었다. 무장공비는 김신조 소위를 제외한 모두가 전투 중 사살되었다. 그 당시 외국 언론들도 1·21사태를 주요 기사로 다루어 남과 북이 대치된 한반도의 불안한 정세를 연일 방송하였다. 이러한 외국의 반응은 즉각 관광산업에 부정적인 영향을 미치기 시작한다. 특히 일본시장은 가장 두드러진 반응을 보이기 시작하는데, 일본지역 여행사로부터 예약취소가 지속적으로 들어오는 등 외래 관광객 입국이 갑자기 줄어들었다고 보고되고 있다. 다행히 1·21사태의 해결은 곧 이루어져 방한 일본관광객의 수는 회복되었으나, 정치적 불안이 관광에 미치는 영향을 매우 크다는 것을 일깨워준 사건이다.

또한 같은 해인 1968년 1월 23일 북한 원산항 앞 공해상(公海上)에서 미국의 정보수집함 푸에블로호(Pueblo號)가 북한의 해군초계정에 의해 납치되는 사건이 벌어진다. 푸에블로호는 승무원 83명(장교 6명, 사병 75명, 민간인 2명)을 태우고 북한 해안 40㎞ 거리의 동해 공해상에서 업무수행 중 북한의 위협을 받고 납치되었다. 이 사건으로 미국은 승

무원 석방을 위해 북한 영해침범을 시인·사과하는 요지의 승무원 석방
문서에 서명하고, 사건 발생 11개월이 지난 1968년 12월 23일에 되어
서야 북한은 승무원 82명과 유해 1구를 송환하였다.

1968년 초는 1·21사태와 그 이틀 후에 발생한 푸에블로호 납치사건
으로 한반도는 전운이 감도는 불안한 형국을 하고 있었으며, 당연히 관
광산업은 침체될 수밖에 없을 것이다. 일련의 사건들은 분단국가인 우리
나라에서 발생하는 정치적 불안정이 관광산업에 악재로 작용한다는 것을
보여준다.

5) 관광과 교통, 전국1일 생활권(1970년 경부고속도로 완공)

경부고속도로는 1968년 개통된 경인고속도로 이후 우리나라에서 두
번째로 건설된 고속도로이다. 1968년 2월 1일 공사를 착공하여 2년 5개
월 후인 1970년 7월 7일 전 구간이 왕복 4차선으로 개통되어 전국을 1
일 생활권으로 묶었다. 총 길이 428km로 연인원 9백만 명이 공사에 투
입되었으며, 70여 명이 공사 중에 사망한 것으로 기록되어 있다. 경부고
속도로 건설은 박정희 대통령이 1964년 12월 서독을 방문한 후, 히틀러
가 건설한 아우토반을 보고 우리도 전 국토를 연결하는 고속도로 건설
의 필요성을 느꼈다고 한다. 그 후 1967년 4월 제6대 대통령 선거공약
으로 경부고속도로 건설 구상을 처음 밝힌 것으로 전해지고 있다. 경제
개발을 하기 위해서는 먼저 사회간접자본(SOC: Social Overhead
Capital)에 투자를 해야 하는데, 박정희 대통령은 당시 우리나라의 경제
여건상 고속도로 건설은 무리가 있다는 주변의 권고에도 아랑곳하지 않
고 한국형 고속도로 건설을 강행하였다. 총 공사비용 429억 원을 소요
하였는데, km당 약 1억 원을 공사비용으로 지출한 셈이다. 그 당시 일본

의 도쿄-나고야 고속도로 건설비용과 비교할 때, 거의 1/5 수준으로 완공하였다고 한다. 비록 국제적 수준의 고속도로를 건설하지는 못하였지만, 어려운 경제상황 속에서 이룬 쾌거였다. 경부고속도로 건설은 우리나라의 급속한 경제성장에 큰 역할을 한 것으로 현재 평가받고 있다.

사실 관광산업을 논할 때 교통을 제외하고 언급할 수 없을 정도로 관광과 교통은 불가분의 관계에 있다. 우리는 흔히 관광의 3요소라 하면, 관광 주체, 관광객체, 관광매체를 이야기한다. 관광객인 관광 주체와 관광대상물인 관광객체를 효율적으로 연결시켜 주는 관광매체로서의 교통시설, 3가지 중 어느 것 하나도 부족하게 되면 관광은 성립되지 않는다. 아무리 매력적인 관광대상이 있다 하더라도 그곳까지 가는 접근성이 용이하지 않다면 그야말로 그림의 떡일 수밖에 없기 때문이다.

박정희 대통령의 주장으로 건설된 경부고속도로는 우리나라 경제개발뿐만 아니라 국내관광 진흥에 토석을 마련하는 계기가 된다.

6) 1972년 관광진흥개발기금법의 제정

관광진흥개발기금법의 제정목적은 관광 사업을 효율적으로 발전시키고 관광외화 수입의 증대에 기여하기 위하여 제정된 법률이다. 1972년 관광진흥개발기금법은 제정되고 1973년 최초로 국고 2억 원을 출연한 이후 2005년 현재 정부출연금, 법정부담금 및 운용수입 등으로 1조 578억 원의 기금이 조성되었다.

1997년 7월 1일부터 관광목적의 해외여행자에게 관광진흥개발기금 부담금이란 명목의 출국세를 부과하기 시작하였다. 이는 2004년 1월 29일에 관광진흥개발기금법이 개정되어 국외로 출국하는 내·외국인을 출국납부금 납부대상으로 하였으며, 납부방식을 항공권에 포함 징수하여 탑

승객의 편의를 도모하였다.

이 기금은 관광기반시설 건설과 관광숙박업, 휴양업 등 관광객 이용시설 건설, 관광사업체 운용 등에 융자되고 있으며 관광안내 체계 개선 등 외래 관광객 유치사업에 지원되고 있다. 또한 취약한 관광기반시설을 확충하여 국민들에게 건전한 휴식공간을 제공하고 여가선용을 할 수 있도록 관광여건을 조성하는 데 활용되고 있어 우리나라의 관광산업진흥 및 관광사업의 균형발전은 물론 관광외화 수입증대에 크게 기여하고 있다.

관광진흥개발기금은 관광진흥법상의 관광숙박시설의 건설 및 개·보수, 관광객 편의시설 등의 건설과 관광사업체 운영에 지원되고 있다. 그러나 현재 운용할 수 있는 재원은 그 수요에 비하여 훨씬 부족한 실정으로 기금을 보다 효율적으로 운용하기 위하여 매년 기금운용계획을 수립하여 지원대상을 한정하여 탄력적으로 운용하고 있다(문화관광부, 2006).

〈표 3〉 관광진흥개발기금 지원현황

구 분	'72–'90	'91–2000	2001	2002	2003	2004	2005
관광시설업	231,049	617,722	98,835	94,294	89,913	144,638	61,559
(업체 수)	(293)	(260)	(24)	(28)	(25)	(22)	(13)
−기금	176,158	396,364	83,672	83,259	89,558	109,089	59,559
−협조금융	54.891	221,358	10,163	11,035	355	35,549	2,000
관광시설개·보수	51,330	151,039	55,903	41,516	50,486	49,366	98,642
(업체 수)	(289)	(297)	(69)	(94)	(23)	(27)	(34)
−기금	38,575	91,691	49,498	40,515	50,437	49,366	97,642
−협조금융	12,755	59,348	6,407	1,001	49	−	1,000
국민관광진흥시설	−	33,788	8,000	19,495	13,067	42,257	49,874
(업체 수)	−	(9)	(6)	(14)	(13)	(33)	(23)
−기금	−	33,788	8,000	19,495	13,067	42,257	49,874
−협조금융	−	−	−	−	−	−	−

구 분	'72–'90	'91–2000	2001	2002	2003	2004	2005
관광사업체운영지원	10,719	64,392	20,751	23,085	24,525	18,385	30,009
(업체 수)	(64)	(403)	(138)	(130)	(104)	(67)	(84)
－기금	10,070	64,392	18,636	21,992	24,525	18,385	30,009
－협조금융	649	－	2,115	1,093	－	－	－
계	293,098	866,941	178,491	178,390	177,991	254,646	240,084
(업체 수)	(646)	(969)	(237)	(266)	(165)	(149)	(154)
－기금	224,803	586,235	159,806	165,261	177,587	219,097	237,084
－협조금융	68,295	280,706	18,685	13,129	404	35,549	3,000

〈출처〉 문화관광부, 2006 관광동향에 관한 연차보고서.

7) 관광의 흥망(관광수입 억 달러와 오일쇼크)

1970년대에 들어서면서 우리나라는 관광의 호재와 악재를 경험하게 된다. 관광의 호재는 1973년 최초로 관광수입 '억 달러시대'에 진입하게 된 것이고, 관광의 악재는 1974년 제1차 오일쇼크와 국내의 육영수 여사 피살사건이 맞물려서 발생한다.

1973년 관광수입을 보면(표 2 참조, p.36), 269,434,000달러로 전년대비 224.6% 성장하였다. 이렇게 관광수입이 급격히 증가한 이유는 일본관광객의 수가 증가하였기 때문인 것으로 파악된다. 일본관광객들은 1965년 일본의 전 국민 해외여행자율화 실시와 함께 한일국교정상화가 수립되면서부터 증가하기 시작하여, 1971년도에는 우리나라 외래 관광객 유치인원의 국적별 순위를 바꿔놓았다. 1971년 이전에는 방한 외래 관광객 1위는 미국이었으나 이제는 일본 관광객이 미국관광객보다 더 많이 방한하였다(표 4참조).

이로써 국내 관광수입은 억 달러 시대에 진입하게 되고, 1973년 관광의 호재를 경험하게 된다. 그러나 이러한 호재도 그리 오래가지 않고, 그다음 해인 1974년도에는 관광의 악재에 직면하게 된다. 통계에 의하

44

면(표 2 참조, p.36), 1974년 외래 관광객 입국자 수는 전년대비 − 23.8% 감소하였는데, 이는 2005년 현재까지 가장 큰 수치로 감소한 것으로 기록된다. 1974년 당시에는 전 세계적으로 제1차 오일쇼크를 경험하면서 엄청난 경제적 타격을 입게 되고, 국내 상황은 이러한 오일쇼크의 영향뿐만 아니라 육영수 여사의 피살사건과 같은 정치적 상황과 맞물리면서 더욱 심각하게 된다. 이와 같은 국내·외적인 여건에서 관광산업이 침체기를 맞이하는 것은 당연한 결과일 것이다.

우리나라의 정치적 불안정과 전 세계의 경제를 위협한 오일쇼크는 관광객이 대한민국을 방문하게 하는 데 큰 걸림돌이 된 것이다. 특히 남과 북이 대치한 국가인 우리의 경우, 육영수를 암살한 문세광이 조총련의 지시에 의한 것이라는 추측이 사실화되자 한일관계도 이전과 달리 악화될 상황이었다. 이러한 국내·외 정세는 방한 외래 관광객의 수를 감소시키는 데 충분한 역할을 하였을 것이다.

〈표 4〉 국적별 방한 외래 관광객 점유율

연 도	일 본	중 국	미 국	구 주	교 포	기 타	계
1962	12.0	−	48.3	8.6	14.8	16.3	100.0
1970	29.8	−	31.9	3.5	19.5	15.3	100.0
1980	48.0	−	12.4	5.0	16.1	18.5	100.0
1990	49.4	1.4	11.0	6.5	10.9	20.8	100.0
1991	45.5	2.5	9.9	7.7	9.8	24.6	100.0
1992	43.3	2.7	10.3	8.6	9.7	25.4	100.0
1993	44.8	3.0	9.8	9.7	9.8	22.9	100.0
1994	45.9	3.9	9.3	10.6	8.9	21.4	100.0
1995	44.4	4.8	9.6	10.9	8.9	21.4	100.0
1996	41.4	5.4	10.8	11.5	8.2	22.7	100.0
1997	42.9	5.5	10.9	10.5	7.9	22.3	100.0
1998	46.0	5.0	9.5	8.9	7.4	23.2	100.0
1999	46.9	6.8	8.5	8.3	6.5	23.0	100.0
2000	46.5	8.3	8.6	8.5	5.2	22.9	100.0
2001	46.2	9.4	8.3	8.3	5.6	22.2	100.0
2002	43.4	10.1	8.6	9.4	5.9	22.6	100.0
2003	37.9	10.8	8.9	10.1	6.0	26.3	100.0
2004	42.0	10.8	8.8	8.6	5.2	24.6	100.0

제1차 오일쇼크 발발배경

우리나라에서 제1차 오일쇼크의 발발배경에 대해 많은 사람들이 혼돈을 하는 것 같다. 산유국에서 석유 생산량이 감소하여 어쩔 수없이 전 세계가 오일 부족을 경험하면서 세계경제가 심한 타격을 받은 것으로 알고 있는데, 이는 잘못된 지식이다.

제1차 오일쇼크의 발발배경은 세계 제2차 대전 후 유대인들은 미국의 적극적인 지지 아래 1948년 이스라엘 국가를 성립하게 된다. 그런데 이스라엘 국가 성립 자체가 아랍 민족들에게는 불평등 대우 그 자체였다. 팔레스타인에는 유대민족과 아랍민족이 함께 살고 있는데, 이스라엘 국가 성립 전 팔레스타인 땅에서 유대인이 차지하는 인구는 전체의 30% 정도이고, 그들이 거주하던 지역은 전체의 7%에 불과하였다고 한다. 반대로 이야기하면 아랍사람들이 팔레스타인 땅에서 살고 있는 면적은 전체의 93%나 차지하고 있었다. 그런데도 UN은 유대민족에게 일방적으로 유리하게 전체 면적의 56%로 하여 이스라엘 국가 성립을 승인하였다. 당연히 아랍민족은 93%의 땅 면적에서 하루아침에 43%의 땅 면적으로 축소되게 되었고, 남은 1%인 예루살렘 지역은 UN의 통제하에 모든 사람들이 방문할 수 있도록 하였다. 이에 아랍민족은 크게 반발하였고, 이스라엘 국가 성립과 동시에 4번에 걸친 중동전쟁이 발발하게 된다(좀 더 자세한 내용은 본서 제5부를 참고).

중동전쟁 중 제4차 전쟁인 욤키푸르 전쟁은 1973년 10월 6일 발발한다. 그 당시 아랍민족국가를 주축으로 한 OPEC(석유수출국기구)은 유대교인의 최대 명절인 욤키푸르를 기해 석유금수조치를 발표했다. 그 내용으로는 OPEC 회원국은 산유량을 25% 줄이고, 미국을 포함한 이스라엘 지원 국가에는 원유를 공급하지 않기로 결정했다. 대한민국은 당연히 미국을 지지하는 국가이기에 OPEC이 언급한 이스라엘 지지국가에 포함된다. 아랍민족이 원유를 공급하지 않기로 으름장을 놓은 기간은 이스라엘이 제3차 중동전쟁이 당시 점령한 시나이 반도에서 병력을 철수할 때까지로 정한다. 이로 인해 원유가도 배럴당 3달러로 인상하였으며, 1974년 1월에는 원유가가 배럴당 11.56달러로 단기간에 4배 가까이 된다. 이로 인해 세계경제는 그야말로 암흑 속에 묻혀 버리는데, 국내 경제는 1974년 육영수 여사 피살사건과 같은 정치상황 맞물려 더욱 심각한 상태로 빠진다. 다행히도 1974년 3월 OPEC은 석유제재 조치는 해제하였지만, 국내경제 물론 세계경제의 물가를 상승시키는 등 큰 타격을 주었다.

8) 관광정책심의위원회의 설치

1975년 제정한 관광기본법 제15조에 따라서 국무총리 산하에 관광정책심의위원회를 설립·운영되었다. 위원회는 위원장 1인, 부위원장 2인을 포함한 20인 이내의 정원으로 구성되어 있다.

위원회의 위원장은 문화체육부 장관이 되고, 부위원장은 재정경제원 차관과 문화체육부 차관이 된다. 위원회는 ① 관광 진흥 장기계획 및 연도별 계획, ② 관광 진흥 시책 및 동향에 관하여 국회에 제출할 연차보고서, ③ 관광객유치 선전활동에 관한 주요 시책, ④ 관광자원개발 및 수용태세정비에 관한 주요 시책, ⑤ 관광사업진흥에 관한 관계부처 간의 의견조정사항 등을 심의한다.

회의는 위원장이 필요하다고 인정할 때, 또는 위원 5인 이상의 요구가 있을 때 위원장이 소집한다. 한편 위원회의 의안(議案)을 사전에 실무적으로 심사(審査)하고, 위원회의 의결사항을 구체적으로 검토하기 위하여 관광진흥실무위원회, 관광자원개발실무위원회, 관광홍보조정실무위원회 등 3개의 실무위원회를 두고 있다.

2000년 1월 관광기본법의 개정으로 관광정책심의위원회 규정이 삭제됨에 따라 대통령령으로 폐지되었다.

9) 경주보문단지 개장

경주보문단지는 박정희 대통령의 구상에 의해 1971년 경주관광종합개발계획이 확정되고 1978년 개장된다. 경주 보문단지는 아시아 3대 유적으로 지정된 경주(1979년 유네스크)의 보문호를 중심으로 조성되어 있다.

이곳을 조성하기 위하여 IBRD(International Bank for Reconstruction and Development: 세계은행)와 차관협정을 체결하여 차관자금 2천5백만 달러를 7년 거치 18년 상환(연리 7.25%)으로 체결하는 등 총 600억이 투입되었다. IBRD 차관자금이 관광부문에 도입된 것은 우리나라 최초이며, 세계적으로는 멕시코, 유고슬라비아에 이어 세 번째인데 그만큼 경주 보문단지는 향후 사업전망이 밝고 경제성이 있다고 판단되었기 때문이다.

그 당시 1979년 PATA총회가 개최될 예정이어서 외래 참관객들에게 한국의 좋은 이미지 형성과 성공적인 개최를 위하여 총회시기에 맞추어 개장을 하였다. 보문단지 내 호텔 건설에 있어서는 한국관광공사(57%)와 대림산업(43%)이 공동출자하여 경주조선호텔을 건립하였고, 한국관광공사(51.6%)와 삼부토건(48.4%)은 콩코드호텔을 완성하게 된다.

경주보문단지와 같은 곳을 관광단지로 명명하는데, 관광단지는 관광산업의 진흥을 촉진하고 국내·외 관광객의 다양한 관광 및 휴양을 위하여 각종 관광시설을 종합적으로 개발하는 관광거점 지역을 일컫는다. 경주보문단지 외에 박정희 정권시대에 조성된 관광단지로는 제주도 중문관광단지가 있다. 현재 우리나라에 조성된 관광단지 현황은 <표 5>와 같다.

〈표 5〉 관광단지 현황

단지명	지정 / 조성계획	위 치	개발면적 (㎢ / 만평)	투자규모 (억 원)	개발기간	2005까지 투자실적 (억 원)	2006년도 투자계획 (억 원)	개발주체
보 문	1979.07 2004.11	경북 경주시 신평동, 천군동 일원	8,005 (242)	9,709	'74 ~ 2010	7,659	859	경북관광 개발공사
중 문	1971.05 1978.06	제주도 서귀포시 중문동, 색달동 일원	3,562 (108)	18,089	'78 ~ 2005	8,454	34	한국관광 공사
평 창 용 평	2001.02 2004.03	강원도 평창군 도암면, 용산리, 수하리 일원	17,129 (519)	11,095	'86 ~ 2015	4,875	2,417	(주)용평 리조트

단지명	지정 / 조성계획	위 치	개발면적 (㎢/만평)	투자규모 (억 원)	개발기간	2005까지 투자실적 (억 원)	2006년도 투자계획 (억 원)	개발주체
해 남 화 원	1992.10 1994.06	전남 해남군 화원면 주광리, 화봉리 일원	5.084 (151)	10,631	'91 ~ 2011	959	523	한국관광 공사
평 창 봉 평	1998.10 1999.03	강원도 평창군 봉평면 면온리, 무이리, 진조리 일원	3.961 (120)	7,592	'94 ~ 2006	6,660	621	(주)보광
원 주 월 송	1995.03 1996.01	강원도 원주시 지정면 월송리 일원	11.298 (342)	9,935	'95 ~ 2010	6,431	1,213	한솔개발 주식회사
감 포	1993.12 1997.03	경북 경주시 감포읍 대본리, 나정리 일원	3.975 (120)	7,429	'97 ~ 2005	912	64	경북관광 개발공사
김 천 온 천	1996.03 1997.12	경북 김천시 부항면 파천리 일원	1.424 (43)	5,357	'97 ~ 2011	357	–	주식회사 우촌개발
인 천 용 유, 무 의	2000.02 수립 중	인천 중구 을 왕동 덕교동, 무의동 일원	7.030 (213)	21,200	'03 ~ 2015	1,5	31	인천도시 개발공사
동부산	2005.03 2006.03	부산광역시 기 장군 기장읍	3.638 (110)	8,812	'00 ~ 2011	602	–	미정
안 동 문 화	2003.12 2005.04	경북 안동시 성곡 · 성동동 일원	1.662 (50)	3,314	'00 ~ 2010	533	361	경북관광 개발공사
여 수 화 양	2003.10 2006.04	전남 여수시 화양면 장수리 일원	9.891 (299)	15,000	'04 ~ 2015	821	798	(주)일상
횡 성 두 원	2005.06 수립 중	강원 횡성군 둔내면 두원리 일원	4.251 (129)	5,008	'05 ~ 2011	2,816	880	현대시멘 트(주)
대관령알 펜시아	2005.09 2006.04	강원도 평창군 도암면 수하리 일원	4.895 (148)	11,245	'04 ~ 2008	54	3,040	강원도 개발공사
어등산	2006.01 수립 중	광주광역시 광 산구 운수동 어등산 일원	2.778 (84)	3,025	'05 ~ 2012	–	–	광주시 도시공사

자료: 문화관광부, 2006년 관광동향에 관한 연차보고서.

10) 외래 관광객 100만 명 유치 달성

1978년 통계자료(표 2참조)를 보면, 우리나라 최초로 외래 관광객 100만 명을 넘긴 해로 기록되어 있다. 이로써 우리나라는 명실상부 외래 관광객 100만 명 유치국가가 된 셈이다. 이는 전 세계적으로는 39번째, 아시아지역에서는 홍콩(1971년), 태국(1973년), 말레이시아 및 싱가포르(1974년), 대만(1976년), 일본(1977년)에 이어 7번째이다.

외래 관광객 백만 명을 유치하기 위하여 그 당시 교통부는 "관광시장 다변화와 병행해서 일본시장 저변확대 등 인근지역에 대한 집중적인 유치활동 전개"와 같은 거시적 전략을 세우고, ① 연간 외래 관광객 유치 1만 명 및 관광수입 70만 달러 이상, ② 일본 이외의 지역에서 외래 관광객 2백 명 이상 유치, ③ 방한 외래 관광객의 전년대비 50% 이상 성장을 내용으로 하는 미시적 전략을 수립하였다.

또한 교통부는 1977년 8월 서울시내 호텔업자들을 대상으로 한 회의에서 외래 관광객 백만 명 유치를 위한 긴급 숙박대책을 발표하였다. 그 내용으로는 방한 외국인 단체 관광객에게 최우선적으로 객실을 배정하고, 그다음 외국인 개별관광객을 투숙시키고, 잔여객실에 대해 내국인 관광객을 투숙시키라는 것이었다. 긴급 숙박대책 내용을 보아도 우리나라는 70년대 말 외래 관광객을 위한 숙박시설이 얼마나 부족하였는가를 알 수 있다.

관광숙박시설의 부족은 70년대뿐만 아니라 그 이후 국제적인 행사를 치를 때마다 문제로 지적된다. 이에 정부는 관광숙박시설 지원에 관한 법률을 공표하는데, 1988년 서울올림픽에 대비하여 「올림픽대회 등에 대비한 관광숙박업 등의 지원에 관한 법률(1986년 5월 12일 시행~1988년 12월 31일 효력소멸)」과 2000년 ASEM과 2002년 월드컵을 대비하여 공표된 「관광숙박시설지원 등에 관한 특별법(1997.1.13. 시행~ 2002.12.31. 효력소멸)」이 그것이다.

　2005년 현재 우리나라는 방한 외국인 관광객 수는 총 602만 명으로 외래 관광객 600만 명 시대를 열었다. 전 세계를 기준으로 하였을 때, 2003년 현재 우리나라는 외래 관광객 입국이 35위, 관광수입이 26위를 차지하고 있다(WTO Compendium of Tourism Statistics, 2005).

제3절 │ 전두환 · 노태우 정권시대의 관광

1. 전두환 · 노태우 정권시대의 사회상황

1960년 4·19혁명으로 이승만 대통령의 하야 이후 1980년대 말까지 우리나라의 정치상황은 학생혁명, 쿠데타, 반정부 활동 등과 같은 혼란을 경험하게 된다. 4·19혁명 후 집권한 장면정부와 1979년 10·26사태 이후 등장한 최규하 과도정부는 민주주의에 대한 국민의 욕구를 충족시켜주지 못하고 군부 쿠데타에 의해 권력을 상실하였다는 공통점이 있다.

10·26사태 이후 전두환과 그의 하나회세력인 신군부세력은 1979년 12·12사태와 1980년 5월 17일 전국적인 계엄령선포로 국가권력을 완전히 장악한다. 그 후 전두환은 1980년 8월 16일 최규하 대통령의 사임 후 통일주체국민회의를 통하여 8월 27일 제11대 대통령에 당선되었다. 박정희는 쿠데타 성공 후 윤보선 대통령이 그대로 지위를 유지하도록 하여 국가의 계속성을 꾀하였으며, 전두환도 최규하의 대통령직 사임 후 유신헌법에 따른 대통령 선거를 실시하여 대통령직에 올랐다. 그러나 박정희의 쿠데타는 국민들이 침묵과 방관적 태도를 보여주었지만, 전두환 쿠데타는 광주항쟁을 중심으로 한 국민들의 강한 저항을 유혈진압하고서야 집권할 수 있었다는 데 큰 차이점을 보인다.

전두환이 대통령으로 취임하던 1980년 당시의 우리나라는 정치적, 사회적으로 매우 불안할 수밖에 없었고, 더욱이 세계 제2차 오일쇼크로 물가상승률은 24.9%나 뛰어오르는 등 경제적으로도 매우 불안정하였다.

이러한 국내의 정치·경제·사회의 혼란은 국가 전반에 걸쳐 악재로 작용한다. 결과적으로 1980년의 경제성장률은 −3.9%로 감소하고 실업률도 5.2%로 매우 높았던 것으로 기록되고 있다. 최악의 경제상황에서 전두환은 경제성장과 물가안정을 동시에 추진하였는데, 1983년 집권 3년 만에 경제성장률을 12.2%로 올리는 데 성공하였다(통계청, KOSIS 통계정보시스템).

전두환은 경제 안정과 성장이라는 큰 과제를 이룩한 대통령으로 평가를 받을 수 있어도, 집권 내내 민주주의에 열망하는 국민들에 의해 도전을 받는다. 1980년대 후반, 즉 전두환의 집권 말기에는 민주항쟁이 극을 달하는 시기이다. 특히, 1987년 4월 13일 전두환은 1988년 정부를 이양하고, 대통령 선거는 간접선거로 선출하는 당시의 헌법을 지키겠다는 4·13 호헌조치를 선언한다. 이를 전후하여 발생한 박종철 고문사건과 시위 중 사망한 이한열 사건은 민주화 시위를 전국적으로 확산시키는 도화선의 역할을 하게 되고, 소위 6월 항쟁이라 불리는 이러한 일련의 사건들은 전두환을 더 이상 국민들의 뜻을 거역할 수 없다는 것을 인식하게 되고 당시 민정당 대표인 노태우를 위시한 6·29선언을 결심하게 된다. 1987년 6월 29일에 발표한 6·29선언의 주요 내용은 대통령 직선제를 통한 평화적 정권 이양, 박정희 정부 때 폐지된 지방자치제의 부활, 정당의 건전한 활동 보장 등을 주요 골자로 한 기타 내용을 담고 있다. 따라서 6·29선언으로 인하여 유신체제 이후 처음으로 국민들에 의해 대통령을 선출할 수 있게 되었다.

이로써 노태우 정부는 6·29선언의 실천으로 대통령 직선제를 통하여 국민에 의해 당선되었고, 정치적으로도 정당성을 갖는 정부로 출범한다. 노태우는 전두환과 육사 11기 동기생이며, 12·12사태의 주역 중 한 사람으로 그 역시 전두환 정부와 같은 군부 정권이었지만, 1987년 12월 이른바 '3김'의 야권 분할과 지역주의에 힘입어 대통령에 당선되었다. 정치적 측면에서 볼 때, 노태우 정권은 우리나라 군부 권위주의의 마지막 정권임과 동시에 문민정부의 길을 열어 놓은 정권이다.

이 시절은 사회적으로 6·29선언과 함께 노동운동이 강화되었고, 시민운동이 한층 고양되어 민주화 요구가 폭발하고 있었으며, 정치적으로는 여소야대의 국회와 5공 청산이라는 현안과제를 둘러싸고 노태우 정권에게 불리한 정치지형이 형성되고 있었다. 그러나 여소야대의 국회는 1990년 3당 합당을 추진하여 이전보다는 안정된 정치지형을 되찾는다. 경제적인 측면에서는 무역흑자가 지속적으로 달성하였지만 국제구조조정 압력이 거세지면서 우루과이 라운드가 본격화되고 시장개방을 눈앞에 두고 있었다. 대표적인 시장개방은 미국 무역대표부를 중심으로 수입자유화와 보호주의 장벽의 철폐 등이다. 관세율의 경우 1986년~1988년에는 평균 17.9%에서 1991년 이후 9.7%로까지 낮아지면서 한국의 국내시장 보호막은 점차적으로 약해지게 된다(**국제무역시장의 개방과 관련한 구체적인 내용은 제4부에서 다룬다**). 한국경제는 전반적으로 노태우 정권 때 경제위기에 봉착하게 되는데, 1990년부터 경상수지가 적자로 반전되는 등 경기는 하강국면을 맞이한다. 이러한 경제적 난관은 여지없이 불리한 관광정책을 수립하게 만든다.

전두환 정부 시절인 1980년 당시의 국내·외 정세 속에서 관광산업 역시 피할 수 없는 악재를 맞이하게 된다. 1980년 방한 외래 관광객 수는 전년대비 −13.3% 감소하게 되는데, 이는 우리나라 관광통계를 측정한 이래 오늘날까지 두 번째로 감소하는 수치이다. 그러나 불안정한 정국이 어느 정도 안정을 되찾은 이후 관광과 관련된 정책이 수립되기 시작한다. 대표적인 관광관련 사실들은 관광행정 간소화 방침과 국민해외여행의 단계적 자유화 조치, 아시안 게임과 서울 올림픽의 유치 등이 있다. 또한 박정희 정부시절에는 외화획득의 목적으로 인바운드(Inbound) 유치 정책에 주력하는 반면, 전두환 정부는 국민복지 관광정책의 일환으로 국민이 저렴한 비용으로 여가선용을 할 수 있는 국민관광지를 전국에 걸쳐 연차적으로 개발하여 국제관광(이 당시의 국제관광은 인바운드와 제한적인 아웃바운드를 말한다)과 국민관광의 진흥을 동시에 추진하여 우리나라 관광발전이 도약할 수 있는 계기를 제공하였다.

노태우 정부 시작과 동시에 관광 분야에서 기록될 만한 사건은 단연 1989년 1월 1일부터 시행된 전 국민 해외여행자율화 조치일 것이다. 이로써 전두환 정부의 제한적 아웃바운드(Outbound)는 철회되고 진정한 의미의 국제관광이 실현된다. 이 외에도 한국방문의 해 선포, 외래 관광객 7백만 명 유치목표, 관광외화 수입 1백억 달러 달성, 관광수지 흑자 34억 달러 달성, 세계 10대 관광국으로 육성하겠다는 관광 진흥 중장기 계획을 추진한다. 그러나 이 계획이 기대한 만큼 달성되지 못하자 오히려 관광산업의 위축을 가져다주는 조치를 취하게 된다. 1991년 관광을 소비성 서비스업으로 분류함으로써 각종 제재를 가하게 된다. 이 조치는 1994년 되어서 해제가 되지만 관광산업에 전반에 큰 상처를 남겼다.

관광은 정권이 변화함에 따라 외화벌이의 수단이 되기도 하고, 외화낭비의 주범으로 인식되기도 하였다. 전두환 정부의 제한적인 해외여행 자율화 조치를 바탕으로 실시한 노태우 정부의 전 국민 해외여행 자율화는 관광수지 적자를 가져다주었고, 이는 곧 우리나라 국제수지에 부담을 안겨주게 된다. 위에서 언급한 대로 1990년 이후부터 경상수지는 적자로 들어서는데, 이러한 원인 중 하나를 관광수지 적자에서도 찾을 수 있을 것이다. 이에 정부는 관광산업에 제한을 가하기로 결정하는 것이다. 결론적으로, 노태우 정부가 실시한 관광 억제 정책은 우리나라 국민의 해외여행에 대한 욕구와 의지를 꺾지 못하였고, 정권 내내 관광수지 적자를 기록한다. 물론 그 당시 방한 외래 관광객 수가 우리나라 국민이 실시한 해외여행자 수보다 많음에도 불구하고 관광수지 적자를 기록하였다는 것은 어떤 의미에서 우리나라 국민의 해외여행 과소비를 지적할 수도 있고, 건전한 해외여행 소비문화를 정착해야 한다는 측면도 있다. 어쨌든 이 부분은 우리나라의 관광수지 적자를 관광 억제정책으로서 위기를 모면하기보다는 인바운드(Inbound)유치 활성화 정책으로서 관광수지 흑자로의 전환을 모색하는 현명한 관광정책의 부재가 아쉽다.

2. 전두환 · 노태우 정권시대의 관광

1) 1980년 관광 악재

　1980년도에 들어 또다시 관광산업에 어두운 그림자가 드리운다. 방한 외래 관광객 통계(표 2참조)를 보면, 1980년에 전년대비 −13.3%를 기록하고 있다. 이러한 수치는 1974년도 이후 현재까지 두 번째로 감소하는 수치이다. 박정희 정권시대의 관광에서 1974년에는 제1차 오일쇼크와 육영수 피살사건이라는 국내 정세로 인하여 방한 관광객이 감소하였다고 언급하였다. 이후 1980년도에 이와 유사한 상황을 경험하게 되는데, 1979년도에 세계 제2차 오일쇼크와 박정희 대통령의 시해사건이 발생하는 것이다.

　세계 제2차 오일쇼크로 인하여 세계 경제는 또 한 번의 추락을 경험하게 되고, 국내 정치는 박정희 대통령 시해사건으로 비상계엄령을 선포하는 등 위기상황으로 치닫게 된다. 이러한 국내 · 외 분위기는 관광산업을 위축시키고 방한 외래 관광객 감소로 이어지게 되는 것이다.

이렇듯 관광은 국내·외 정세에 매우 민감하게 반응하는 산업이다. 언급하였듯이, 1968년도에 발생한 1·21사태와 푸에블로호 사건과 상술한 1974년, 1980년의 사건 등은 국·내외 정치적·경제적 변화와 관광과의 관련성을 실제로 보여주는 대표적인 사례라 할 수 있다. 즉 관광산업의 흥망은 국내·외 정세에 의해 결정된다고 해도 과언이 아닐 것이다.

〈표 6〉 국내·외 정세와 관광

연 도	국·내외 정치적·경제적 발생사건		방한 외래 관광객
1974년	국내상황	육영수 피살 사건(1974년)	전년대비 −23.8% 감소
	국외상황	제1차 오일쇼크(1974년)	
1980년	국내상황	박정희 시해 사건(1979년)	전년대비 −13.3% 감소
	국외상황	제2차 오일쇼크(1979년)	

박정희 대통령 시해사건

1974년 8월 15일 장충동 국립극장 광복절 연설을 하던 도중 육영수 여사는 문세광으로부터 피살당한다. 이 사건을 계기로 경호실장이던 박종규가 물러나고 그 자리에 차지철이 임명이 되고, 차후 중앙정보부장으로는 김재규가 등용이 된다. 이때부터 차지철과 김재규는 박정희를 중심으로 충성 경쟁에 들어가게 되는데, 번번히 김재규는 차지철에게 패하고 만다. 시간이 갈수록 박정희는 차지철을 총애하게 되고, 차지철은 경호실장의 직분을 망각하고 권력의 중심에 서게 되면서 김재규와의 충돌이 날이 갈수록 심하게 된다.

1979년 10월 26일 삽교천 방조제 준공식에 참석하기로 되어 있던 박정희는 차지철과 그 외 수행원과 함께 동행을 하게 된다. 사실은 김재규도 동행하려 했으나 차지철로 인하여 가지 못하게 되자, 그간의 분노가 일순간에 폭발하듯 그날 차지철에게 복수의 마음을 다짐하게 된다. 결국은 그날 저녁 김재규는 차지철에게 "너는 너무 건방져"라는 말과 함께 총을 쏘고, 이어 박정희까지 시해하게 되는 것으로 알려져 있다.

한 사람을 중심으로 오른팔과 왼팔의 과잉 충성이 역사를 바꾸게 되었던 것이다. 권력을 오래 잡으면 아랫물이 썩는다는 말을 여실히 보여주는 역사적 사건이라 할 수 있다. 오늘날 10·26사태에 대한 의견은 이견이 많다. 우발적인 사건이라는 측면과 유신 종말을 기원한 계획범죄라는 측면, 또한 김재규를 패륜아로 보는 시각과 대한민국을 민주주의로 한발 다가서게 만든 위대한 인물로 보는 시각 등 다각적인 차원에서 조명되고 있다.

어쨌든 육영수 피살사건은 차지철과 김재규를 권력의 중심에 등장시킨 사건이 되고, 박정희 시해사건은 전두환을 등장시킨 사건이 된다. 이후 대한민국 사람이 누구라면 아는 전두환이 대한민국 제5공화국을 탄생시키며, 민주주의를 열망하던 대한민국 국민들에게 또 한 번의 시련을 안겨주게 된다.

2) 전 국민 해외여행 자율화

1982년 친지초청에 의한 해외여행이 가능하게 되는데, 이로써 우리나라에서도 관광을 목적으로 해외여행을 할 수 있게 된 최초의 일이었다. 물론 해외에 거주하는 친지가 있어야 하고, 또한 그들이 초청장을 보내야지만 이를 근거로 여권을 발급해 주는 아주 제한적인 조치였다.

1983년도에는 해외여행자유화시대가 개막한다. 국제환경의 변화에 대응하고 국민의 해외여행 욕구를 만족시키는 데 큰 역할을 한다. 그러나 이 또한 제한적인 조치로서, 만 50세 이상의 사람에게만 적용되는 것이었다. 그 후 1987년 제1차 해외여행 자유화 확대를 실시하는데, 이때는 만 45세 이상의 사람인 경우 해외여행이 자유로웠다. 올림픽이 개최되는 1988년도에는 2회에 걸친 해외여행 자유화 확대를 실시하게 되는데, 제2차 해외여행 자유화 확대 시에는 만 40세 이상으로 제한하다가, 제3차 해외여행 자유화 확대 시에는 만 30세 이상으로 완화시켰다. 이러한 일련의 과정을 거친 후 마침내 1989년 1월 1일부터 "전국민해외여행자유화"를 선포하여 연령을 폐지하고 순수한 관광을 목적으로 자유롭게 해외를 갈 수 있게 되었다.

그러나 1989년 당시 세계는 냉전체제시대였고, 국내에서도 여전히 안보강화를 중요시 여기던 시절이기에 소양교육이라는 것을 마쳐야만 여권을 발급받을 수 있었다. 소양교육의 주요 내용은 외국에서 북한사람들과 접하게 되었을 때 대처하는 방법과 외국에서의 지켜야 할 매너 교육을 포함하고 있었다.

〈표 7〉 전 국민 해외여행 자유화 실시 과정

연 도	내 용	적용대상
1982년	친지초청에 의한 해외여행 가능	해외에 거주하는 친지의 초청장에 근거하여 여권발급
1983년	해외여행자유화	만 50세 이상에게만 적용
1987년	제1차 해외여행자유화 확대	만 45세 이상에게만 적용
1988년	제2차 해외여행자유화 확대	만 40세 이상에게만 적용
	제3차 해외여행자유화 확대	만 30세 이상에게만 적용
1989년	해외여행 전면 자유화	전 국민

한국과 일본의 전 국민 해외여행 자유화 조치

일본은 1965년 전 국민 해외여행 자유화를 선포한다. 이런 연유로 그해 한·일 국교정상화를 수립한 후 많은 일본관광객이 한국을 방문할 수 있었던 것이다. 일본은 한국보다 25년 앞서 전 국민 해외여행자유화를 실시하였다. 그런데 여기에는 한국과 일본의 공통점이 있다. 바로 올림픽이 그것이다. 일본은 1964년 동경올림픽을 치르고 난 후, 한국은 1988년 서울 올림픽 이후 여행 시장을 개방하였던 것이다. 한 국가의 관광시장 개방이라는 것은 미국 등 선진국의 입장에서는 최고의 외화벌이 수단이 될 수 있는 것이다. 그래서 올림픽 개최국 중 문호를 개방하지 않은 국가는 없다고 한다. 만약 관광시장을 개방하지 않으면 선진국으로부터 무역보복도 감수해야 할 것이기 때문이다. 특히 우리나라와 같이 부존자원의 대외의존도가 높은 국가일수록 올림픽이라는 메가 이벤트를 개최한 대가로 관광시장의 개방은 어찌 보면 당연한 것일 수 있다. 한편 2008년 북경올림픽 개최가 확정된 가운데, 조만간 중국인 해외여행 전면자유화 조치가 될 것으로 전망된다.

3) 여행사 설립 조건의 완화

1981년 8월 교통부는 국제여행알선업의 설립요건인 허가제를 등록제로 완화시켜 여행업의 신규 설립증진을 도모하였다. 국제여행알선업의 경우 1972년 이후 10년간 신규허가가 이루어지지 않았기 때문에 정부의 이러한 조치는 당시 여행업의 활성화를 가져다줄 것으로 기대되는 부분이었다. 국내여행알선업의 경우에는 허가제에서 신고제로 완화했다. 또한 국제항공운송 대리점을 여행 알선업으로 통합하여 여행알선 창구를 일원화하고 국제항공 총대리점을 면허제에서 신고제로, 국내항공 대리점은 신고제를 폐지하여 자유업화하였다.

1980년대 들어 정부의 여행업 설립 완화정책은 당시 중동지역의 건설경기 활성화를 맞물려 건설근로자의 송출에 필요한 항공권 판매의 일환으로 건설업체 및 대기업이 여행업에 진출하게 되었다. 대표적으로 코오롱건설의 유신고속관광(현, 코오롱관광), 한양주택의 국제항공여행사, 라이프주택의 라이프항공, 현대건설의 서진항공, 대우건설의 설악항공 등이 있다(이정훈, 2007). 여행업의 설립조건이 허가제에서 등록제로 완화되었다는 것은 우리나라 여행업에 있어 획기적인 사건이라 할 수 있다.

우리나라 여행업의 법규상 변천과정과 설립요건은 <표 8>, <표 9>와 같다.

〈표 8〉 여행업의 법규상 변천과정

연 도	여행업 구분	제 도
1961	일반여행알선업, 국내여행알선업	등록제
1971	국제여행알선업, 국내여행알선업	허가제
1981	국제여행알선업, 여행대리점, 국내여행알선업	등록제
1987	일반여행업, 국외여행업, 국내여행업	등록제
1993	일반여행업, 국외여행업, 국내여행업	등록제

〈표 9〉 여행업의 등록기준

업 종	등록관청	자본금	사무실	영업대상
일반여행업	문화관광부	3억 5천만 원	소유권 또는 사용권이 있을 것	국내·외를 여행하는 내·외국인
국외여행업	지자체	1억 원	소유권 또는 사용권이 있을 것	국외를 여행하는 내국인
국내여행업	지자체	5천만 원	소유권 또는 사용권이 있을 것	국내를 여행하는 내국인

허가제, 등록제, 신고제, 자유제의 의미

등록제란 특정 사업이나 활동을 개시하기 위해서는 일정의 등록 요건을 갖추어야 하고 정부기관은 등록 요건의 충족 여부에 대하여 실질적인 심사권을 갖는 것이다. 등록 요건을 모두 갖춘 경우에는 정부기관은 등록을 받아주어야 한다. 허가제는 등록제와 마찬가지로 허가 요건을 갖추어야 하고 허가 요건의 충족 여부에 대하여 정부기관이 실질 심사권을 갖고 있으며, 이에 더하여 정부의 정책적 목적에 따라서 허가 여부를 임의적으로 결정할 권한이 있다. 예를 들어 카지노 사업이 등록제라면 법에서 정한 요건만 갖추면 등록하고 사업을 할 수 있기 때문에 카지노 업체가 난무하여 사회적 혼란을 가져올 가능성이 높다. 따라서 정부가 이를 방지하기 위해서 허가제를 적용하여 업체 수를 조절하는 것이다. 신고제는 특정 사업이나 활동의 개시와 그 내용에 대하여 정부기관에 보고할 의무가 있으나, 정부기관은 이에 대하여 형식적인 심사권만이 있는 것을 말한다. 형식적인 심사권이라 함은 신고에 필요한 서류가 법에 의거하여 적절히 구비되고 내용이 충실히 기입되었는지 여부에 대한 심사권을 말한다. 자유제는 정부기관에 대해서 아무런 행정상의 보고 의무가 없다.

---

4) 관광산업은 "소비성서비스업"인가?

1989년 1월 1일부터 "전 국민해외여행" 자율화를 실시한 이후, 대한민국 국민들은 봇물 터지듯이 해외여행을 나가기 시작했다. 그동안 인간의 기본욕구의 하나인 관광에 대한 억눌린 감정의 표출인 것이다. 그러나 정부의 입장에서는 문제점이 드러나기 시작했다. 관광수지가 적자를 기록하기 시작했다는 것이다. 통계자료(표 10참조)를 보면, 우리나라 관광수지는 1989년 이후 1991년도에 관광수지 적자를 기록하게 된다. 1991년도 방한 외래 관광객 수는 319만 명 정도이고, 출국자 수는 186만 명 정도로 거의 2배 가까운 외래 관광객이 우리나라를 더 방문하였음에도 불구하고, 관광수지가 적자를 기록하였다는 것은 우리나라 사람들이 해외여행 시 과잉지출이 심하였다는 것으로 해석할 수 있다.

노태우 정권 초기 우리나라의 경상수지[1]는 적자를 기록하게 된다. 이러한 사회적 배경으로 6·29선언과 함께 노동운동이 강화되었고, 시민운동이 한층 고양되어 민주화 요구가 폭발하고 있었으며, 정치적으로는 여소야대의 국회와 5공 청산이라는 현안과제를 둘러싸고 노태우 정권에게 불리한 정치지형이 형성되고 있었다. 경제적인 배경으로는 무역흑자가 지속적으로 달성하였지만 국제구조조정 압력이 거세지면서 우루과이 라운드가 본격화되고 시장개방을 눈앞에 두고 있었다. 대표적인 시장개방은 미국 무역대표부를 중심으로 수입자유화와 보호주의 장벽의 철폐 등이다. 관세율의 경우 1986년~1988년에는 평균 17.9%에서 1991년 이후 9.7%로까지 낮아지면서 한국의 국내시장 보호막은 점차적으로 약해지게 된다. 한국경제는 전반적으로 노태우 정권 때 경제위기에 봉착하게 되는데, 1990년부터 경상수지가 적자로 반전되는 등 경기는 하강국면을 맞이한다. 이러한 경제적 난관은 여지없이 불리한 관광정책에 수립하게 만든다.

---

1) 국제수지는 모든 국제거래가 일어나는 원인과 경제에 미치는 효과에 따라 경상수지와 자본수지로 나뉘며, 여기에서 경상수지는 무역수지와 무역외수지로 구분된다. 무역수지는 상품의 수출과 수입을 포함하고, 무역외수지는 무역수지에서 포함되지 않는 산업 분야로서 상품 이외의 서비스의 수출입 및 증여에 따른 수지를 말한다. 관광산업은 무역외수지에 속하게 된다.

대표적으로, 1991년 관광을 소비성서비스업으로 분류하고 각종 금융적, 세제적 제재를 부과하기 시작한다. 대표적으로 여신규제와 같은 금융적 제재와 영세율 폐지, 손금불산입과 같은 세제적 제재를 부과하기 시작한다.

이러한 정부의 제재는 해외여행의 위축을 가져와 관광수지 적자를 모면할 것으로 기대하였지만, 1991년 이후부터 관광이 소비성 서비스업에서 제외되는 1994년도까지 출국자 수와 관광 지출은 꾸준히 증가한 것으로 기록되고 있다. 1993년 관광 지출은 전년도에 비하여 잠시 주춤하는 듯하지만 1994년도에는 급격하게 증가하는 것으로 나타난다. 즉 이러한 통계수치는 정부의 제재가 국민들의 여행에 대한 욕구를 누를 수 없다는 것을 대변하는 것이다.

여기에서 정부는 관광을 소비성 서비스업으로 분류하였다고 했는데, <표 11>에서 보는 바와 같이 현재 소비성 서비스업의 범위는 호텔업·여관업(관광진흥법에 의한 관광숙박업 제외), 주점업, 무도장·도박장 운영업, 안마업 등으로 나타난다. 즉 정부는 관광산업을 유흥 주점업이나 안마업 등의 업종과 동일한 시각으로 보았다는 것이다. 관광 지출이 증대하였다고 해서 관광산업을 소비성 서비스업으로 분류한 정부의 정책적 결정이 아쉬운 대목이다. 그러나 정부는 곧 관광 수입 적자를 극복하고자 1991년도에 1994년도를 "한국 방문의 해"로 설정하고, 외래 관광객 유치증대를 위한 정책을 펼친다. 하지만 이 역시 관광수지 적자를 탈피하는 데 실패하고 만다. "1994 한국 방문의 해"와 관련하여서는 제4절에서 구체적 다룬다.

〈표 10〉 우리나라 관광통계〈1989~1994〉

연 도	입국자 수 (명)	성장률	출국자 수 (명)	성장률	관광수입 (US$1000)	성장률	관광지출 (US$1000)	성장률	관광수지 (US$1000)
1989	2,728,054	16.6	1,213,112	67.3	3,556,279	8.9	2,601,532	92.2	954,747
1990	2,958,839	8.5	1,560,923	28.7	3,558,666	0.1	3,165,623	21.7	393,043
1991	3,196,340	8.0	1,856,018	18.9	3,426,416	−3.7	3,784,304	19.5	−357,883
1992	3,231,081	1.1	2,043,299	10.1	3,271,524	−4.5	3,794,409	0.3	−522,885
1993	3,331,226	3.1	2,419,930	18.4	3,474,640	6.2	3,258,907	−14.1	215,733
1994	3,580,024	7.5	3,154,326	30.3	3,806,051	9.5	4,088,081	25.4	−282,030

〈표 11〉 세법 상 소비성 서비스업의 분류〈2006년 기준〉

소비성 서비스업의 범위	제외조항
호텔업·여관업	관광진흥법에 관광숙박업 제외
주점업(일반유흥주점, 무도유흥주점, 단란주점)	관광진흥법에 의한 외국인 전용 유흥음식점업 및 관광유흥음식점업 제외
무도장 운영업 도박장 운영업	관광진흥법 또는 폐광지역개발지원에 관한 특별법의 규정에 의하여 허가를 받은 카지노업 제외
안마업	의료행위에 위한 안마는 제외

5) 한·중 국교 정상화

1992년 8월에 있었던 한·중 국교정상화로 인해 우리나라는 전(全) 산업에 걸쳐 새로운 전기를 맞이하게 된다. 1965년도에 있었던 한·일 국교정상화가 관광산업에 얼마나 긍정적으로 작용했는지를 살펴보았듯이, 한·중국교정상화 역시 우리나라 관광산업에 미칠 영향은 지대할 것이다. 비록, 한·중 국교정상화로 인해 당시 우리나라는 대만과 국교를 단절해야 했지만, 13억 인구를 가진 중국과의 국교정상화의 매력은 충분했다.

중국은 1978년부터 개혁과 개방으로 조금씩 전환한 이후 관광산업은 비약적으로 발전하여 2001년도에는 관광수입이 4,995억 위엔(약 601억 달러)에 달하였다(중국국가통계국, 2002). 한국과 중국은 국교수립 이후, 1998년 우리나라가 중국인의 해외여행자유화 국가로 지정되면서 방한 중국인 20만 명대에 올라섰다. 정부는 1997년 중국인 단체 관광객 사증 발급 절차 간소화, 1998년 중국인 관광객 제주도 무사증 입국을 허용하는 등의 출입국 절차 간소화에 노력하였고, 2000년 6월 27일 한국과 중국은 관광교류 합의에 의하여 기존 중국의 9개 성시 만이 한국을 자유롭게 방문할 수 있었던 것이 중국 전역으로 확대되었다. 이에 2000년도 40만 명대, 2004년도 60만 명대를 거쳐 2005년에 70만 명대에 달하게 된다. 이러한 중국시장의 비약적인 성장으로 2000년도에 전체 방한시장 점유율이 일본, 미국에 이어 3위였던 중국시장은 2001년도부터 2위의 자리를 지키고 있다(표 12참조). 2008년 북경올림픽 이후 중국인 해외 여행이 전면 자유화될 것으로 전망되면서, 방한 중국 관광객은 더욱 증가할 것으로 기대된다.

〈표 12〉 연도별 방한 외래 관광객 국적별 점유율(1990~2005)

연 도	일 본	중 국	미 국	구 주	교 포	기 타	계
1990	49.4	1.4	11.0	6.5	10.9	20.8	100.0
1991	45.5	2.5	9.9	7.7	9.8	24.6	100.0
1992	43.3	2.7	10.3	8.6	9.7	25.4	100.0
1993	44.8	3.0	9.8	9.7	9.8	22.9	100.0
1994	45.9	3.9	9.3	10.6	8.9	21.4	100.0
1995	44.4	4.8	9.6	10.9	8.9	21.4	100.0
1996	41.4	5.4	10.8	11.5	8.2	22.7	100.0
1997	42.9	5.5	10.9	10.5	7.9	22.3	100.0
1998	46.0	5.0	9.5	8.9	7.4	23.2	100.0
1999	46.9	6.8	8.5	8.3	6.5	23.0	100.0
2000	46.5	8.3	8.6	8.5	5.2	22.9	100.0

연 도	일 본	중 국	미 국	구 주	교 포	기 타	계
2001	46.2	9.4	8.3	8.3	5.6	22.2	100.0
2002	43.4	10.1	8.6	9.4	5.9	22.6	100.0
2003	37.9	10.8	8.9	10.1	6.0	26.3	100.0
2004	42.0	10.8	8.8	8.6	5.2	24.6	100.0
2005	40.5	11.8	8.8	8.4	4.7	25.8	100.0

〈출처〉 문화관광부, 2006년 관광동향에 관한 연차보고서.

제4절 김영삼 · 김대중 정권시대의 관광

1. 김영삼 · 김대중 정권시대의 사회상황

김영삼은 우리나라 민주화 부분에서 역사적 공헌이 돋보인다. 김영삼은 정치세계의 입문을 여당으로 시작하였음에도 불구하고 이승만의 3선 개헌에 반대하였고, '사사오입'의 변칙적인 개헌에 항의하고 그 당시 여당인 자유당을 탈당하기까지 하였다. 뿐만 아니라 박정희의 3선 개헌에도 반대하다 초산테러를 당하기도 하였으며, 유신체제에 맞서 '반(反)유신투쟁'과 '반(反)독재투쟁'을 최전방에서 이끌었다. 특히 '반(反)독재투쟁'은 전두환 정부까지도 이어지면서, 강제수색과 가택연금 등 수많은 고초를 겪게 된다. 이러한 일련의 민주화 운동으로 재야세력으로서의 권위를 유지하였지만, 노태우 정권하에서는 '3당 합당'을 하여 여소야대의 구도를 호남배제 지역연합 구도로 재편하는 등 반민주행보를 선택한다.

어쨌든 1992년 12월 18일의 제14대 대통령 선거는 30여 년간의 군부 정권의 인맥을 단절하고 실질적인 민간 정권이 들어서는 역사적 순간이었다. 김영삼 정권은 공직자 재산공개 등을 통하여 부패공직자를 추방, 전두환을 중심으로 한 하나회 해체 및 숙청, 지방자치제의 완전 부활, 정치개혁법 준비, 금융·토지실명제 실시 등 강도 높은 개혁 작업을 시도하였다. 그러나 이러한 일련의 개혁 작업은 정계 및 재계로부터의 저항에 직면하게 되고, 특히 철저한 준비작업 없이 실시한 금융실명제는 중소상인으로부터도 비판을 받았다. 즉 국민적 공감성이 부족한 상태에서 추진한 개혁은 1995년 6월 실시한 지방선거에서 김영삼 정권의 참패로 이어지게 된다. 이어 1996년 말 국회의 노동법 변칙처리로 인해 노동계의 거센 반발과 1997년 초의 한보비리사건을 시작으로 대기업의 연쇄적인 부도 등은 국가 대외신인도를 추락시키게 되고 결국에는 우리나라 6·25동란 이후 최대 사건이라는 IMF 관리체제로 빠뜨려 버린다.

김영삼 정부시대의 우리나라 경제상황은 1993년 경제성장률 5.8% 정도에 그치면서, 이후에도 임금과 부동산 가격의 급상승 등 경제제약이 많아진다. 1996년부터는 경기하강이 본격화되고 1997년에는 금융·외환 위기가 발생하여 경제 전반에 부정적으로 작용하여 경제성장률이 1980년 이후 최저치인 4.9%를 기록하게 된다.

국가적 경제 위기상황인 IMF 체제 속에서, 다시 말해 국민들이 경제 문제가 최악의 위기 상황이라는 공포와 불안의 상황에서 김대중 정부는 출범한다. 제15대 대통령 선거에서 김대중은 당시 73세의 네 번째 대선 도전자로서 우리나라 정치사상 처음으로 여·야 간의 정권교체를 하면서 대통령으로 당선되었다. 그러나 완전한 정권교체는 이루어진 것이 아니라 1996년 7월 김종필과의 정치적 연합체계를 구축하여 탄생한 정권이었다. 즉 외형상으로는 정당 간의 수평적 정권교체로 보이지만, 내용상으로는 김대중의 민주화 세력과 김종필의 5·16 쿠데타 및 유신 주도세력이 연합해 성립된 정권이다.

김대중 정부의 특징을 언급하려면 단연 대북관계의 변화를 지목하지 않을 수 없다. 남북관계는 반세기 넘도록 화해와 협력보다는 대결과 갈등 구도 속에서 존재했지만, 1990년 탈냉전 이후 한반도의 평화가 긍정적인 방향으로 조금씩 나아가다 김대중 정부에 결실을 맺게 된다. 김대중 정부는 분단 이후 처음으로 대북 강경정책 대신 대북 포용정책을 추진한 정부로 기록될 것은 믿어 의심할 여지가 없다. 1993년부터 시작된 북핵 위기, 1998년 북한의 인공위성 발사, 1999년 연평도 부근의 북방한계선에서 남북한 마찰, 우리 사회에 항상 존재한 전쟁위기설 등과 같은 일련의 문제에도 불구하고 김대중 정부는 소위 햇볕정책의 실현으로 2000년 6월 15일 남북정상회담을 성사시켰다. 햇볕정책은 북핵문제로 북미관계가 악화되는 정세 속에서도 지속적으로 실시하여 많은 논란과 반발에 부딪혔다. 김대중 정부 때부터 시작된 대북관계에 대한 변화와 그로 인한 관광산업의 영향은 「제2부 관광과 남북관계」에서 자세히 다루기로 한다.

군부정권의 청산과 함께 시작한 김영삼·김대중 정부시대에도 관광과 관련한 많은 사건들이 존재한다. 김영삼 정부는 1996년 7월 10일 21세기 대비 관광 진흥 10개년(1996－2005년)계획을 발표한다. 주요 골자는 2005년까지 연간 외래 관광객 수를 8백만 명으로 확대 유치하여 관광수입을 2백억 달러로 올리고 관광외화지출을 1백50억 달러로 유지함으로써 50억 달러의 관광수지 흑자를 실현한다는 내용이다. 이러한 정책적 목표를 달성하기 위하여 "대전 엑스포"와 "한국 방문의 해"를 실시한다. 이러한 행사는 김영삼 임기 중 가장 큰 관광행사라 할 수 있는데, 그 결과는 만족할 만한 외래 관광객을 유치하는 데 실패하였다. 반면에

1995년도부터 지방자치제를 실시하면서 각 지방마다 지역축제가 생겨나게 되어 전국적으로 축제의 분위기에 휩싸이게 되는데, 이는 곧 국내 관광 활성화에 크게 기여하게 된다.

김대중 정부시대에는 금강산, 백두산, 평양, 묘향산 등 북한과 관광교류가 시작되면서 사회적으로 큰 이슈로 등장하게 되고, 내국인이 출입할 수 있는 카지노가 국내에 개설되는 등 다각적인 측면에서 국내 관광산업은 성장하게 된다. 관광수지 측면에서, 김대중 정부는 IMF라는 특수상황 속에서 출발하였기 때문에 어렵지 않게 흑자를 기록하였지만, 금강산 관광의 시작으로 다시 관광수지는 적자를 기록하게 된다.

2. 김영삼·김대중 정권시대의 관광

1) 1993년 '대전 EXPO'와 1994년 '한국 방문의 해'

대전시 유성구 도룡벌 27만 평의 드넓은 대회장에서 1993년 8월 7일부터 11월 7일까지 93일 동안 연일 인산인해를 이루며 '대전 엑스포'가 개최되었다. '세계 첨단과학기술의 경연장'이라 불리는 대전 엑스포는 1조 7천억 원이라는 엄청난 투자를 쏟아 부은 국가적 사업이었고, 세계 108개국, 33개 국제기구가 참가한 사상 최대의 박람회이자 올림픽에 버금가는 최대의 국제행사로 주최 측은 선전하였다. 또한 EXPO의 성공적 개최를 위하여 EXPO 전후 기간 중 일본인 관광객에게 무사증 입국을 허용하였다. 그런데 어찌된 일인지 1993년 외래 관광객 입국자 수는 전년대비 증가율이 거의 없다. 1992년도는 전년대비 1.1% 증가, 1993년도는 전년대비 3.1% 증가의 수치를 보이고 있다. 이러한 현상은 1974년 제1차 오일쇼크와 1979년 10·26사태에 따른 여파로 외래 관광객 감소 이후 처음 있는 일이다. 엄청난 규모의 금액을 투자한 국가적인 사업이 외래 관광객 유치 증가는커녕 여느 때보다도 감소한 수치를 나타내고 있었다.

더욱 주목해야 할 사항은 1994년도를 "한국 방문의 해"로 설정하고 1991년부터 작업을 했다는 것이다. "1994 한국방문의 해"는 외래 관광객 450만 명 유치, 관광수입 50억 원 달성을 목표로 추진되고 있었음에 불구하고 외래 관광객 유치와 관광수입은 좀처럼 증가 수치를 보이고 있지 않았고, 오히려 출국자 수는 전년대비 30.3% 증가한다. "1994 한국방문의 해"는 결과적으로 외래 관광객 358만 명 유치, 관광수입 38억 달러를 달성하여 실패한 정책으로 평가할 수 있다.

1993년의 "대전 엑스포"와 같은 대규모 국제행사와 1994년 "한국 방문의 해"와 같은 관광 진흥정책을 수립하였는데 방한 외래 관광객 수가 증가하지 않는 이유는 무엇일까? 그것은 1992년 대만 국교 단절과 같은 정치적 이유와 증가하지 않는 일본 관광객에서 그 이유를 찾을 수 있다. <표 13>에서 보는 바와 같이, 우리나라를 찾는 외국인 관광객 중 절대적인 비율을 차지하는 일본인 관광객 수는 1991년에서 "한국방문의 해"인 1994년까지 그리 크게 증가하지 않았고 오히려 1992년도에는 감소하는 수치를 보인다. 특히, "대전 엑스포"와 "한국방문의 해" 기간 동안 일본관광객에 대해 15일간 무사증 입국 허가 조치를 했다는 것을 감안한다면 일본인 관광객 유치에 실패했다고 보아야 할 것이다. 여기에 대만국교 단절로 대만 관광객이 1993년 이후부터 급격하게 감소하는 것도 관광침체 현상에 한몫을 했다.

"대전엑스포"와 "한국방문의 해"의 만족스럽지 못한 성적을 낸 원인에 대해서 규명할 필요가 있다. 당시의 "대전엑스포"와 관련한 자료에 의하면(김은남, 1993), 대전지역의 외국인 관광객을 안내표지판 및 외국어 방송의 부재, 관람을 위한 너무나 긴 대기시간, 차양막의 절대적 부족으로 강한 자외선 아래에서 대기하는 등 각종 외국인을 위한 편의시설 및 정책의 실패를 지적하고 있다. 또한 대전엑스포 조직위원회와 한국관광공사가 연합하여 미국, 일본, 태국, 싱가포르, 홍콩, 말레이시아 등에 해외관람객 특별유치단 113명을 파견하였지만 별다른 실효를 거두지 못한 것도 실패의 한 원인으로 꼽히고 있다. 외국인을 위한 각종 편의시설의 부족과 해외홍보의 실패는 결국 대전엑스포 관람객 중 외국인이 3%에 그치는 집안잔치가 되고 말았다. 해외홍보의 부족은 1994년 "한국방문의 해"에서도 지적되고 있다. 우리와 같이 1994년을 자국 방문의 해로 설정한 말레이시아는 많은 점에서 우리와 다르게 나타났다. 그들은 2~3년 전부터 미국, 일본, 유럽 등 주요 국가를 대상으로 TV 광고를 실시하여, 말레이시아의 자연과 풍습을 소개하면서 '94년에는 말레이시아를 방문해 달라는 메시지를 전달하는 노력을 하였다. 그러나 우리의 경우 준비 없는 "한국의 방문의 해"를 시행하여 현재 실패한 정책으로 평가를 받고 있다.

〈표 13〉 일본·대만 관광객 입국통계〈1991~1994년〉

구 분	1991년 (비율)	1992년 (비율)	1993년 (비율)	1994년 (비율)
일 본	1,455,090명 (45.5%)	1,398,604 (43.3%)	1,492,069 (44.8%)	1,644,097 (45.9%)
대 만	281,349 (8.8%)	295,986 (9.1%)	145,344 (4.3%)	137,463 (3.8%)
전 체	3,196,340 (100%)	3,231,081 (100%)	3,331,226 (100%)	3,580,024 (100%)

출처) 한국관광공사 관광통계.

〈표 14〉 우리나라 관광통계〈1990~1995〉

연 도	입국자 수 (명)	성장률	출국자 수 (명)	성장률	관광수입 (US$1000)	성장률	관광지출 (US$1000)	성장률	관광수지 (US$1000)
1990	2,958,839	8.5	1,560,923	28.7	3,558,666	0.1	3,165,623	21.7	393,043
1991	3,196,340	8.0	1,856,018	18.9	3,426,416	−3.7	3,784,304	19.5	−357,883
1992	3,231,081	1.1	2,043,299	10.1	3,271,524	−4.5	3,794,409	0.3	−522,885
1993	3,331,226	3.1	2,419,930	18.4	3,474,640	6.2	3,258,907	−14.1	215,733
1994	3,580,024	7.5	3,154,326	30.3	3,806,051	9.5	4,088,081	25.4	−282,030
1995	3,753,197	4.8	3,818,740	21.1	5,586,536	46.8	5,902,693	44.4	−316,157

뜸한 외국인 발길, 관광산업 비상

'굴뚝 없는 공장'으로 불리며 국위선양은 물론 높은 외화가득률과 고용창출 효과로 경제 활성화에 큰 몫을 해야 할 관광산업이 최근 들어 불황의 늪에 빠져 허우적거리고 있다. 관광산업은 세계경기 또는 지역경기에 영향을 많이 받는 산업이다. 그럼에도 불구하고 관광 선진 국가들은 꾸준히 관광객은 물론 관광흑자가 늘어나고 있다. 반면에 우리나라는 최근 들어 관광수지가 적자를 기록하면서 좀처럼 회복될 기미를 보이지 않고 있다. 60~70년대 주요한 외화 획득원으로서 고도 경제성장에 큰 밑거름이 되었던 우리나라의 관광산업이 최근 3년 동안 침체의 늪에서 헤어나지 못하고 있다.

우리나라는 지난 89년까지 소폭적이지만 꾸준히 관광객이 늘면서 관광수지 흑자를 나타냈다. 그러나 같은 해 내국인의 해외여행이 전면 자유화되면서부터 1인당 외화 소비율이 급증, 관광여행수지가 적자로 반전되기 시작해 91년에 3억 6천 달러, 92년에 5억 2천 달러, 93년 8월 말 현재 3억 2천만 달러의 관광적자를 나타내고 있으며 연말까지는 지난해의 적자폭보다 많아질 전망이다. 우리 관광업계가 최근 가장 타격을 받게 된 것은 일본 관광객의 급격한 감소 때문이다. 일본은 미국·독일과 함께 세계 3대 관광외화 지출국으로서 91년도 외화지출액이 2백40억 달러나 됐다. 92년도 우리나라 외래 관광객 3백23만 명 가운데 무려 43.3%인 1백40만 명이 일본인 관광객이었고 총 여행수입 32억 5천9백만 달러 중 54.7%인 17억 8천2백만 달러를 일본관광객이 뿌렸다. 92년도 일본인 해외여행자 1천 1백80여만 명의 11.8%가 한국관광을 했다. 그러나 88년 이후 일본인 관광객 감소추세가 가속화되면서 91년 0.4%, 92년 3.9%가 줄었고 올 들어 6월 말 현재 10.6%가 감소하는 등 주요 관광시장의 열세로 우리 관광산업이 총체적인 위기 국면에 처한 것이다. 관광산업이 이처럼 위기에 처하게 된 전체적인 배경은 그동안 종합적이고 체계적인 관광정책이 없이 주먹구구식으로 관광산업을 운용해 온 데서 비롯됐다. 우선 가장 문제가 되고 있는 것이 관광투자재원의 부족이다. 산업은행이 지난 77년 이후 88년까지 12년 동안 지원한 관광 진흥개발자금은 겨우 1천4백10억 원으로 연평균 1백여억 원에 불과했다. 90년에는 더욱 줄어들어 1백6억 원이 지원됐다. 93년의 경우 3백68억 원이 책정되었으나 총 소요량의 4분의 1밖에 안 되는 액수이다. 그나마 이 지원금은 대부분 관광호텔의 신·증축에 사용하는 융자금이어서 관광지 개발이나 새로운 관광 상품 개발 분야 등에는 전혀 손을 못 쓰고 있는 실정이다.

더욱이 현재 관광지 개발 산업은 지역사업으로 분류돼 있어 각 시·도가 의욕적으로 관광 사업을 계획하더라도 자원조달이 불가능하다. 특정지역에 관광호텔을 신축하는 경우를 한 가지 예로 들어보면 우리의 행정체계의 문제점이 극명하게 드러난다. 호텔 입지 선정 때는 건설부·국방부·내무부의 허가를 받아야 하고 건축비 지원은 재무부의 결재를 얻어내야 한다. 주변 도로를 개설하는 일은 또 내무부 소관이다. 관광호텔 내 각종 부대시설의 영업시간 규제는 보사부 담당이며 관광 상품 개발 및 판매는 상공자원부가, 식당에서 쓰는 육류는 농림수산부가 관장한다. 관광종사원의 교육과 관광홍보는 교통부가 맡고 있다. 행정규제 완화 조치는 관광산업 진흥을 위한 선결과제이다.

〈서울신문, 1993년 10월 19일, 11면〉

2) 지방자치제 실시와 지역축제

전두환 정부 임기 말기인 1987년도에 있었던 6·29선언은 우리나라 역사에 한 획을 긋는다고 할 만큼 민주주의로 한 걸음 다가선 사건이었다. 6·29선언 중에 나오는 지방자치제의 실시는 민주주의 국가에서는 필연적으로 존재해야 할 법으로서 지방의 행정을 지방 주민이 선출한 기관을 통하여 처리하는 제도이다. 우리나라의 지방자치체는 이승만 정부 때 불완전하게 실시하였다가, 1961년 박정희가 주도한 5·16군사혁명으로 인하여 지방의회가 해산되었다. 그 후 전두환 정부까지 지방자치제는 실시되지 않다가 노태우 정부가 들어서면서 6·29선언의 약속을 토대로 1990년 12월 31일 151회 정기국회에서 여야만장일치로 지방자치법 중 개정 법률안 등이 통과되지만 실시되지는 않았다. 김영삼 정부는 대선공약으로 내세웠던 지방자치제의 전면적인 실시 약속을 지키며

1995년부터 본격적인 지방화시대를 맞이하게 된다. 지방자치제의 목적은 국가와 지방자치단체의 기본적 관계를 정함으로써 지방자치행정의 민주성과 능률성을 도모하며, 지방의 균형적 발전과 한국의 민주적 발전을 기하기 위해서이다.

한국의 급속한 경제성장은 전형적인 중앙집권형이었다. 강력한 국가적 지도력을 위해 정치적 분권화보다는 행정적 일원화논리가 필요하였고, 지방은 중앙권력기관의 대리인 혹은 하수인의 역할로 권한을 축소시켰다. 우리나라 군부독재시절인 박정희 정부와 전두환 정부시대에는 이러한 강력한 중앙집권화를 수립하였기 때문에 민주주의 발전에는 저해요소가 되었을지라도 당시에 급속한 경제성장을 이루는 데 촉진제의 역할을 했는데는 부인할 수 없을 것이다.

민주주의 국가로서 한 걸음 다가선 지방자치제의 시행이 관광산업에 미친 영향은 매우 크다고 할 수 있다. 지방자치제의 시대에서는 기존의 중앙정부로부터 재정을 지원을 받는 의존형태의 탈피가 불가피하다. 즉 지방자치제시대에서는 전적으로 중앙정부에만 의존할 수 없고, 자체적인 재원확보방안에 주력해야 한다는 것이다. 그러나 취약한 지방재정으로는 스스로 자립한다는 것은 쉬운 일이 아니었다. 이에 각 지방들은 재정확보를 위한 하나의 방안으로 관광산업에 눈을 돌리게 된다. 관광산업 중에서도 기존의 대규모 자본을 유치해서 급격한 변화, 자연환경 파괴, 개발 소득의 지역 외 유출 등의 부작용을 유발한 관광시설 중심의 하드웨어 개발보다는 지역 고유 특성이나 지역주민들의 입장을 고려한 소프트웨어 개발에 관심이 집중된다. 이러한 인식하에 각 지방 자치단체장들은 지역 전통문화의 특성을 살리면서 지역 경제 활성화에 부응할 수 있는 지역 특유의 축제이벤트개발 및 상품화를 시도하는 전략이 나타난다.

<표 15>은 1995년 지방자치제 실시 이후 2005년 현재까지 전국의

지역축제 700여 개 중에서 광역시·도에서 추천을 받은 축제 중 문화관광부에서 위촉한 축제 평가위원의 현장참관 평가와 축제 전문그룹의 설문평가, 한국관광공사 해외지사 상품화 평가 등을 기준으로 관광 상품성이 크고 축제의 콘텐츠 등이 우수하다고 선정되어 문화관광부로부터 재정지원을 받는 축제이다. 재정지원 금액은 유망축제, 지역육성축제, 우수축제, 최우수축제로 구분하여 지원한다. 지방자치제는 실시는 그야말로 우리나라를 전국에 걸쳐 '축제의 나라'로 만들었고, 이는 국내관광 진흥 및 인바운드 유치정책에 중요한 역할을 하였다.

〈표 15〉 2005년도 문화관광축제 지원현황

단위: 백만 원

자치단체	축제명	지원액	비 고
계		2,500	
부산광역시	부산자갈치문화관광축제	40	유망축제
대구광역시	대구약령시축제	60	지역육성축제
광주광역시	광주김치대축제	40	유망축제
경 기 도	연천구석기축제	40	유망축제
	이천쌀문화축제	40	유망축제
강 원 도	춘천국제마임축제	130	우수축제
	양양송이축제	130	우수축제
	인제빙어축제	40	유망축제
충청북도	충주세계무술축제	130	우수축제
	영동난계국악제	40	유망축제
충청남도	한산 모시문화제	60	지역육성축제
	아산성웅이순신축제	40	유망축제
	금산인삼축제	130	우수축제
	보령머드축제	60	지역육성축제
	강경젓갈축제	130	우수축제

자치단체	축제명	지원액	비 고
전라북도	남원춘향제	60	지역육성축제
	무주반딧불축제	60	지역육성축제
	김제지평선축제	250	최우수축제
전라남도	보성다향제	40	유망축제
	함평나비축제	130	우수축제
	남도음식문화큰잔치	60	지역육성축제
	강진청자문화제	250	최우수축제
경상북도	경주한국의술과떡잔치	60	지역육성축제
	안동 국제탈춤페스티발	250	최우수축제
	풍기인삼축제	40	유망축제
경상남도	하동야생차축제	60	지역육성축제
	진주남강유등축제	130	우수축제

3) IMF(국제통화금융)체제와 관광

1997년도 노동개혁입법에 대한 노동계의 파업과 한보그룹, 삼미그룹, 진로그룹, 기아자동차 등 우리나라 재벌 기업들이 연쇄적으로 부도가 나면서 대한민국은 심각한 외환위기를 경험하게 된다. 정부는 외환위기에 대한 안일한 태도와 미숙한 대처 등으로 결국 1997년 11월 21일 IMF(International Monetary Fund)에 금융구제신청을 요청하게 된다. IMF 지원 이후에도 정부의 대처능력은 국제신용평가기관인 Standard and Poor's(S&P)나 Moody's로부터 신뢰를 얻지 못하게 되어 IMF와 8개 선진국으로부터 100억 달러의 조기자금지원을 약속받고, 그 대가로 IMF 협약조건보다 더욱 강한 조건인 자본시장 개방 및 금융시장 구조조정을 수용하게 된다.

이러한 일련의 외환위기 속에 원화가치는 평가 절하되어 1997년 12

월에는 원/달러 환율이 달러당 최고 1,964.80원, 원/파운드 환율이 파운드당 최고 3,272.77원까지 기록한다. 당연히 여행업계의 타격은 핵폭탄과 같은 것이었다. 통계 수치(표 16 참고)에 나타나듯이, 1998년 해외여행 출국자수는 전년대비 −32.5%로 우리나라 관광통계가 기록된 이후 가장 높은 수치의 전년대비 감소율로 나타나고 있다. 관광 지출의 경우 1997년 약 63억 달러에서 1998년도에는 약 26억 달러로 전년대비 −57.8%의 감소를 나타내고 있다. 그러나 관광수입의 경우에는 1997년도 약 51억 달러에서 1998년도에는 약 69억 달러로 전년대비 34.2% 증가하여, 1990년대 이후 보여준 관광수지 적자가 흑자(약 42억 달러)로 전환하게 된다. 원화가치의 평가절하는 우리나라 국민의 해외여행을 위축시켰지만, 오히려 방한 외래 관광객의 경우에는 IMF 이전보다 저렴한 가격으로 한국을 방문할 수 있는 기회였던 것이었다. IMF 당시 8개 재벌기업과 1만 7000여 개 중소기업들이 도산되는 분위기 속에서도 흔들림 없이 생존이 가능했던 기업은 수입 위주보다 수출 위주의 기업들이었듯이, 인바운드 위주의 정책으로서 우리나라가 외래 관광객에게 많은 관광 매력물을 꾸준히 만들어갔었더라면 외환위기 속에서 관광산업의 기여도는 좀 더 높았을 것으로 생각할 수 있다.

현금의 흐름을 기준으로 볼 때, 일반 기업체에서의 수출은 여행업계에서는 인바운드(Inbound)에 해당하는 되며, 수입은 아웃바운드(Outbound)에 해당되는 것이다. IMF 당시 국내여행과 국외여행(아웃바운드)상품을 취급하는 국외여행업은 파산하는 곳이 연쇄적으로 발생했으며, 외국인 방한 상품(인바운드)까지 함께 취급하는 일반여행업의 경우에는 위기를 기회로 삼아 오히려 호기를 누리기도 하였다. 2005년 12월 기준 우리나라 전체 여행업은 9,623곳이며, 이 중 일반여행업은 794곳, 국외여행업은 4,985곳, 국내여행업은 3,844곳으로 집계되고 있다. 현재에도 일반여행업은 전체의 약 8.25% 정도밖에 차지하고 있지 않다. IMF와 같은 국가적 위기상황뿐만 아니라 평상시에도 관광수입이 국가경제에 힘이 되기 위해서는 인바운드 업체의 증가를 유도하는 정책적 배려가 필요하다. 이와 더불어 단순히 값싼 가격 경쟁력을 넘어선 진정한 한국 관광의 매력물을 창출함으로써 외래 관광객 유치증대를 달성하여야 할 것이다. 이와 관련한 정부의 정책적 배려는 지금까지도 숙제로 지적되고 있다.

〈표 16〉 우리나라 관광통계〈1995～1998〉

연 도	입국자 수 (명)	성장률	출국자 수 (명)	성장률	관광수입 (US$1000)	성장률	관광지출 (US$1000)	성장률	관광수지 (US$1000)
1995	3,753,197	4.8	3,818,740	21.1	5,586,536	46.8	5,902,693	44.4	−316,157
1996	3,683,779	−1.8	4,649,251	21.7	5,430,210	−2.8	6,962,847	18.0	−1,532,637
1997	3,908,140	6.1	4,542,159	−2.3	5,115,963	−5.8	6,261,539	−10.1	−1,145,576
1998	4,250,216	6.1	3,066,926	−32.5	6,865,400	34.2	2,640,300	−57.8	4,225,100

〈신문 속에서 본 IMF와 관광〉

고(高)달러 속 얼어붙은 해외여행

통화기금(IMF) 체제의 올해 국내 관광업계는 달러화의 급격한 평가절상으로 해외여행이 지난해에 이어 꽁꽁 얼어붙고, 인바운드 부문에선 그나마 짭짤한 재미를 볼 전망이다. 지난해 초부터 10월 말까지 월평균 40여만 명이 해외여행을 떠나 그런대로 재미를 봐왔던 여행객 해외송출업체들은 지난해 11월부터 고달러시대의 차가운 한파에 고전을 거듭하고 있는데, 이러한 현상은 최소 금년 말까지 계속될 것으로 보인다. 지난해 11월부터 흑자로 돌아선 여행수지의 경우 이는 관광 상품개발이나 대규모 국제행사로 인해 외국 관광객들의 대거 입국에 의한 것이 아니라 여행객 해외송출이 급격히 줄어듦에 따른 파행적 현상으로 풀이되고 있다. 이에 따라 대부분의 관광업체들은 소비절약적인 사회분위기와 국민들의 소비 감축현상으로 건전한 국내여행 분위기가 확산될 것으로 판단하고 해외송출 업무를 아예 폐지하거나 대폭 축소한 반면 국내영업을 대폭 강화할 방침이다. 그러나 인바운드의 절대적인 부분을 차지하고 있는 일본관광객들 또한 자국 내의 경기침체로 여의치 못할 것으로 예상돼 호황을 누리고 있는 싱가포르, 홍콩 등을 상대로 집중적인 관광객 유치에 총력을 기울이겠다는 것이 한국관광공사의 올해 영업 전략이다. 더욱이 국민들의 해외여행 제1목적지로 꼽혔던 호주, 뉴질랜드, 남태평양 등지에 관광객 출국이 거의 중단되면서 주3회 서울에 취항하던 에어뉴질랜드가 지난해 12월 31일 노선을 잠정 폐쇄한 데 이어 콴타스 항공과 안셋트 항공이 다음 달 5일쯤 서울~시드니 노선을 끊을 것으로 알려지고 있다. 게다가 지난 연말까지 등록된 5천여 개의 여행사들이 끔찍한 경제 불황으로 현재 개점 휴업상태에 들어갔다. 여행업체들은 대부분 영세한데다가 경기에 아주 민감해 문을 닫는 업체가 속출해 기껏해야 절반가량이 살아남을 것이라는 게 업계의 한결같은 분석이다.

〈세계일보, 1998년 1월 9일, 16면〉

관광수입 늘려 'IMF 극복'(외채 벌어서 갚자)

외국인 1명 오면 TV 9대 수출효과가 있는 관광업의 활성화에 주목해야 한다. 외화가 부족한 현재 '1달러'의 가치가 어느 때보다 소중한 때다. 장롱 속 금모으기 운동 등을 대대적으로 펼치고 있지만 국민들의 '작은 정성'일 뿐 경제위기를 극복하는 데는 역부족이다. 이런 경제위기를 가장 효율적으로 넘는 방법은 없을까? 수출 및 관광산업 활성화다. 그러나 수출은 원자재 수입 부담이 작지 않다. 그렇다면 해답은 간단하다. 외국인 관광객을 국내로 불러들이는 것이다. 외국인 관광객 1명을 유치했을 때 외화가득 효과는 신발 82켤레, 컬러TV 9.6대를 수출하는 것과 맞먹는 것으로 추산되고 있다. 다행히 현재의 환율폭등은 외국인을 국내로 불러들이는 데 절호의 찬스다. 국내 여행상품에 대한 가격경쟁력이 2배 이상 높아졌기 때문이다. 여행업계에선 이번 외환위기가 외래 관광객 유치를 통한 국내관광업 활성화의 호기라며 저마다 기대에 부풀어 있다. 한국관광공사도 2월로 예정했던 해외홍보를 앞당길 준비를 하는 등 대책마련에 부심하고 있다. 그러나 여행업계나 관광관련기관의 이런 기대는 자칫 메아리 없는 외침으로 끝날 수도 있다. 외국인 여행객을 불러들이고 그들의 호주머니를 털어내는데 법적·행정적 걸림돌이 적지 않기 때문이다. 가장 큰 문제는 관광산업에 대한 정부의 '마인드' 부족이다. 우리와 비슷한 처지의 태국이 외환위기를 관광수입으로 넘자며 98~99년을 '매력적인 태국의 해'로 선정, 대대적인 해외홍보를 펼치고 있는데도 우리는 아직 이렇다 할 대책이 없다. 오히려 관광관련 예산을 대폭 깎아내리고 있는 실정이다. 이제는 달라져야 한다. 관광산업은 더 이상 소비성 사치향락산업이 아니다. 선진국은 이미 관광산업을 정보통신, 환경산업과 함께 미래의 국가경제를 짊어질 3대 전략산업으로 지원·육성하고 있다. 우리도 시작해야 한다. 94년 실시됐던 '한국방문의 해' 식의 행사를 다시 한번 해 볼 수도 있다. 한국관광공사 해외홍보처 오용수부장은 "62년 당시 관광공사의 설립목적 자체가 외화획득이었다"며 "이번 위기가 한국관광을 살리는데 다시없는 기회인만큼 '풀 것은 풀고(규제완화), 밀어줄 것은 밀어주는(행정지원)' 과감한 결단이 필요하다"고 강조했다.

〈국민일보, 1998년 1월 19일, 3면〉

불황속 호기 맞은 관광산업

요즘 초등학생들까지도 "IMF, IMF" 할 정도로 급작스런 우리 경제의 추락은 모두의 근심거리가 된 지 오래다. 무역외수지 적자 확대가 외환위기의 큰 요인으로 작용되고 그중에 관광수지 적자가 상당한 부분을 차지하고 있어 환율위기를 맞은 지난해 말부터 관광업계는 살을 에는 듯한 겨울 날씨 만큼이나 꽁꽁 얼어붙어 있다. 손쉬운 여행객 해외송출 업무에 치중해 온 여행업체는 고달러 시대를 맞고부터 완전히 나자빠져 있기 때문이다. 불행 중 다행으로 인바운드 시장은 한 푼의 달러를 더 벌기 위해 모처럼의 호기를 잔뜩 벼르고 있다. 지난해 11월에 이어 12월에도 3억1천4백만 달러의 관광수지 흑자를 낸 것은 외국인 여행객들의 급증에 따른 것이 아니라 고달러 시대를 맞아 내국인들의 해외여행 단절에 따른 것이다. 관광수지 적자가 현재 경제난의 주원인의 하나로 작용됐다면 더 많은 외래 관광객들을 국내로 불러들이고 국민의 해외여행을 자제하여 관광수지 적자를 개선시키는 것이야말로 혼절한 한국경제를 되살리는 데 가장 큰 원동력이 될 수 있지 않은가. 어렵사리 제품을 제조하고 애써 팔지 않아도 달러를 벌어들일 수 있는 관광산업부문에선 절호의 찬스가 도래한 것이다. 이에 따라 정부도 올해의 관광수지를 5년 만에 무려 20억 달러의 흑자를 낼 것으로 계상하고 있으며, 관광주체들마다 달러벌기에 안간힘을 쏟고 있다. 관광 주체들이 '관광으로 달러 증대를', '위기는 기회다' 라는 캐치프레이즈를 내걸고 있으나 관광정책에 있어서 강력한 리더십과 선봉장이 나타나질 않고 있어 모처럼의 호기를 놓치지 않을까 심히 우려되지 않을 수 없다. 호텔, 여행사, 항공사 및 육상 교통업체 등 워낙 다양한 인자로 구성된 관광산업이 급격한 환경변화로 좋은 기회를 맞았음에도 당국은 정권인수기의 과도행정 탓인지 자리보전 등 보신에 급급한 인상마저 주고 있어 안타깝기 그지없다. 정책대상의 우선순위에 밀린 관광산업의 주체들이 달러벌기에 목청을 돋우고 있으나 당국의 안일한 태도는 오히려 관광한국 건설이라는 천재일우의 기회를 날려 보낼 수 있음을 명심해야 할 것이다.

〈세계일보, 1998년 1월 21일, 6면〉

1997년 외환위기 발생과정

한국경제는 지속적인 경상수지 적자와 경기침체가 예상보다 길어지자, 1997년 초부터 외국투자자들은 한국 경제에 관심을 가지고 보기 시작하였다. 이때까지만 해도 국제신용평가기관인 Standard and Poor's(이하 S&P)나 Moody's의 신용등급에는 영향을 미치지 않았다. 그러나 노동개혁입법과 한보그룹의 부도로 우리나라 신용등급에 차질이 발생하게 된다. 1996년 12월 26일 정리해고제 등을 주요 내용으로 하는 노동관계법 개정안이 국회에서 기습 통과되자 전국적으로 총파업사태가 발생하였다. 총파업은 생산차질액 2조 원을 초과하고서야 노동관계법 개정안을 재론하기로 하고 진정되었다. 더욱이 1월 23일 당시 우리나라 재벌 순위 14위인 한보그룹이 부도를 냈는데, 한보그룹의 부채규모는 은행과 종합금융회사 등 61개 금융기관에 약 60억 달러에 달하였다. 이에 외국투자자들은 한국 금융부분의 취약성, 정경유착의 어두운 관계를 확인하게 되었다. 노사분규와 한보사태와 두 가지 사태를 이유로 2월 19일 Moody's는 한보그룹에 대한 대출규모가 큰 은행(한국외환은행, 제일은행, 조흥은행)의 장기신용등급을 하향조정하였다. 곧이어 한보그룹 부도에 이어 연이은 대기업부도가 발생하였다. 3월 19일 부도를 낸 삼미그룹, 4월 21일 부도를 낸 진로그룹은 모두 당시의 30대 재벌에 속하는 그룹이었다. 뿐만 아니라 한보그룹 부도는 정치적 사건으로 비화되어 김영삼 대통령의 아들과 비서관이 구속되기도 하였다. 이 당시만 하더라도 은행에 대한 신용등급 하향조정을 하였지, 한국의 국가신용등급에는 영향을 미치지 않았다. 그러나 7월 2일 태국 바트화 평가절하를 계기로 동남아 외환위기가 인도네시아, 필리핀, 말레이시아 등으로 확산되었고, 설상가상으로 7월 15일 기아자동차가 사실상 부도나 다름이 없는 부도방지협약을 신청하였다. 곧바로 신용평가기관들은 기아자동차에 대출규모가 큰 은행들의 신용등급을 하향조정하고 이들을 구제하기 위해 정부가 치러야 할 재정비용이 국내총생산의 20%에 달하는 금액이었다. 이에 Moody's는 7월 30일 정부출자기관인 한국산업은행의 신용등급을 하락시켰으며, 같은 이유로 8월 6일 S&P는 한국의 국가신용등급 전망을 '안정적'에서 '부정적'으로 바꾸었다. 국가신용등급의 하향조정으로 민간기업과 금융기관의 해외자금조달은 점차적으로 어려워지기 시작한다. 이에 8월 정부는 금융 기관 부채의 지급보증을 선언하게 된다.

당시 태국의 경우 금융기관 부채를 정부가 지급 보증한 4월 이후 국가신용등급이 하락하면서 민간의 해외차입이 더욱 어려워지고 결국 7월에 외환위기가 시작된 전례가 있는데도 불구하고, 한국 정부는 태국의 경우에서 교훈을 얻지 못한 것으로 보인다. 10월을 맞이하면서 한국의 상황은 악화일로에 접어들게 된다. 한국 정부는 동남아시아 외환위기가 터진 상황에서도 부실금융기관과 기업의 개혁을 미루고 있었고, 더욱이 12월 18일 대선 때문에 향후 한국 정부가 취할 수 있는 정책 역시 매우 제한적일 것으로 외국투자자들은 인식하고 있었다. 이러한 상황에 정부는 10월 22일 기아그룹을 산업은행 출자를 통해 구제하기로 결정하였다.

이러한 조치는 외국투자자 입장에게 민간금융기관 부도가 국가부도로 이어질 것으로 인식하게 하였고, 다음날 터진 홍콩 주가의 폭락은 외국투자자들로 하여금 더 이상 아시아 경제에 대한 신뢰를 유지시킬 수 없게 만들었다. 10월 24일 S&P는 한국의 국가신용을 하향조정하였고, 장기신용전망도 '부정적'으로 바꾸었다. 특히 S&P는 기아자동차의 구제조치는 한국경제에 치명적일 것이라고 혹독히 비난을 하였다. 기아자동차의 공기업화와 홍콩 주가 폭락은 외국 자본의 대량유출사태를 야기했다. 외국은행들은 단기외채연장을 거부하였고, 이에 기업과 금융기관들은 외채 원리금 상환에 필요한 외화마련을 위해 서울 외환시장에서 달러 구매하였다. 그 결과 국내 외환시장에서의 외환수급 불균형으로 10월 21일에서 31일의 원－달러 환율은 달러당 915원에서 965원으로 치솟았다. 원화의 평가절하는 11월에 들어 더욱 가속화되는데, 정부는 외환시장개입을 통해 외환보유고의 상당 부분 낭비함으로써 외환보유고가 고갈되는 사태를 더욱 부채질하였다. 정부의 미숙한 대처로 인해 외환보유고와 대외신인도를 한꺼번에 잃어버리게 되었다. 11월 중순 원－달러 환율은 1,000원이라는 심리적 저지선을 돌파하였고, 결국 정부는 11월 21일 IMF에 구제 금융을 요청하게 된다. 이에 S&P와 Moody's는 한국의 신용등급을 또다시 하향조정하였다. 당시 이들의 보고서에는 "한국의 금융사정이 급격히 악화되고 있는 반면 정부는 여전히 위기의 심각성을 인식하지 못하고 효과적인 대응책을 세우는데 소극적이기 때문에 신용등급을 하향조정한다"고 쓰여 있다. 12월 1일 한국은 IMF와 550억 달러에 달하는 구제금융 협약에 조인하였다. IMF 역사상 가장 큰 규모의 구제금융 지원에도 불구하고 한국의 금융위기는 개선될 조짐은커녕 8개 재벌그룹회사를 비롯하여 1만 7,000여 개 회사가 부도를 내고 쓰러졌다. IMF 협상 이후 한국의 단기외채 규모가

공식적 발표보다 더욱 심각하다는 사실이 밝혀지면서 한국 경제의 투명성이 중요 문제로 등장을하고, 한국은 IMF 구제금융이 조인된 12월 1일을 한일합방 이후 가장 치욕스러운 국치일로 표현하는 등 IMF를 협력 상대가 아니라 경제침략군으로 부정적으로 인식하여 IMF와 불협화음은 커져만 갔다. 이러한 이유로 또다시 S&P와 Moody's는 국가신용등급을 또 하향조정하게 된다. 곧이어 원－달러 환율은 달러당 1,719원으로 뛰어올랐다. 12월 19일 당시 대통령 당선자인 김대중은 IMF와의 협약을 충실하게 이행하겠다고 발표하였지만, 외국투자자들의 신뢰를 회복하기에는 역부족이었다. 12월 21일 22일에 또다시 S&P와 Moody's는 국가신용등급을 하향조정하게 되는데, 그 이유는 정부가 서울은행, 제일은행 등 부실금융 기관을 폐쇄하는 대신 정부가 지원을 결정하여 국가의 대외채무지불능력이 위험에 빠졌기 때문이었다. 12월 23일 환율은 사상 최대치인 달러당 1,964원까지 폭등하였다. 결국 정부는 IMF와 8개 선진국으로부터 100억 달러의 조기자금지원을 약속받고, 그 대가로 IMF 협약조건보다 더욱 강한 조건인 자본시장 개방 및 금융시장 구조조정을 수용하게 된다. 당시 김영삼 정부의 외환위기에 대한 안일한 태도와 미숙한 대처는 고스란히 국민들에게 돌아왔고, 그 여파는 2006년 현재까지 영향을 받고 있음에 안타까움을 금할 수 없다.

〈박대근·이창용, 한국의 외환위기, 경제학연구, 46(4), 1998〉

4) 카지노 산업의 성장

카지노 산업은 국·내외를 막론하고 지역 경제를 활성화하는 수단으로 널리 이용되어 왔다. 왜냐하면, 카지노 산업이 가져다주는 외화획득과 지역경제회생, 고용창출, 소득증대, 세수증대 등의 효과가 크기 때문이다. 그래서 외국 선진관광국에서도 카지노 산업을 적극적으로 육성하고 있는 실정이기도 하다.

우리나라 역시 석탄산업의 사양화로 인하여 낙후된 지역사회를 살리고 주민들의 생존권을 보장해 준다는 차원에서 1995년 12월 29일 국회에서 통과된 「폐광지역개발지원에 관한 특별법」에 따라 지난 2000년 10월 28일 내국인 입장할 수 있는 카지노인 강원랜드가 국내에서 처음으로 강원도 정선에 문을 열었다. 강원도의 폐광지역은 태백, 삼척, 영월 그리고 정선에 이르는 강원도 남부지역을 지칭한다. 이 지역은 1960년대 초 한국의 산업화가 본격화되면서 정부의 석탄산업 육성정책에 따라 산업화에 필요한 에너지를 공급해 주는 신흥 탄광도시로 급성장하였다. 하지만 1980년대 이후 불어 닥친 석탄산업의 급격한 사양화로 인해 이제는 폐광지역으로 전락한 곳이다.

주민의 적극적인 호응으로 개장한 강원랜드 카지노는 고용창출, 지역경제 활성화 및 지방세수의 증대에 기여해 왔다. 강원랜드는 2002년에 총 1,872억 원을 국세·지방세·지역 환수금 등으로 납부하였는데, 전체 납부액 중 국세는 52.7%, 기금(폐광기금, 관광진흥개발기금)은 41.6%, 지방세는 5.7%를 차지하고 있다. 특히 폐광지역에 환수되는 각종 기금은 2001년에 약 318억 원, 2002년에 약 315억 원에 달하였으며 지역개발협력사업비는 2001년에 40억 원에 달하여 낙후된 지역여건의 개선을 위해 사용되어 왔다. 한편 2003년 3월 현재 강원랜드 직원 2,323명 중 37.1%에 해당하는 862명이 폐광지역출신으로 강원랜드 개장으로 인하여 폐광지역주민의 고용증대효과는 실질적으로 나타나고 있다(이봉구, 이충기, 2004).

카지노의 이러한 경제적 효과로 인해, 전 세계 유래 없는 폐쇄사회인 북한에서도 카지노를 개방하였다. 북한은 1999년 홍콩 기업인에게 1997년부터 약 6,410만 달러를 투자케 하여, 나진-선봉지역에 카지노를 개설하였다. 홍콩 기업인은 향후 50년 동안 카지노를 사용하는 대가로 북한에 지급한 임차료는 미화 136만 달러인 것으로 전해지고 있다. 북한 주민들은 카지노 출입이 철저히 통제되고 있고, 주요 고객층은 북한 주재 외국인 혹은 관광객만을 대상으로 운영하고 있는 것으로 보아 순수한 외화 획득을 목적으로 하고 있는 것으로 보인다(심규석, 2000). 카지노 활성화에 따른 이면적인 측면으로, 해당 지역의 범죄행위 증가, 사행성 조장, 도박 중독 등의 사회 불안정 요소를 발생시킨다는 논란이 학계를 비롯하여, 시민단체, 일부 정치가들에 의해 끊임없이 지적되고 있다. 그러나 카지노가 가져다주는 경제적 효과로 많은 지역주민의 지지와 정부의 지원 아래 적극적으로 운영되고 있다. <표 17>는 우리나라 카지노 업체 현황을 나타낸 것이다.

〈표 17〉 카지노업체 현황(2006)

시·도	업소명 (법인명)	허가일	운영형태 (등급)	대표자	종사원 수 (명)	'05매출액 (백만 원)	'05입장객 (명)	전용 영업장 면적(㎡)
서 울	파라다이스워커힐카지노 【(주)파라다이스】	'68.3.5	임대 (특1)	심대민	840	260,189	322,195	3,967.8
	세븐럭카지노 코엑스센터점 【그랜드코리아레저(주)】	'05.1.28	임대 (컨벤션)	박정삼	657	–	–	2,839.9
	세븐럭카지노 힐튼호텔점 【그랜드코리아레저(주)】	'05.1.28	임대 (특1)	박정삼	391	–	–	2,811.9
부 산	파라다이스카지노부산 【(주)파라다이스부산】	'78.10.29	직영 (특1)	유영섭	332	52,173	103,730	2,283.5
	세븐럭카지노 부산롯데호텔점 【그랜드코리아레저(주)】	'05.1.28	임대 (특1)	박정삼	214	–	–	2,234.3
인 천	파라다이스카지노인천 【(주)파라다이스인천】	'67.8.10	임대 (특1)	백운태	205	28,704	18,100	1,060.6
강 원	호텔설악파크카지노 【(주)호텔설악파크】	'80.12.9	직영 (특2)	우성하	10	75	357	547.9
경 북	경주힐튼호텔카지노 【(주)베니스타】	'79.4.11	임대 (특1)	김영은	69	1,734	6,327	1,240.3
제 주	라마다프라자카지노 【(주)에이스통상】	'75.10.15	임대 (특1)	정 강	156	5,653	14,559	2,359.1
	파라다이스그랜드카지노 【(주)파라다이스제주】	'90. 9.1	임대 (특1)	김한기	166	20,221	20,971	2,756.7
	신라호텔카지노 【(주)콘티넨탈】	'91.7.31	임대 (특1)	윤 온	121	14,132	14,932	1,953.6
	제주오리엔탈호텔카지노 【(주)광성】	'90.11.6	임대 (특1)	정태경	101	9,865	10,611	1,121.5
	롯데호텔제주카지노 【(주)두성】	'85.4.11	임대 (특1)	김한기	159	27,183	42,573	1,205.4
	크라운프라자카지노 【(주)정봉】	'90. 9.1	임대 (특1)	신명화	103	8,554	12,256	1,026.6
	하얏트호텔카지노 【골든타임(주)】	'90. 9.1	임대 (특1)	양성홍	11	1,621	1,540	803.3
	트로피카나카지노 【(주)신성개발】	'95.12.28	임대 (특1)	허덕행 이권휴	130	4,548	5,943	823.8

시·도	업소명 (법인명)	허가일	운영형태 (등급)	대표자	종사원수 (명)	'05매출액 (백만 원)	'05입장객 (명)	전용 영업장 면적(㎡)
16개 업체(외국인대상)			직영: 2 임대: 14		3,557	434,652	574,094	28,151.5
강 원	강원랜드카지노 【(주)강원랜드】 (내국인 대상)	'00.10.12	직영 (특1)	조기송	2,751	810,193	1,881,559	6,861.8
17개 업체(내·외국인대상)			직영: 3 임대: 14		6,308	1,244,845	2,455,653	35,013.3

〈출처〉 한국관광공사, 2006관광동향에 관한 연차보고서.

5) 금강산 관광

한반도는 1945년 해방을 맞이한 후 이데올로기의 차이를 극복하지 못하고 한국동란을 경험하게 되었고, 그 후 남과 북은 지금까지 분단된 상태이다. 이러한 상황에서 역대 정권들은 형식적이든 실질적이든, 남북통일을 위한 대북정책을 꾸준히 진행되어 왔으나 실질적인 성과는 거의 이루지 못하였다. 그러다 1998년부터 출범한 김대중 정부 시절부터 본격적으로 대북정책에 큰 변화를 보이기 시작했다. 소위 '햇볕정책'을 표방하면서 상호 간의 교류와 협력이 본격적으로 시작하여, 남북통일을 위한 실질적인 성과가 이루어지게 된 것이다. 그 대표적인 성과가 바로 금강산 관광개발이다.

<표 18>에서 보는 바와 같이 IMF 이후 급속히 감소한 출국자 수는 1999년부터 급격히 증가하기 시작한다. 이러한 현상은 금강산이 북한 영역에 속하기 때문에 남한의 입장에서는 금강산 방문객은 아웃바운드(Outbound)가 되는 데 기인한다. 1998년 11월부터 시작된 금강산 관광은 2006년 10월 현재 136만 6,933명이 방문하였다.

남한의 수많은 사람들이 금강산을 방문하면서 대북관계의 큰 흐름인

햇볕정책은 그 절정에 달하게 된다. 2000년 6월 15일 남북정상회담이 성사된 것이다. 전 세계에서 한국보다 관광이 평화적 역할을 담당할 수 있는 곳은 없다(Kim & Crompton, 1989)는 사실을 여실히 증명한 셈이다.

2006년 북한의 핵실험으로 전 세계의 관심이 집중될 당시, 금강산 관광의 대가로 남한이 북한에 지불한 금액이 4억 5,152만 달러 정도였다는 사실이 언론을 통해 널리 알려지고, 또한 금강산 관광으로 벌어들인 엄청난 수입으로 북한은 핵 실험을 성공할 수 있었던 것이 아니냐는 국민들의 비난의 소리도 적지 않았지만 금강산 관광이 남북 간의 긴장완화와 평화 정착에 기여한 부문에 대해서는 그 누구도 이견이 없을 것이다.

금강산관광과 관련한 자세한 사항은 제2부에서 다룬다.

〈표 18〉 우리나라 관광통계〈1999~2005〉

연 도	입국자 수 (명)	성장률	출국자 수 (명)	성장률	관광수입 (US$1000)	성장률	관광지출 (US$1000)	성장률	관광수지 (US$1000)
1997	3,908,140	6.1	4,542,159	-2.3	5,115,963	-5.8	6,261,539	-10.1	-1,145,576
1998	4,250,216	6.1	3,066,926	-32.5	6,865,400	34.2	2,640,300	-57.8	4,225,100
1999	4,659,785	9.6	4,341,546	41.6	6,801,900	-0.9	3,975,400	50.6	2,826,500
2000	5,321,792	14.2	5,508,242	26.9	6,811,300	0.1	3,174,000	-20.2	3,637,300
2001	5,147,204	-3.3	6,084,476	10.5	6,373,200	-6.4	6,547,000	106.3	-173,800
2002	5,347,468	3.9	7,123,407	17.1	5,918,800	-7.1	9,037,900	38.0	-3,119,100
2003	4,752,762	-11.1	7,086,133	-0.5	5,343,400	-9.7	8,248,100	-8.7	-2,904,700
2004	5,818,138	22.4	8,825,585	24.5	6,053,100	13.3	9,856,400	19.5	-3,803,300
2005	6,021,764	3.5	10,077,619	14.2	5,649,800	-6.7	11,942,700	21.0	-6,292,900

제5절 정치 · 경제 · 사회적 변화와 관광

제1부에서는 대한민국 현대사 속에 나타난 국내·외 정세, 즉 정치, 경제, 사회적 변화에 따라 관광산업에 어떠한 영향을 미쳤는가를 중심으로 언급하였다. 우리나라는 박정희 정부시절인 1960년대와 1970년대에 관광기반시설이 확충되었고, 인바운드(inbound) 유치 정책에 집중하였다. 이 당시에는 관광산업을 외화획득의 주요 산업으로 인식하고 외국인 관광객 유치에 적극적이었다. 그러나 국내관광(domestic)이나 아웃바운드(outbound)와 관련한 정책적 논의나 결정은 없었던 것으로 보인다. 우리나라에서 국민관광이라는 말은 1980년대에 들어서서 처음으로 나타나기 시작하였고, 아웃바운드는 1989년 "전국민해외여행자율화" 실시 이후에 본격적으로 활성화되기 시작한다. 본격적인 해외여행의 시작으로 몇 가지 문제점이 드러나기 시작하는데, 대표적인 현상이 관광수지 적자폭이 심화되었다는 것이다. 이는 곧 경상수지 적자와 크게는 우리나라 국제수지에 악영향을 미칠 수 있는 하나의 요인으로 지적되었다. 이에 노태우 정부는 관광을 '소비성서비스업' 규정하고 각종 제재를 가하기 시작한 바 있다. 이러한 정부의 시책으로도 해외여행자는 지속적으로 증가하였다. 정부의 의지도 국민의 여행 욕구를 꺾지 못하였던 것이다. 결국 김영삼 정부인 1994년에 관광을 소비성서비스업에서 제외하는 조치를 취한다. 김영삼 정부는 그들의 부풀기식 정책적 입안으로 결국 IMF를 맞이하게 되고, 관광 분야에서는 아웃바운드가 침체기에 접어들게 된다. 반면 원화가치의 하락으로 인바운드는 때 아닌 호황기를 맞이하는 대조적인 모습을 보이기도 하였다. 김대중 정부시절에는 IMF를 극복을 위한

외화벌이로 관광산업 육성에 많은 관심을 보이기 시작하는데, 특히, 카지노 산업을 국가에서 경영함으로써 새로운 관광사업체를 창출하기도 하였다. 또한 남북 간의 교류 촉진을 위하여 금강산관광을 실시하는 등 관광산업을 한반도 평화정착에 이용하기 시작하였다. 이와 같이 관광산업은 시대 상황에 따라 국가의 전략적 주요 산업으로 혹은 외화낭비의 주범으로 일관성 없이 인식되어 왔고, 그에 따른 정책 방향도 많이 달라졌다는 것을 알 수 있다.

관광은 정치적, 경제적, 사회적 변화에 매우 민감하게 반응한다는 것을 알 수 있다. 그러나 그동안 관광학계에서는 시대상황과 역사적 사건에 따라 관광이 어떻게 민감하게 반응하였는지에 대한 구체적인 지식을 전달하지 않았다. 역사는 미래를 위한 지침서라 할 수 있으므로, 국내·외의 정치, 경제, 사회적 변화가 관광산업에 어떠한 영향을 미쳤는가를 연구하는 것은 관광학계에 매우 의미 있는 일로 판단된다.

따라서 본서에서는 관광 분야에서는 그동안 다루지 않았던, 한국 현대사 속에서 일어난 사건들과 이것이 관광산업에 어떠한 영향을 미쳤는지에 대해 이야기를 하였다. 이의 내용을 간략히 요약하면 다음과 같다.

첫째, 관광과 경제에 관한 사항이다. 1974년도에 전 세계적으로 제1차 오일쇼크를, 1979년도에는 제2차 오일쇼크를 경험한다. 이는 관광산업에 치명적인 악영향을 미치게 되는데, 1974년 우리나라 입국관광객 수를 보면 역대 최고의 마이너스 성장을, 1980년도에는 역대 두 번째에 해당하는 마이너스 성장을 기록한 것으로 나타난다. 유가 급등은 교통비 상승으로 이어지고, 이는 인간의 이동에 막대한 제재를 가한 결과인 것이다. 1989년도에는 우리나라 최초로 "전국민해외여행자율화"가 이루어진다. 그동안 억눌렸던 해외여행욕구가 한꺼번에 분출되면서 관광수지 적자는 지속적으로 기록하게 되어, 정부는 관광을 '소비성서비스업'으로 정하고 각종 제재를 가하게 된다. 이 시기는 우리나라 관광산업의 수난기라고 할 수 있을 것이다. 그러나 정부의 제재에도 불구하고 관광수지는 적자는 계속 이어지는 등 국민들의 여행의 욕구를 잠재우지는 못하였다.

이러한 관광과 경제와의 부정적 관계도 있는 반면, 관광이 경제 활성화 혹은 경제 회복의 주역으로서 역할을 하기도 하였다. 그 대표적인 사건이 IMF이다. 우리나라는 1997년도에 IMF로 인해 경제적 암흑기를 경험하게 되는데, 이 당시 우리나라의 모든 정책적 초점이 IMF 탈출에 맞추어져 있었다. IMF 탈출의 가장 효자산업 중 하나가 관광산업이었다. 상대적으로 하락한 원화는 외국 관광객에게 충분한 매력물로서 작용하였을 것이다. 그 당시 서울의 특급호텔은 예약이 불가능할 정도로 성황을 이루는 등 타 산업과는 대조적인 모습을 보였었다. 관광이 우리나라 IMF 탈출에 큰 역할을 하였던 것이다. 또한 새로운 관광사업체인 카지노 산업을 국가적 차원에서 육성하면서 국내경제 활성화에 큰 몫을 담당하기도 하였다.

둘째, 관광과 정치·사회적 측면과 관련된 사항이다. 우리나라는 1965년 국민들의 반대에도 불구하고 한·일 국교정상화를 수립하게 된다. 이는 우리나라 현대 관광사(史)에서 획기적인 일로 기록될 만한 것이다. 왜냐하면 1966년 관광통계를 보면, 전년대비 성장률이 103.1%로 역대 최고를 기록하기 때문이다. 비록 많은 국민들의 반대를 무릅쓰고 실시한 외교정책이었지만, 관광산업 활성화와 국가경제에 기여한 정도는 매우 크다고 할 수 있다. 또한 1991년에도 한·중 국교수립의 성과를 이루었고, 그 이후 방한 중국인 관광객 수가 급증하는 현상을 경험하게 된다. 국가 간의 국교수립이 관광산업에 얼마나 큰 영향력을 발휘할 수 있는지를 알려주는 대목이다. 이와 유사한 주목할 만한 정치적 변화를 1987년에 또 한번 경험하게 된다. 그 당시 전두환 독재 정부에 대항한 민주화 세력은 우리나라가 민주주의로 성큼 다가설 수 있는 역사적 사건을 만들었다. 6·29선언이 그것이다. 그 선언의 내용은 매우 다양하지만, 지방자치제의 부활은 관광산업에 가장 큰 영향을 주었다고 할 수 있다. 지자체의 부활은 외화획득 혹은 지방경제 활성화 차원에서 관광산업의 중요성을 다시 인식하는 계기가 되었고, 그 결과 전국에 걸쳐 지역축제가 개최된다. 지자체의 부활은 전국을 관광축제 분위기로 만드는 데 주요 요인으로 작용한 것이다. 또한 1998년부터 금강산 관광이 남북분단 이후 처음으로 시작된다. 남한 사람들이 자유로이 북한 영토에 이동할 수 있는 권리를 얻은 것이다. 우리나라는 분단국가로서 정치적 불안정이 항상 상존해 있고 이는 곧 관광에 악영향을 미치기도 하지만, 관광으로 불안정한 정치상황을 평화로 한 걸음 나아갈 수 있는 계기를 형성한 것이다.

이러한 정치적 변화가 관광산업에 호재로 작용하기도 하지만, 정치적 불안정은 관광산업에 직접적인 악재로 작용하기도 하였다. 1968년 1월 21일 북한의 무장공비가 청와대 앞까지 진격하는 사태가 벌어진다. 이는 곧 방한 예정인 일본 관광객의 취소사태로 이어진다. 우리나라는 세계에서 몇 안 되는 분단국가로 남북 간의 정치적 불안정은 곧 관광산업에 악재로 작용한다는 것을 여실히 증명한 사건이었다. 뿐만 아니라 관광은 정치적 악재와 경제적 악재가 맞물려 발생할 때 심각한 위기에 빠지기도 하였다. 우리나라 관광사 중 제1, 2차 오일쇼크로 인해 역대 최고의 마이너스 성장을 기록하였다고 상술하였다. 이러한 관광수치는 단순히 오일쇼크라는 경제적 측면의 사건 때문에만 발생한 것이 아니라, 그 당시 국내에서 일어난 정치적 사건과 맞물려서 악재가 배가 되었다고 할 수 있다. 국내 상황이라 함은 1974년도 육영수 여사 피살사건과 1979년도 박정희 대통령 시해사건을 말한다. 육영수 여사 피살 당시 국내의 정치적 상황은 매우 불안정하였고, 박정희 대통령 시해 당시에는 비상계엄

령까지 선포되는 등 정치적 위기상황으로까지 치닫게 되었다. 오일쇼크로 인한 세계경제의 추락과 이와 같은 국내 정치의 불안정을 야기한 사건들은 관광산업을 위축시키고 방한 외래 관광객의 수를 급감시키는 주요 요인으로 작용하였던 것이다. 즉 관광산업의 흥망은 국내·외 정세에 의해 결정된다고 해도 과언이 아닐 것이다.

참고문헌

김근종, 정종훈(2001). 호텔사업론. 학문사: 서울.

김난영, 조민호(2006). 금강산 관광개발이 한반도 평화에 미치는 공헌도에 관한 연구. 관광학 연구, 30(3), 51-70.

김은남(1993). 볼것 없고 살것 없고 불친절한 나라. 한국논단 11월호

류광훈(2001). 외국의 카지노 관련 법·제도 연구. 한국관광연구원.

박대근, 이창용(1998). 한국의 외환위기: 전개과정과 교훈. 경제학연구, 46(4), 351-387.

박현선(2005). 남북관광교류협력이 북한 변화에 미치는 영향과 교류협력 과제. 북한연구학회보, 9(1), 205-382.

신동백(2003). 국내 카지노산업의 활성화방안에 대한 검토. 산업경제연구, 161-175.

심규석(2000). 북한의 외화벌이 사업: 관광산업과 카지노. 통일경제, 12월호, 86~93.

이강로(2004). 정치사적 맥락에서 본 박정희·전두환의 쿠데타와 집권과정 비교. 사회과학논총, 19(1), 175-197.

이경모, 김창수(2006). 관광교통론. 대왕사: 서울.

이봉구, 이충기(2004). 강원랜드 카지노 개발이 지역주민의 삶의 질에 미친 영향에 관한 연구. 관광학연구, 27(4), 289~309.

이준엽(2006). 카지노가 지역의 범죄형태에 미치는 영향에 관한 연구. 관광·레저연구, 18(1), 7-26.

이웅규(1998). 역대 대통령의 관광관련정책 분석에 따른 21세기 관광정책방향 연구. 한국관광개발학회 관광개발논총, 8, 307-330.

이정훈(2007). 여행사경영실무. 형설출판사: 서울.

여행신문(1999). 한국관광 50년 비사.

정엽윤(1989). 주요정치현상이 관광현상에 미치는 영향. Tourism Research,

       3, 55－66.

정종희(1997). 이승만, 박정희 그리고 전두환 대통령. 한국논단, 90, 222～231.

조성렬(1996). 노태우정권의 경제개혁과 국가전략의 변화. 한국정치학회보,
       30(2), 188－208.

한홍구(2004). 대한민국史, 한겨레신문사: 서울.

함성득(2000). 한국대통령의 업적 평가: 취임사에 나타난 정책지표와 그 성
       취도를 중심으로. 한국정치학회보, 34(4), 93－118.

02

관광과 남북관계

 를 들어가며

1989년 베를린 장벽이 붕괴됨과 동시에 동유럽의 공산주의 체제가 무너지고 소련이 붕괴되면서, 전 세계는 탈냉전시대에 접어들게 된다. 이러한 국제정세의 분위기 속에서 남한 정부는 「7·7 선언」을 하여 북한과의 관계 개선을 도모하기 시작한다.

한편, 북한은 공산국가의 붕괴와 중국의 시장경제 도입 등으로 전 세계에서 고립될 위기에 처하게 되고, 더욱이 1990년대 들어서면서 초래된 식량난과 에너지난으로 심각한 경제난을 겪게 된다. 이에 북한은 어쩔 수 없이 부분적으로 시장개방을 선택하게 되는데, 합영법이나 나진·선봉특구 개방 등이 그것이다. 그러나 이러한 경제개방은 별다른 성과를 거두지 못하게 되었고, 1990년대 중반에 들어서면서 경제난이 더욱 극심해지자 경제회복에 필요한 재원 마련을 위해 남측과 개성공단협력사업과 금강산관광 사업을 시작하였다. 사회주의 국가가 경제개방 이후에 관광시장을 개방한다는 일반적 공식과는 달리 북한은 경제개방의 실패 속에서 부문적으로 관광시장을 개방하였다.

남북관광은 금강산관광을 필두로 평양관광과 개성관광으로까지 이어진다. 비록, 평양과 개성관광은 시범관광의 수준에서 머물고 지속적으로 이어지고 있지는 않지만, 머지않아 금강산처럼 자유로운 관광을 할 가능성이 높아졌다고 할 수 있다. 남한주민이 북한 영토를 자유로이 방문할 수 있다는 것은, 단순히 경제적 효과의 창출을 넘어 반세기 이상 단절된 사람들 간의 신뢰성과 이해를 향상시킬 수 있는 기초적 토대를 만든다는 차원에서 매우 중요한 문제이다. 이뿐만 아니라 본격적인 개성공단사업을 시작하면서, 남한기업의 입주가 이미 시작되어 그야말로 남과 북의 교류는 본격적으로 활성화되기 시작한다.

하지만 모든 것이 순조롭지만은 않았다. 남북 간의 관광·사회·경제 교류의 활성화 분위기 속에서도, 1999년 6월 20일 금강산 관광객 한 명이 북측에 5일간 억류되기도 하였으며, 1999년 6월 15일 및 2002년 6월 29일 서해교전 발생하였고, 2006년에는 미사일 시험 발사 및 북핵실험 등으로 인하여 일부 정치인과 언론으로부터 금강산관광을 중단하라는 압박을 받기도 하였다.

남북교류 중 관광 분야는 여타 다른 분야와 큰 차이점이 있다. 그것은 관광산업만이 일방적으로 남에서 북으로 돈의 흐름이 이루어지고 있다는 것이다. 즉 남한 관광객이 북을 방문한다는 것은 우리의 입장에서는 outbound로서 관광 지출이 되는 것이고, 북의 입장에서는 관광수입이 된다. 그렇다고 해서 북에서 남으로 이동되는 관광객의 흐름은 아직까지는 없다. 물론 금강산관광이 한반도를 국제적인 관광지로 부상시켜 남북 상호 간에 경제적 이익을 취할 수도 있지만, 현재 북한의 정치여건을 고려할 때 많은 시간이 걸릴 것이다. 결국 남북관광과 관련된 논란은 경제적 수혜의 주체가 북한에만 일방적으로 국한되어 있기 때문인 것으로 조심스럽게 해석된다. 관광으로 인한 북한 경제 효과를 논할 때에는 정치 이념도 고려해야 할 것이다. 그래서 일부 정치인 및 각계각층에서는 북한의 관광수입 증대는 군사력 증강이라는 공식으로 정부의 대북관광정책에 비난을 하기도 하였다.

그렇다면 남북관광을 어떠한 시각으로 보아야 할 것인가? 남북관광은 남북화해와 상호협력의 관점이라는 대명제 아래에서 이루어져야 할 것이다. 관광은 국제관계에서 평화 촉진을 통해 긴장과 적대감을 줄일 수 있는 긍정적인 시각에서 간주되어 왔다. 지속적인 남북관광교류는 남북 간에 신뢰성과 이해를 향상시키는 데 중요한 기초적 토대가 된다. 상술한 북한의 각종 도발행위에도 불구하고 지속적인 관광교류를 실시하여 남북 간 대화는 지속될 수 있었던 것이다. 이와 같이 지속적인 남북관광교류가 가져다주는 잠재된 힘은 수치로서 산출할 수 없을 것이다.

따라서 현시점에서 남북관광이 우리에게 가져다주는 경제적 혜택은 부정적일지라도, 조금 더 나아가 남북화해와 상호협력 관점, 그리고 한반도의 평화정착이라는 대명제를 달성할 수 있는 중요한 수단으로서 남북관광을 바라보아야 할 것이다.

본서에서는 관광과 남북관계를 긍정적 관점에서 서술하였기에 이 역시 논란의 여지를 가지고 있다. 그러므로 독자들은 반대론자들의 의견에도 관심을 가지고 올바른 방향의 남북관계 형성에서 관광 분야의 역할이 무엇인가를 고려해야 할 것이다.

제2부는 제1절 남북관계의 변화, 제2절 금강산 관광의 추진과정과 현황, 제3절 개성 및 평양관광, 제4절 관광이 남북관계에 미치는 영향, 제5절 남북관광을 어떻게 볼 것인가로 구성되어 있다.

제1절 남북관계의 변화

세계 제2차 대전 이후 국가를 수립한 대한민국의 현대 정치사는 어느 나라보다도 동태적이고 빠른 변화를 보이며 전개되어 왔다. 그중 대북정책은 한반도 분단 고착현상의 타파를 지향하고, 민족의 숙원 사업인 통일을 위한 정책으로 꾸준히 남북관계 진전을 위한 노력을 하여 왔다.

1970년대 초 남북 간 대화가 시작된 이래, 남북관계는 호전과 악화를 반복하며 꾸준히 진행되어 왔다. 소련 및 동유럽 사회주의 국가에서 체제변혁의 움직임이 일던 1980년대 후반에는 남한정부가 북한과의 관계를 정상화하려는 노력을 하였는데, 그 대표적인 것이 1988년 7월 노태우 정부의 「7·7 선언」이다. 또한 1992년 2월 「남북 사이의 화해와 불가침 및 교류·협력에 관한 합의서」와 「한반도의 비핵화에 관한 공동선언」을 총리를 수석대표로 하는 남북고위급회담을 통하여 발효시킨 바도 있다. 1990년대에 들어서, 남한사회는 민주화가 진행되면서 남북관계 발전에 대한 기대도 이전 시기와는 다르게 급격히 증대하였지만 북한은 사회주의권의 붕괴를 목격하면서 체제생존에 대한 위기감을 가지게 되어 남한과는 상반된 입장에 처하게 된다. 이러한 상황에서 한국 정부의 대북정책은 북한의 체제 생존을 위한 정책과 때로는 이해의 합치점을 찾고 때로는 첨예한 갈등을 보이면서 남북관계가 전개되었다. 이러한 모든 과정을 거치면서 남북관계는 마침내 2000년 6월 분단 이후 최초로 남북정상회담이 성사되었으며, 이를 계기로 남북관계 활성화를 위한 초석을 마련하게 되었다.

역사상 한반도의 문제는 동북아의 외세들의 이해관계가 걸려 있는 동북아시아 전체의 문제였고, 상대적으로 약소한 남한은 북방 외교정책 상의 자율성을 갖기가 대단히 힘들었다. 즉 우리의 독자적 이익과 목표에 근거한 북방 외교정책의 수립 자체가 힘들었고, 설령 수립하였다 할지라도 주변국의 이해관계와 일치하지 않거나 정책 수행에 필요한 적절한 정책수단을 갖지 못하여 좌절된 경험도 허다하다. 특히, 냉전이 시작된 이후에는 한반도가 미소대립의 최전선이었으며, 남북한은 미국과 소련, 중국의 강대국 정치의 외중에서 독자적인 국익과 전략에 기반을 둔 외교정책을 수행하는 데 상당한 장애에 부딪혀야 했다. 이러한 냉전시대에 남한은 주로 군부독재시절에 해당된다고 할 수 있다. 이 시기의 남북관계는 주로 집권세력의 정치적 목적에 활용된 경향이 있었다고 할 수 있다. 그러나 1980년대 후반 냉전 종식의 조짐이 보이던 시절, 노태우 정부의 「7·7 선언」을 시작으로 하여 문민정부인 김영삼 정부부터는 남북관계가 주요한 정치적 쟁점으로서 부상되기 시작하였다.

따라서 본 절에서는 냉전 종식의 분위기 형성되던 1980년대 후반인 노태우 정부부터 햇볕정책으로 남북관계가 급속히 변화되던 김대중 정부까지 남북관계가 어떻게 변화되어 왔는지를 살펴보겠다.

1. 노태우 정부의 남북관계

1985년 3월 고르바초프의 집권 이후 소련은 낙후된 경제의 재건을 위하여 개혁과 개방을 실행하였는데, 그 과정에서 기존의 군사력 감축은 필수적 조치였다. 미국 역시 누적된 재정과 무역적자 등 경제난과 구조적 경제적 쇠퇴현상을 해결하기 위하여 군사력 유지에 대한 재검토를 실시하지 않을 수 없었다. 이런 상황 속에서 1989년 베를린 장벽은 붕괴되었고 곧이어 동유럽의 공산주의 체제가 무너지고, 공산주의의 대부였던 소련마저 해체되면서 근 반세기를 드리웠던 냉전의 막이 걷히기 시작했다.

이 같은 국제정세의 분위기는 남한 정부가 북한과의 관계 개선에 본격적으로 관심을 가지기에 충분한 동기로 작용하였을 것이다. 그 대표적인 것이 노태우 정부의 「7·7 선언」이다. 이것의 주요 골자는 다음과 같다.

  1) 남북한 간 적극적 교류추진과 해외동포의 자유왕래를 위한 문화개방

  2) 이산가족들의 생사 및 주소 확인, 서신왕래

  3) 남북한 간 교역에서의 문호개방

  4) 남한 측 우방과 북한 간의 비군사적 물자교류 불반대

  5) 남북한 간 경쟁 및 대결외교의 종식과 상호협력

  6) 남북한 쌍방이 상대 우방국들과의 관계 개선에 협력

노태우 정부의 「7·7 선언」 이전에도 남북 간의 대화는 여러 차례 있었었다. 1971년 8월 판문점에서 처음으로 남북 적십자 파견원 접촉이 이루어진 이래 1993년 초까지 22년간 300여 회의 남북대화가 있었다. 그러나 냉전 체제의 붕괴 이전인 1970년대와 1980년대에는 북한이 유리한 협상환경을 이용하여 공세적으로 남북대화를 주도했으며 이는 대남 혁명전략의 일환으로 추진한 협상이었던 데 반해 1990년 초 남북고위급회담은 냉전 종식 후 체제위기 후 봉착한 북한이 수세적인 입장에서 체제생존전략의 일환으로 추구한 협상이었다.

1970년대의 남북조절위원회 회의나 남북적십자회담에서 북한이 남한의 반공정책 포기, 주한미군 철수, 남북군대 감축, 연방제 통일 실현 등의 주장을 했던 것과는 대조적으로 1990년대 협상은 공산권 붕괴로 인한 체제위기 의식, 흡수통일 공포, 국제적 고립과 경제침체 심화, 김일성

의 고령화로 인한 영도체제 위기 등을 배경으로 진행되었다. 뿐만 아니라 외교역량에서도 남한이 압도적으로 우세를 점하며 남북 간 격차는 크게 벌어졌다.

이 당시 남북 간의 변화 속에서 노태우 정부는 1988년 7·7선언과 1989년 2월 남북고위급회담의 예비회담을 시작으로 1990년 7월 8차 예비회담을 개최하였고, 1991년 9월 18일 남북한유엔동시가입, 1992년 남북기본합의서와 비핵화공동선언을 발효하였다. 이상과 같이 노태우 정부는 급변하는 국제정세의 분위기 속에서 이전의 정부와는 달리 남북 간의 관계 개선에 본격적으로 박차를 가한 것으로 생각할 수 있다.

2. 김영삼 정부의 남북관계

1993년 2월 25일 출범한 김영삼 정부의 대북정책은 국외적으로 냉전이 종식되고 화해와 협력을 추구하는 환경 속에서, 국내적으로는 문민정부의 명명 아래 국민적 지지와 열망을 받는 가운데 경제위기에 직면해 있는 북한에 대해 상대적으로 유리한 입장에서 출발하였다.

이러한 환경에서 김영삼 정부는 "접촉을 통한 변화"라는 북한체제의 점진적인 변화 유도를 대북정책의 기조로 삼았다. 당면한 대북정책 추진 방향으로는 북한이 안정 속에서 개혁과 개방정책을 추진하길 바라며, 남한은 그러한 북한에 대해 협력과 지원을 아끼지 않을 것이고, 흡수통일을 원하지 않는다는 것 등을 내세웠다. 이어 남북관계 개선은 신뢰에서부터 출발해야 하며, 이를 위해 상호비방을 중지하고 조속한 군사적 신뢰구축을 추진할 것을 제시하였다. 그리고 「남북기본합의서」와 「한반도 비핵화 공동선언」의 실천을 강조하였다.

그러나 북한이 새로운 생존전략으로 핵무기 카드를 동원함에 따라 군사적·물리적 위협에 대한 대응책을 제대로 세우지 못하고 미국에 의존한 채, 결국 북한에 대한 포용정책을 대북 압박정책으로 변화시킬 수밖에 없는 상황에 처하고 말았다.

김영삼 정부 5년 동안에 남북관계 변화에 영향을 미친 사건들을 전개하면 다음과 같다. 먼저 남북관계에 부정적 영향을 미친 사건들로는 정권 출범 초기인 1993년 3월 북한의 핵확산금지조약(NPT) 탈퇴 성명에 이은 북한의 영변 핵실험 사찰 거부, 1994년 3월 21일의 서울 불바다 발언 및 6월 13일 북한 외교부 대변인 성명으로 발표된 국제 원자력 기구(IAEA) 탈퇴 선언, 그리고 7월 9일 갑작스런 김일성 사망 등이 있다. 이러한 일련의 사건들로 인해 경색되었던 남북관계는 정권 출범 중반에 들어서며 긍정적인 변화를 맞게 된다.

1994년 10월 21일 스위스 제네바에서 미·북 제네바 기본 합의서 서명을 계기로 일촉즉발의 위기에 놓여 있던 남북관계도 점차적으로 좋아지기 시작했으며, 이에 따라 1995년도에는 북한의 핵 동결을 전제조건으로 경수로를 제공하기 위한 "한반도 에너지 개발 기구(KEDO)"가 공식 발족되어 경수로 사업이 추진되기에 이르렀다. 또한 당해 6월 24일에는 북한의 심각한 식량난 해결을 위해 인도적 차원에서 쌀을 지원하기로 합의가 이루어져 처음으로 북한에 대한 공식지원이 이루어지게 됨에 따라 대북정책은 다시 유화적 방향으로 변화하게 되었다.

그러나 이러한 긍정적 분위기를 악화시키는 크고 작은 사건들은 지속적으로 발생하게 된다. 북한에 쌀을 제공하기 위해 북한 항에 입항하던 과정에 발생한 "씨 아펙스호 사건2)"이 발생하였고, 1995년 8월 2일에는

---

2) 이 사건은 대북지원식량 수송 선박의 북측 항구 입항 시 양측 국기를 모두 달지 않겠다는 실무합의가 있었으나, 쌀 2천 톤을 실은 씨 아펙스호 선장이

대북 쌀 수송선의 선원들이 북한 항구를 카메라로 촬영했다는 이유로 북한 측이 우리 측 선박과 선원을 간첩행위로 억류한 이른바 "삼선 비너스호" 사건이 발생하였다. 1996년에는 들어서는 4월 4일 북한이 "DMZ 불인정" 담화발표를 시작으로 판문점 공동경비구역 내에 무장병력을 투입하는 사건이 4월 5일부터 7일까지 3회에 걸쳐 발생하여 군사적 긴장 위협이 고조되었으며, 9월 18일에는 동해안에 잠수함 침투사건이 발생하였다. 더욱이 1997년 2월 12일 북한 노동당 황장엽 비서의 남한 망명으로 북한의 대남 위협수위가 한층 고조되었다. 이러한 사건들은 긍정적인 방향으로 나아가려 하던 남북관계에 신뢰를 형성하지 못하게 되는 결과를 초래하게 되어 결과적으로 대북정책이 경색되는 결과를 야기하였다.

이상과 같은 사건들에 따른 남북관계는 강경과 화해 분위기 속에서 혼선을 빚게 되고 김영삼 정부의 대북정책은 정책의 일관성 부족이라는 측면에서 국민과 언론, 학자들로부터 적지 않은 비난을 받게 되었다. 한편, 김영삼 대통령은 북한의 식량 사정 악화로 북한체제의 붕괴 가능성에 대한 관심이 고조되는 분위기 속에서 정책 실무자들의 신중한 입장 피력과는 달리 북한붕괴론을 자주 거론함으로써 북한의 강한 반발을 불러일으켜 남북관계의 어두운 그림자를 더욱 부추기는 결과를 양상시켰다.

결론적으로 김영삼 정부의 남북관계는 급변하는 국제환경과 1990년대 초반부터 변화된 남북관계의 변화를 수용하기 위하여 포용정책 차원에서 적극적인 대북정책을 전개하였지만, 정책의 비일관성, 대북정책의 목표와 원칙에 대한 개념의 미흡 등으로 인해 남북관계의 혼선이 반복적으로 발생하게 되었고, 그 결과 김영삼 정부의 남북관계는 부정적인 평가를 내릴 수밖에 없을 것이다.

이를 모른 채 태극기를 게양하고 북한 영해로 진입한 데 대해 역시 이를 알지 못한 북측 도선사가 태극기를 내리고 인공기를 게양하도록 한 것을 말한다.

3. 김대중 정부의 남북관계

김대중 정부의 대북정책은 이른바 햇볕정책으로도 불리는 포용정책에 그 기초를 두고 있다. 그리고 이러한 대북포용정책은 국제정치의 조류가 냉전으로부터 탈냉전으로 바뀌어 과거의 동서 대결적 관점과 접근방식으로는 한반도 문제의 해법을 찾는 것이 불가능하다는 인식에서 출발하고 있다.

김대중 정부의 출범 초기 남북관계는 상당히 냉각된 상태에 놓여 있었다. 그것은 전임 김영삼 정부가 초기의 대북관계 개선정책과는 달리 집권 후반기에 들어와 당시 사회적 분위기에 영향을 받아 대북 강경기조로 정책을 변경함과 아울러 1997년 몰아닥친 외환위기 속에 대북지원에 관심을 가질 겨를이 없었던 데 연유하고 있다. 그러나 무엇보다도 대북관계에 있어서 하나의 일관된 원칙을 가지고 접근하지 못하고, 국내여론 및 주변 국가들의 동향에 지나치게 민감하게 반응하여 정책을 전개함으로써 남북 관계를 한층 꼬이게 만든 김영삼 정부의 책임은 부인할 수 없을 것이다.

이와는 달리 김대중 정부는 대북정책에 있어 확실한 정책 기조를 가지고 있었다. 우선 북한에 대한 성격 규정을 적대적 세력이라기보다는 언젠가는 함께 통일을 이룩해야 하는 민족적 동반자로 인식하는 토대 위에서 대북정책을 수립하기 시작하였다. 이러한 대북정책은 남북한에 다음과 같은 발전을 가져올 수 있었다.

첫째, 김대중이 2000년 3월 9일 베를린 자유대학에서 연설한 북한 경제회복 지원을 앞세운 "베를린 선언" 발표를 기폭제로 하여, 역사상 최초로 남한의 최고 통치권자가 북한을 방문하여 정상회담을 개최할 수 있었고, 그 결과 "6·15남북공동선언"이 발표되었다.

둘째, 그동안 끊임없이 이어져 왔던 남북 간의 상호비방이 중지될 수 있었다.

셋째, 동·서해의 해상에서 발생하던 월경 어선의 처리가 매우 우호적으로 이루어지기 시작했다.

넷째, 이산가족의 상봉과 서신 교환이 지속적으로 이루어지기 시작하였다. 이산가족의 상봉은 국민들 모두의 지대한 관심사항이었는데, 2000년 8월 15일부터 18일까지 1,170여 명의 제1차 이산가족 상봉이 이루어진 이후 금강산 지구 내에 "상설면회소" 설치의 합의를 이루어 냈다.

다섯째, 남북한 공동번영을 위한 경의선과 동해선의 철도 및 육로 연결 사업이 추진되어 한반도의 긴장완화 수준을 크게 높여 궁극적으로 공동번영을 위한 기반을 구축할 수 있게 되었다.

김대중 정부는 대북정책의 측면에서 위와 같은 큰 업적을 이루었음에도 불구하고, 남북한 간의 화해와 협력을 통한 한반도의 평화정착에만 집중함으로써 무력도발의 불용 및 이에 대한 북한의 의도를 사전에 봉쇄하는 데 소홀하지 않았는가에 대한 끊임없는 비판에 직면하여야 했다. 특히 대북정책의 특성상 그 추진과정을 공개하지 못한 데에서 "정권적 차원의 접근" 또는 "노벨상 수상을 위한 개인적 공명심의 발로" 등과 같은 비난에 대해서는 적절히 대응하지 못하여 국민들의 의구심을 증폭시켜 민족 화해와 협력이라는 본래의 숭고한 취지가 퇴색되는 상황을 맞이하기도 하였다.

그러나 김대중 정부의 햇볕정책으로 남북한 간의 긴장완화와 평화정착에 한 발짝 다가선 부분에 대해서는 이견을 없을 것으로 사료된다.

제2절 금강산 관광의 추진과정 및 현황

1. 금강산 관광의 추진배경

금강산 관광사업이 이루어진 배경에는 정주영 회장의 개인적 동기와 김대중 정부의 대북정책과 김정일 정권의 대남정책, 그리고 한반도 주변 환경의 변화 등이 복합적으로 작용되었다고 할 수 있다.

故 정주영 명예회장은 강원도 통천군 송전면 아산리에서 태어나 맨주먹으로 세계적인 기업을 세운 실향민이다. 1998년 6월 5백 마리 소 떼를 몰고 방북한 배경은 어린 나이에 부모 몰래 집을 뛰쳐나올 때 아버지의 소 판 돈을 가지고 나왔기 때문에 이에 대한 보상심리에서 나온 것으로 알려져 있다. 그는 방북을 마치고 남한에 도착하자마자 "여러분, 이번에 북한과 금강산 관광계약을 체결하고 돌아왔습니다. 김정일 총비서께서 위임한 북한의 김용순 위원장과 확실하게 계약을 체결했습니다. 올 가을에는 모두 금강산에 가볼 수 있게 될 것 같습니다"라고 발표하였다. 이렇게 불기 시작한 금강산 열풍은 온 나라가 흥분의 도가니로 빠져들기에 충분할 만큼 날이 갈수록 구체화되었다. 이어 故 정몽헌 회장은 두 달 후인 1998년 8월 방북 후 기자회견에서 금강산 관광비용은 평균 1천 달러로 하기로 합의했다고 밝혔다. 이렇듯 故 정주영 명예회장은 여생을 남북 경제협력 사업에 바칠 것이라는 강한 의지를 가지고 있었기에, 단순한 경제 논리로 생각한다면 단기적으로는 손해임에도 불구하고 대북 사업을 적극적으로 추진하였던 것이다.

금강산 관광 사업은 정주영이라는 한 인물만으로는 성사될 수 없는 국가적인 사업으로서, 재벌 기업인의 한 개인의 의지뿐만 아니라 국가적인 차원에서의 적극적인 지지가 없었다면 결실을 맺기 어려웠을 것이다. 여기에 김대중 정부의 북한에 대한 햇볕정책과 정경분리 원칙이 존재한다. 김영삼 전 정부 시절 비일관된 대북정책으로 말미암아 우리 기업의 대북 사업이 제대로 진행되지 못했던 사실을 비추어 볼 때, 김대중 정부의 일관된 대북정책은 기업인이 대북사업 추진하기에 적합한 국가적 환경을 조성했다고 할 수 있다.

김대중 정부에서는 취임 단계에서부터 이미 금강산 개발을 주요 국가 사업으로 하나의 선정하였다. 비록 1998년 4월 대북 비료지원을 위한 남북한 당국자 간의 협상이 결렬되는 아픔을 겪었으나, 일관성 있는 대북 햇볕정책과 함께 정경분리 원칙에 따라서 현대그룹의 대북사업을 적극적으로 지원하였고, 그 결과 금강산 관광사업의 결실을 맺게 되었던 것이다.

특히, 김대중 정부가 추진한 정경분리의 원칙은 남북 간의 정치적 악재가 작용하여도 민간기업의 대북사업에는 영향을 미치지 않는 국가 정책이었기에 지속적으로 금강산 관광사업의 결실을 더욱 확고히 하였다. 그 실례로 1998년 6, 7, 8월에 잇달아 일어난 북한의 잠수정 침투사건과 로켓발사 사건에도 불구하고 정경분리의 원칙에 의거하여 현대그룹의 대북사업을 중단시키지 않았다. 남한의 햇볕정책에도 불구하고 북한의 적대적인 태도로 별다른 성과를 이루지 못했으나, 민간 차원에서 남북관계 개선의 실마리를 풀기 위해 현대그룹의 대북사업을 적극적으로 지원하였고 북한 측에서는 경제적 해결을 위해 금강산 관광 사업을 호의적으로 받아들였기에 결실을 맺게 되었던 것이다. 뿐만 아니라 이러한 일련의 대북정책은 마침내 2000년 6월 15일 분단 이후 처음으로 남북정상회담을 성사시키게 하였다.

　　마지막으로 금강산 관광사업의 추진 배경에는 한반도 주변 환경의 변화를 고려해 볼 수 있다. 1989년 베를린 장벽은 붕괴되었고 곧이어 동유럽의 공산주의 체제가 무너지고, 소련마저 해체되면서 근 반세기를 드리웠던 냉전의 막이 걷히기 시작했다. 많은 논란의 여지는 있겠지만, 어쨌든 외형상으로 국제사회는 평화의 분위기로 나아가고 있었다. 이에 한반도 주변 국가들은 북한의 돌발적 행동에 대북 봉쇄정책이나 압박정책을 추구하기보다는 한반도의 현상유지와 평화정책에 우선순위를 부여하고 있었다. 이러한 주변 국가들의 변화는 현대그룹의 금강산 관광사업 추진에 유리한 환경을 조성하는 데 일조하였다고 할 수 있을 것이다.

북한이 관광시장을 개방한 이유는?

　　북한이 관광산업을 외화획득의 주요한 원천이라고 생각하게 된 시기는 1980년대 들어와 악화되기 시작한 경제사정에 기인한다고 볼 수 있다. 1980년대 북한의 연평균 경제성장률(불변가격 기준)은 3.2%에 불과하며 1990년대에는 연속 마이너스 성장을 기록하여 국민총생산(경상 GNP)은 1990년 231억 달러에서 1997년 177억 달러로 감소하였다. 그런데 북한의 이러한 경제난은 일시적인 요인에 의해 초래된 것이라기보다는 체제의 구조적 모순으로 계획경제의 외연적 성장지향, 지나친 자립경제 추구, 중공업 위주의 발전전략, 국방비의 과다 지출, 경직된 경영관리체계 등이 지적되며, 이는 결국 경제적 비효율성을 낳게 할 뿐만 아니라 경제 전 분야에 걸쳐 부족현상이 악순환되었다.

　　전 북한노동당 비서 황장엽은 이러한 북한의 경제를 "중병에 걸린 환자"와 같다고 하면서 강한 주사를 맞을 필요성을 지적하면서, 밑천 들이지 않고 구할 수 있는 주사약이 바로 금강산 관광개발이라는 사실을 언급한 바 있다. 관광산업과 관련하여 북한당국은 1980년대 초반부터 이와 비슷한 인식을 가져온 것으로 보인다.

참고문헌: 황장엽, 나는 역사의 진리를 보았다. 서울: 한울, 1999.

2. 금강산 관광의 추진과정

금강산 개발 사업에 많은 관심을 가진 인물로서 故 정주영 명예회장 외에 통일교 창시자이며 세계평화연합 총재인 문선명이 있다. 문선명 총재는 평안북도 정주에 가족을 두고 남하한 6·25전쟁의 피해자로서 동족상잔의 전쟁이 얼마나 무서우며 다시는 이 땅에 전쟁이 없어야 한다는 신념 아래 통일운동을 해 왔으며, 북한을 직접 방문해 김일성 주석과 만나 민간인 입장에서 남북통일에 대한 자신의 구상을 이야기한 인물로 알려져 있다. 1991년 12월 6일 평양에서 김일성 주석과 문선명 총재의 회동이 이루어져 핵문제, 이산가족문제 등 정치적인 문제는 물론 여러 가지 경제, 문화교류에 대한 것까지 다양한 내용의 합의가 이루어졌다. 이 면담에서 특이할 만한 것은 김일성 주석이 먼저 남북관계가 어려운 이때 세계적인 조직을 가지고 있는 문 총재께서 금강산 개발을 해 주시기 바란다고 제안을 하게 되었고 문선명 총재는 그 말을 흔쾌히 받아들였다. 문선명 총재는 귀국 후 즉시 금강산 개발을 위한 준비를 착수하도록 지시하여 "금강산 국제그룹"이라는 회사를 설립하였다. 금강산 국제그룹이 설립된 후 가장 먼저 시작한 사업은 금강산 관광개발의 타당성을 조사하는 일이었으며, 그래서 북측의 전문가들도 함께 참여시킨 가운데 홍콩의 세계적인 개발 조사 전문회사에 용역을 주어 대대적인 금강산 개발에 대한 계획서와 타당성 조사 보고서를 약 2년여 간에 걸쳐 만든 사업계획서를 김일성 주석에게까지 제출하였다. 그러나 북한은 최종적으로 통일교 재단 측이 아닌 현대그룹 측으로 금강산 관광 사업권을 맡기게 된다. 그 이유는 다음과 같이 축약할 수 있다.

금강산 국제그룹은 외국 투자가들이나 국내 투자가들이 컨소시엄을 만들어 본격적으로 개발에 착수하는 데는 시간이 걸릴 뿐만 아니라 이 사업에는 엄청난 재정적 부담능력이 뒷받침되어야 하는데 자본을 끌어들일 수 있는 측면에서 통일교보다는 현대 측이 더 좋다고 판단했을 가능성이 높다. 이뿐만 아니라 금강산 관광이라는 측면에서 외국 국적 소속의 금강산 국제그룹보다는 한민족이라는 측면에서 남한기업인 현대그룹에게 맡기는 것이 명분이 더 있다고 판단했을 것이다. 어쨌든 정주영 회장의 의지로 우여곡절 끝에 금강산 관광개발권을 획득한 현대그룹 측은 북한과의 구체적인 협상을 진행하였다.

그 결과 북한은 현대로부터 1인당 200달러씩 6년 3개월간 9억 4,200만 달러를 무조건 지급받는 일괄방식(lump-sum)계약을 체결한 후 1998년 11월 금강산 관광을 열어주었다. 그로부터 6년 7개월이 지난 2005년 6월 관광객 100만 명 돌파를 기록하였다.

그러나 100만 명의 돌파를 기록하였지만, 이러한 수치는 당초 예상했던 것보다는 훨씬 미치지 못함에 따라 현대 측은 엄청난 적자에 직면하게 되었고, 2001년 1월에는 그동안 매월 1,200만 달러씩 송금해 오던 대북지불금을 지급하지 못하는 상황에 처하게 되었다. 현대 측의 적자는 어찌 보면 예상된 결과일 수도 있다. 최초 북한과 계약할 때 1인당 200달러씩 6년 3개월간 9억 4,200만 달러를 무조건 지급받는 일괄방식(lump-sum)계약을 체결하였다고 했는데, 이러한 방식은 시장경제 논리로는 도저히 설명할 수 없는 계약이었다. 결국 현대그룹의 재정을 위협하여 한때 사업 중단과 부도위기까지 몰고 갔다.

이와 같이 현대가 재정위기에 직면하게 되자 정부가 직접 나서게 된다. 금강산 관광사업은 남북관계 전반에 미치는 영향이 크기 때문에 정부는 난관에 봉착한 사업을 정상화시키기 위한 다각도의 방안을 강구할 수밖에 없는 실정에 이르게 된 것이다. 그 방안으로 한국관광공사가 이

사업에 참여하고 경비를 지원하는 방안과 관광객 숫자를 증대시키기 위하여 학생과 교사들의 금강산 관광 경비 일부를 정부가 보조하는 방안이 강구되었다. 정부의 이러한 방침에 대해 야당과 일부 보수단체 및 언론에서는 사기업의 적자를 메우기 위하여 국영기업의 재원을 투입하는 것이 합리적인가에 대한 비판이 제기되었고, 민족화해를 위한 교류의 증대라는 명분과 이를 위한 통일교육적 차원이라고 하더라도 교사와 학생들의 관광비용을 정부가 부담하는 것 또한 온당한가에 대한 비판도 제기되었다.

이러한 비판논자들은 2006년 북핵 실험 당시 퍼주기식 금강산 관광비용으로 북한은 핵실험이 가능하였다고 주장하였는데, 왜냐하면 현대가 사업개시 이후 2년간 북한에 지급한 3억 4,000만 달러는 같은 기간에 북한이 무역으로 얻은 전체 흑자 규모와 맞먹는 것이기 때문이었다. 반면에 금강산 관광 찬성논자들은 북핵 실험에도 불구하고 남북관계는 안정적이라는 측면을 강조하면서 양측 간에는 뜨거운 논쟁거리가 되었다.

〈표 1〉 금강산관광 경비 지원액

2002년 4월 1일 현재

구 분		관광요금	본인부담액	정부지원액
학 생	초등학생	362,000원	108,600(30%)	253,400(70%)
	중·고생	482,000	144,600(30%)	337,400(70%)
	대학생	498,000	199,200(40%)	298,800(60%)
학생 외 지원대상자		498,000	199,200(40%)	298,800(60%)

자료: http://www.hyundai-asan.com.

3. 금강산 관광객 현황 및 시민 인식

북한관광은 크게 세 가지로 구분할 수 있다. 금강산 관광, 평양관광, 개성관광이 그것이다. 그러나 금강산 관광은 남북의 협의로 원활하게 진행되고 있지만, 개성관광과 평양관광은 그렇지 못하다. 따라서 북한관광의 대표적 사업은 약 85% 이상의 방문객 규모를 나타내는 금강산 관광이라 할 수 있다. 금강산관광 사업은 첫해인 1998년에 관광객 수가 10만 543명에 불과하였지만, 다음 해 1999년에 14만 7,460명, 2000년에 21만 2,020명으로 급격한 증가세를 보였다. 그러나 해로관광의 한계점에 의해 금강산관광에 대한 호기심이 감소하고, 이산가족의 관광 수요가 소진된 2001년부터는 관광객 수요가 급격히 감소하여 금강산 관광의 존립 자체가 위협받을 지경에 빠지게 되었다. 또한 여기에 국내경제의 위축, 남북관계 전반에 걸친 북한의 비상호주의 태도 등은 국민들로 하여금 부정적인 인식을 갖도록 하였으며, 일부 보수언론도 동참하여 국내여론까지 악화일로를 나아가고 있었다.

〈표 2〉 연도별 금강산 관광객 방문 현황

(단위: 명)

구 분	1998	1999	2000	2001	2002	2003 육로	2003 해로	2004	2005	2006	2007.5	합계
내국인	10,543	147,391	211,258	58,222	86,923	36,439	40,776	270,710	299,958	236,634	90,265	1,489,119
외국인	–	69	762	611	491	282	186	2,110	1,864	1,863	899	9,137
계	10,543	147,460	212,020	58,833	87,414	36,721	40,962	272,820	301,822	238,497	91,164	1,498,256
						77,683						

〈출처〉 한국관광공사, KTO 북한관광동향, 2007년 여름호.

사실 금강산관광사업을 기업 경영적 측면에서 수익관계만을 고려했다면 전혀 타당성 없는 사업일지도 모른다. 아무리 남한주민들이 통일에 대한 염원이 강하고, 금강산이 가지고 있는 상징성 의미가 크다고 할지라도 여러 가지 제약이 존재하는 상황에서 관광수입으로 현대아산이 수지를 맞추기가 쉽지는 않았을 것이다. 비용적 측면을 고려해 봐도 금강산 여행경비 정도이면 가까운 중국이나 동남아 지역을 여행할 수 있는 수준이며, 숙박시설 면에서 금강산 일대를 둘러본 이후에는 다시 승선하여 관광선으로 돌아와 숙박해야 하는 불편함이 있었고, 지정된 장소 이외에는 관광이 전혀 불가능했으며 환경감시원이 명목으로 관광코스를 지키는 북측 인원의 억압적 분위기는 관광객들의 심리를 위축시키기에 충분하였다.

특히, 비용적 측면과 해로관광의 불편함은 관광의 메리트를 감소시키기에 충분하였는데, 이러한 문제점을 보완하는 한 방면으로 육로관광을 남측에서 대안책으로 제시하였다. 북측의 입장에서 보면 현대의 어려운 상황을 도와주어야만 그들에게는 관광수입에 따른 경제적 혜택을 부여받을 수 있는 상황이었다. 곧 남과 북은 2003년 1월 27일 「동・서해지구 남북관리구역 임시도로 통행의 군사적 보장을 위한 잠정합의서」를 체결한 뒤, 9월부터 동해선 도로를 통한 금강산 육로관광이 본격화되면서 금강산관광이 새로운 전기를 맞이하였다.

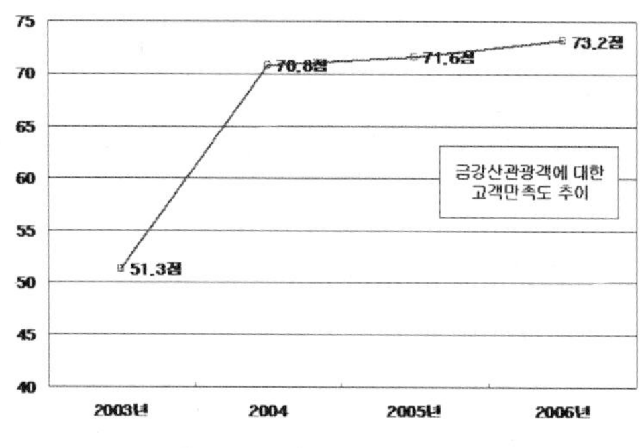

〈그림 1〉 금강산 관광객 만족도

한국관광공사(2006)에서 금강산 관광객 만족도를 조사한 결과, 2003년도에는 51.3점으로 높지 않던 만족도 수치가 2004년 70.8점, 2005년 71.6점, 2006년 73.2점으로 금강산 관광객의 만족수치가 점차적으로 높아지고 있다는 것을 알 수 있다(그림 1 참고). 방문객 수에 있어서도 육로관광 시행 전과 후의 차이는 매우 크다. 2003년도에는 77,683명이 방문하였던 것이 2004년도에는 272,820명으로 급격하게 증가하여 금강산 관광열기가 다시 일기 시작하였다. 물론 여기에는 정부가 금강산 관광에 직접 개입하여 지원금 정책을 결정한 것이 큰 영향으로 작용하였을 것이다(표 1 참조).

이렇듯 위기의 금강산 관광은 육로관광과 정부지원금이라는 새로운 돌파구로 재도약의 발판으로 삼았지만, 금강산관광에 대한 비판논자와 찬성논자들의 의견은 더욱 가열되기 시작하였다.

여기서 금강산관광사업의 지속적인 추진에 대한 시민들의 인식을 분석한 결과 다음과 같이 나타났다(김성섭 외, 2004). 금강산 관광을 지속적으로 추진해야 된다고 하는 찬성논자들의 이유를 알아본 결과, 남북교류 활성화에 도움이 된다(M =5.27)를 찬성하는 가장 중요한 이유로 인식하고 있었다. 그리고 남북화해와 평화통일에 도움이 된다(M =5.20), 민족의 동질성 회복에 도움이 된다(M =5.17), 한반도 긴장완화에 도움이 된다(M =5.08)의 순으로 나타났다(표 3 참고).

〈표 3〉 금강산관광사업의 지속적인 추진을 찬성하는 이유

금강산 관광사업을 지속해야 하는 이유	평 균	순 위
남북교류 활성화에 도움이 된다	5.27	1
남북화해와 평화통일에 도움이 된다	5.20	2
민족의 동질성 회복에 도움이 된다	5.17	3
한반도 긴장완화에 도움이 된다	5.08	4

(n =310, Likert 7점척도)

　금강산 관광사업의 지속적인 추진에 반대하는 사람들의 이유를 조사한 결과, 금강산 사업의 대가로 지급하는 현금은 북한의 군사력 증강을 도울 뿐이다(M =5.59)가 가장 중요한 이유로 인식하고 있었고, 현재 남한의 경제사정이 좋지 않기 때문(M =5.53), 경제적으로 사업성이 없다(M =5.21), 남북화해에 도움이 되지 않는다(M =4.69)의 순으로 나타났다<표 4 참고>.

　분석결과를 살펴보면, 먼저 찬성논자들은 금강산 관광사업을 한민족이라는 기본 틀 속에서 평화통일을 지향할 수 있는 하나의 중요한 수단으로 인식하고 있다는 것을 알 수 있다. 반면 반대논자들의 경우에는 금강산 관광사업은 남북교류에는 도움이 되지 않을 뿐만 아니라 오히려 북측의 군사력을 증강시켜 그들의 총과 칼은 다시 남한을 겨눌 수 있다고 인식하고 있는 것으로 사료된다.

〈표 4〉 금강산 관광사업의 지속적인 추진에 반대하는 이유

금강산 관광사업을 지속적인 추진에 반대 이유	평　균	순　위
본 사업의 대가로 현금제공은 북한의 군사력 증강을 도울 뿐이다	5.59	1
현재 남한의 경제사정이 좋지 않기 때문	5.53	2
경제적으로 사업성이 없다	5.21	3
남북화해에 도움이 되지 않는다	4.69	4

(n = 209, Likert 7점척도)

　한편, 금강산 관광의 시행으로 북한과 통일에 대해 긍정적으로 인식이 변화하게 된다는 한국관광공사(2006)의 조사보고서가 있다. 이에 따르면, 금강산 관광 이후 북한 및 통일문제에 대하여 긍정적 인식 변화가 2004년, 2005년, 2006년 각 77.6%, 77.5%, 72.9%로 매우 높은 수치를 보이고 있다. 반면 금강산 관광 이후 부정적 인식 변화는 거의 없는 것으

로 나타난다<그림 2 참고>.

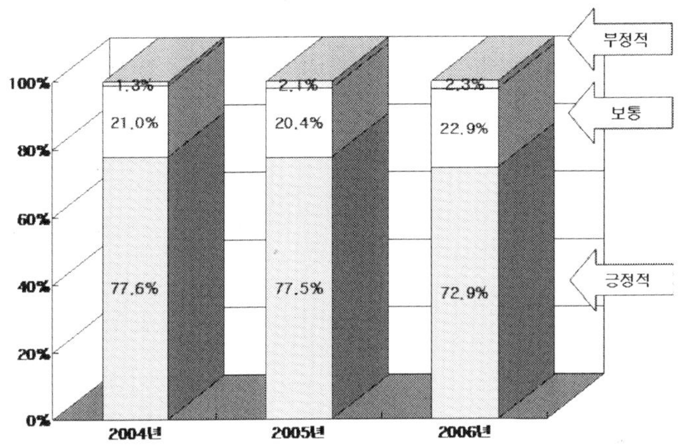

〈그림 2〉 금강산 관광 후 북한 및 통일문제에 관한 인식 변화

논란의 여지는 많이 내포하고는 있지만, 2006년 10월 북한의 핵실험으로 동북아시아의 긴장감은 극에 달하였을 때에도 남북관계에는 큰 변화가 없었던 것으로 파악된다. 비록, 금강산 관광 사업에 대한 비판적인 목소리가 강하다 할지라도, 누구나 부인할 수 없는 분명한 사실은 금강산 관광으로 인해 남북관계는 한층 안정적으로 되었다는 것이다.

"개성공단, 금강산관광 계속" 62%

최근의 북핵실험 국면에 대한 여론의 이런 반응은 주말인 14˜15일 이틀간 실시된 내일신문과 한길리서치의 정례여론조사를 통해 드러났다. 19세 이상 전국의 성인 800명을 대상으로 전화면접 방식을 통해 진행된 이번 조사의 표본오차는 95% 신뢰수준에 ±3.46%P이다. 대북정책의 기본 방향과 관련, "대북정책의 중심을 제재에 무게를 두어야 하나, 대화에 무게를 두어야 하나" 란 질문에 응답자의 67.0%가 "대화에 무게를 두어야 한다" 고 답변했다. 제재에 무게를 두어야 한다는 반응은 30.5%에 그쳤다. 대화 중심의 사태해결을 선호한 답변은 모든 연령, 모든 지역에서 고르게 나왔고, 한나라당 지지층에서도 59.6%를 기록했다. 이념성향을 보수라고 답한 층에서도 대화(56.3%)가 제재(41.3%)보다 15%P 높게 나타났다. 참여정부의 대북 포용정책에 대해서도 응답자의 대다수가 폐기에 부정적인 반응을 보였다. "대북 포용정책을 폐기해야 한다" 는 답변은 15.2%에 그친 반면, 73.0%가 "방향은 유지하되 일부 수정해야 한다" 는 의견을 보였고, "현재 방향을 유지해야 한다" 는 응답이 9.9%로 나타났다. 한나라당 지지층 가운데에서도 '폐기' (20.9%)보다는 '방향유지 속 일부 수정' (69.7%) 견해가 세배 이상 많았다. 정치권 일각의 즉각 중단 요구로 여야 간 논란의 초점이 된 금강산 관광, 개성공단 사업 등 남북경제협력 사업에 대해서도 국민의 61.8%가 "계속해야 한다" 는 의견을 보였다. "중단해야 한다" 는 반응은 32.9%였다. 한나라당 지지층조차도 사업 중단(41.6%)보다 사업 계속(52.6%)을 선호한 응답이 10%P 높게 나타났다. 대화중심의 문제해결과 남북경제협력 사업 유지를 바라는 국민여론의 이런 흐름은 대량살상무기 확산방지구상(PSI) 참여 확대를 둘러싼 논란에도 적지 않은 영향을 줄 것으로 전망된다.

북한의 핵실험으로까지 확대된 한반도 사태의 책임소재와 관련, 응답자들은 북한정권(35.5%) → 한국정부(32.3%) → 미국정부(28.5%)의 순으로 책임이 크다는 반응을 보였다. 홍형식 한길리서치 소장은 "참여정부가 북핵문제 해결을 위해 '동북아 균형자론' 을 제시하는 등 실질적인 조율을 한다고 해놓고 그렇게 하지 못한 책임을 묻고 있는 것" 으로 분석했다.

2006년 10월16일 1면(내일신문)

제3절 개성 및 평양관광

개성은 고려시대 도읍지로 만월대, 선죽교, 성균관, 박연폭포 등의 역사·문화유산이 풍부하며, 이곳은 한국전쟁 당시 북한지역에서는 유일하게 미군 폭격의 피해를 받지 않은 곳으로 문화유산을 보존할 수 있었다. 현재 개성에는 자연경승지 19개소, 문화사적지 27개소, 온천·약수터 9개소, 특산물 10개소, 휴양지 5개소, 기타 관광지 2개소로 구성되어 있다.

또한 개성은 금강산이나 평양과는 달리 서울에서 73㎞의 거리에 위치하여 자동차를 이용할 때 1-2시간, 경의선 철도가 개통되면 1시간이면 도착하고 국내 각지에서는 5시간 내에 접근이 가능하다. 이러한 접근의 용이성 때문에 북한의 다른 지역과 비교해서 관광지역으로 개발할 경우 성공 가능성이 큰 것으로 전망하고 있다.

개성은 관광지로서 잠재력을 인정받고 2005년 8월부터 한국관광공사와 현대아산에서는 개성관광 사업을 추진하기 시작하였다. 그러나 몇 차례의 개성 시범관광만이 이루어졌을 뿐, 현재는 북측과 현대아산의 파트너십에 대한 문제, 정치적 여건 등으로 인해 현재까지 계속 보류되고 있는 상태이다. 하지만 2007년 말경에 개성공단에 비즈니스호텔[3]이 들어서는 등 미래를 대비한 관광 여건 조성에 관심을 가지고 있다. 비록 개성공단 지역은 남북관광교류가 아직까지 본격적으로 시행되고 있지는 못하지만, 외국인들에게는 북한의 명소로 각광을 받고 있는 지역이기도 하다(연합뉴스, 2006년 3월 1일).

개성은 2000년 8월에 현대와 북한이 「개성 경제·관광특구 조성사업」에 합의하고, 2002년 11월 북한의 최고인민회의 상임위원회가 「개성공업지구 지정 및 지구법」을 발표함에 따라 개성시 및 판문군 일대를 포함한 총 2,000만 평에 개성공업단지가 건설되어 운영되고 있다. 북한은 개성공단과 금강산관광 사업의 활성화를 위해 남북한 간에 「개성공업지구와 금강산관광지구의 출입 및 체류에 관한 합의서」를 채택하여 비무장지대의 통행과 신변보장에 관한 합의를 이뤄 자유로운 왕래가 현재 가능하다. 이에 개성공단 지역은 남북한 인적교류의 교두보이자, 남북협력

---

3) 한국토지공사는 한창개발과 CNC종합건설로 구성된 컨소시엄(한창개발 컨소시엄)을 개성 공단 호텔 건립 사업자로 선정하고 계약을 체결하였다. 비즈니스호텔로 운영될 이곳은 총 사업비 125억 원을 들여, 2000여 평 부지에 착공하여 99개 객실과 연회장, 사우나 등의 시설을 갖추게 된다(한국경제신문, 2006년 9월 18일자).

사업의 거점이 되고 있다(박현선, 2005). <그림 3>은 개성공업단지의 연도별 연혁이다.

2005	12월	KT 개성지사 개소-남측개통 300회선 개통
	12월	북측 중앙특구개발지도 총국 개성사무소 개소
	11월	북측 협력부 근무
	10월	남북경제협력협의사무소 개소
	9월	본 단지 1차(5만평) 분양
	3월	한국전력 개성지사 개소-남측전기 개성공업지구 통정

2004	12월	시범단지 입주기업 첫 제품 생산(리빙아트) 개성공업지구 금융기관 설립(우리은행)
	10월	개성공업지구관리위원회 개소식
	6월	개성공단관리기관 창설준비위원회 발족 시범단지 입주업체 계약 체결
	5월	개성공단 창설 준비팀 발족·운영
	4월	NSC 주재 관련기관 4자협의(토공, 현대, 통일부, 국정원)

2003	12월	남북경제협력추진위원회 제7차 회의 -공단관리기구 구성·운영에 남북합의
	8월	남북경협 4대 합의서 발효
	6월	개성공업지구 착공식 개최

| 2000~
2002 | 02. 11월 | 북한「개성공업지구법」발표 |
| | 00년 8월 | 현대아산과 북한(아태·민경련) 간 공업지구 건설·운영에 관한 합의서 체결 |

출처: www.kidmac.com.

<그림 3> 개성공업지구관리위원회 연혁

북한관광의 세 번째 지역으로 평양을 들 수 있다. 평양 역시 개성과

마찬가지로 아직까지 남북 간의 협의가 이루어지지 않아 금강산처럼 자유롭게 왕래를 할 수 있는 곳은 아니다. 평양관광 사업은 평화항공여행사가 2002년 7월 "금강산관광총회사"와 관광계약서를 체결하고 2003년부터 2,000명 범위 내에서 남측인원과 해외동포로 관광단을 구성해서 한시적으로 사업을 시행한 후 지속 여부를 결정하기로 하였는데, 총 9차례에 걸친 평양관광을 시행하고 겨울철 관광객의 안전사고와 전력 및 난방문제 등으로 2003년 11월부터 북한의 요청에 의해 현재 중단되었다. 그 후 2005년도에 잠깐 실시하였고, 2007년도 8월 이후에 평양관광 계획을 수립하고 있다고 한다(평화항공여행사 담당직원). 이렇듯 평양관광은 아직까지 지속적으로 실시되고 있지 못하는 실정이다.

〈표 5〉 평화항공여행사를 통하여 평양을 방문한 관광객 수

구 분	1차	2차	3차	4차	5차	6차	7차	8차	9차	계
관광객 수	114	99	89	96	99	98	148	142	131	1,016

〈출처〉 평화항공여행사: www.hwiparam.com.

이러한 순수관광을 제외하고 평양 방문이 가능한 경우는 기업의 경제협력 사업이나 민간단체의 지원 사업성과를 확인하고 축하하기 위한 대규모 행사가 있을 때 가능하다. 예를 들어, 2003년 10월 6일 현대아산이 건립한 "류경 정주영 체육관 준공식"과 기념 스포츠 행사를 위해 경의선 육로를 통해 남측인사 1,100명이 평양을 방문한 사례가 있다. 평양을 방문하게 되면 대부분이 해당 행사에 참석한 후, '주체사상탑', '인민대학습당', '만경대학생소년궁전', '동명왕릉' 등의 평양시내 주요 시설을 둘러보고, 묘향산이나 백두산을 연계한 관광을 하게 된다.

한국관광공사(2005)에 의하면, 평양과 묘향산을 방문한 관광객을 대상

으로 북한 방문 후 북한에 대한 인식이 어떻게 변화하였는가를 질문한 결과, 63.1%가 긍정적으로 변화하였다고 응답하여 지속적인 평양관광은 북한에 대해 긍정적으로 인식한다는 것을 알 수 있다<그림 4 참고>.

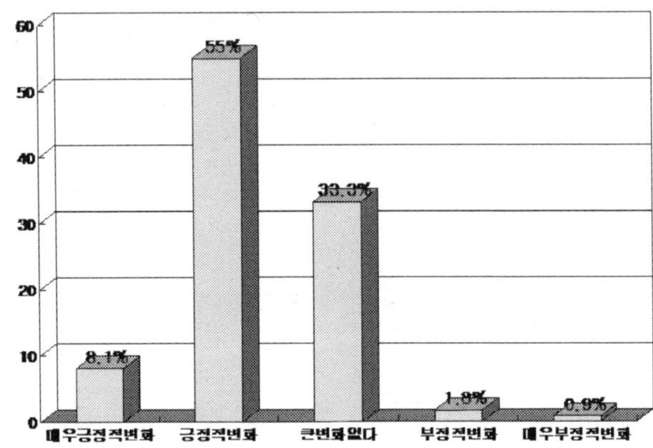

〈그림 4〉 평양과 묘향산 방문 후 북한에 대한 인식변화 (무응답(0.9%))

북한관광은 아직까지 금강산을 제외하고 여타 지역에서는 자유롭게 이루어지고 있지 못한 실정이지만, 머지않아 육로를 통한 자유로운 평양과 개성관광의 시행은 남북관계 변화에 매우 긍정적으로 작용할 것이다.

개성공단 문턱 낮아지고 명소로 각광

개성공단의 문턱이 낮아지고 다양한 목적의 방문이 잇따르면서 명소로 각광받고 있다. 2006년 3월 1일 통일부에 따르면, 최근 개성공단에 2월 9일 기획예산처 당국자들이, 2월 27일 외신기자단이, 2월 18일에는 재외공관장회의 참석차 들어온 재외공관장 99명이 다녀갔다. 또한 이달 2일에는 아세안(ASEAN)의 자유무역협정(FTA) 협상팀이 우리 외교통상부 직원들과 함께 방문할 예정이다. 뿐만 아니라 2월 9일에 열린 신원 제2공장 착공식 때는 기업설명회(IR)가 함께 열리면서 국내외 금융기관 관계자 100여 명이 참석했다. 이들은 돈을 움직이는 펀드매니저와 애널리스트들이어서 특히 관심을 모았다.

또, 작년 11월 2일에는 주한유럽연합상공회의소(EUCCK)가 주한 유럽국가 대사와 외국인 투자기업 대표 등 모두 70여 명의 대표단을 이끌고 개성공단을 찾았다. 이밖에도 해외바이어나 기술진의 방문은 수시로 이루어지고 있다.

북측이 외국이 바이어에 대해 처음으로 입국 초청장을 내 준 것은 불과 작년 5월 말이었지만, 지난해까지 초청장을 발급받은 외국인의 숫자는 100여 명을 넘어섰다.

이러한 일련의 과정은 개성공단의 문턱이 점차 낮아지고 있으며, 다양한 목적을 가진 그룹들의 방문이 잇따르고 있음을 보여준다. 특히, 재외공관장이나 FTA 협상팀의 방문은 다분히 개성공단 제품의 판로확대 문제와 관련이 있어 귀추가 주목된다.

또한 외신기자단의 프레스투어는 그야말로 파격적인 일로 받아들여지고 있다. 신청자가 120명이 넘었지만 북측이 전원에게 초청장을 발급했을 뿐 아니라, 로이터, AP, AFP, 블룸버그, DPA, 교토통신 등 주요 통신사를 비롯해 CNN, 미 CBS, 뉴욕타임즈, NHK, 인민일보, 아사히 신문, 자유아시아방송(RFA)에 이르기까지 다양한 매체로 구성되었기 때문이다. 행사를 주관한 해외홍보원 측은 외신들이 대부분 개성공단의 긍정적 측면에 초점을 맞춰 보도한 것으로 평가했다.

정부 당국자는 "북측이 개성공단 투자유치나 개발, 판로 개척에 도움이 된다며 초청장 발급에 전향적인 것 같다"며 "개성공단 방문은 산업시찰에 그치지 않고 화해 협력의 현장을 느낄 수 있는 복합적 성격을 갖는다는 점에서 차별화된다"고 말했다.

〈연합뉴스, 2006년 3월 1일〉

제4절 관광이 남북관계에 미치는 영향

북한은 관광산업의 중요성을 무엇보다도 잘 인식하고 있다. 북한의 관광사업 시초는 1953년 8월 24일 "조선국제려행사"가 창립됨으로써 시작되었지만, 체제의 특수성으로 인해 형식적인 관광정책에 국한되어 있었다. 이후 1984년 「조선민주주의 인민공화국 합영법」 제정을 계기로 관광이 가져오는 실리적 측면에 주목하면서 본격적인 관광정책이 시작되었다. 물론 이 당시에도 주로 조총련과 일부 재미교포 중심의 관광으로 제한되었다.

북한은 1980년대 들어 경제상황이 악화일로를 걷기 시작하면서 1990년대 들어서는 급속도로 나빠지게 된다. 이에 외화벌이 등에 관심을 주목하게 되었고, 관광시장 개방도 이러한 과정 속에서 생겨난 생존전략이었다. 여기에 북한은 한 가지 딜레마에 빠져 있었을 것이다. 그동안 폐쇄적인 사회주의 체제를 고수하였기 때문에, 관광시장을 개방했을 때 북한 주민들이 자본주의를 접하게 되면서 동요가 일어나지 않을까 걱정이 되었을 것이다. 그러나 금강산 관광시장은 금강산, 해금강 등의 자연경관 위주의 관광으로 북한 주민들과의 접촉이 많을 수밖에 없는 평양과 같은 도시 관광이 아니기 때문에, 고성군 온정리 마을에 거주하는 북한 주민들만 잘 봉쇄한다면 관광객으로부터의 "자본주의적 사고와 퇴폐적 문화"의 유입을 어느 정도는 막을 수 있다고 생각했을 것이다.

그러나 북한은 언제까지 개방을 주저할 것인가? 거대 국가인 소련이 붕괴되었고, 독일도 통일되었다. 중국도 자본주의 열풍에 휩싸여 있고, 많은 공산국가의 몰락도 지켜보았다. 세계 유일의 세습체제를 고수한 우상화 국가이자 폐쇄국가가 북한이지만, 국제정세의 변화는 북한의 시장을 서서히 개방시키고 있다. 비록 남한 사람들에게 금강산 외 지역에 대한 개방이 아직까지는 제한적으로 이루어지고 있지만, 외국국적의 소유자들은 평양 및 개성 등지를 방문할 수 있다.

이 외에도 소극적이지만 경제시장의 개방에도 관심을 보이고 있다. 나진·선봉자유무역지대, 신의주경제특구지역, 개성공단 등에 남한 및 외국 투자 자본을 끌어 들여 어려워진 북한경제 활성화 방안을 모색하고 있다. 그러나 나진·선봉 자유무역지대는 1993년부터 2010년까지 동북아시아의 국제적인 무역·금융·관광지구로 건설하기 위해 자유경제무역지대로 설정하였음에도 불구하고, 외국 투자자본 유치에 저조하여 실패한 계획으로 현재 평가받고 있다. 그 외의 경제시장 개방에 대해서는 현재 평가를 내리기에는 이른 것으로 판단된다. 하지만 북한이 외국자본의 유치에 지속적으로 실패를 한다면 경제시장 개방으로 경제를 활성화시키려는 그들의 계획에는 많은 차질이 발생할 것이다. 외국의 자본이 북한에 적극적으로 투자를 시키기 위해서는 무엇보다도 안정적인 남북관계가 중요한 요인이라는 것은 자명한 사실이다.

현재 안정적인 남북관계에 가장 기여하는 정책 중 하나가 관광교류라는 데에는 이견이 없을 것이다. 2006년 10월에 있었던 북핵 실험 당시에도 그간 관광으로 쌓아온 상호 간에 신뢰로 남북관계에는 큰 영향을 미치지 않았던 사실만 보아도 관광이 남북관계에 미치는 영향이 어느 정도인지를 대변해 준다.

따라서 본 절에서는 북한과의 관광교류가 남북관계에 어떠한 영향을 미칠 수 있는가에 대하여 조사하였다.

1. 외국투자자본의 투자 유치 확대

2000년 8월 현대아산은 북측과 여의도의 8배 이상의 면적인 2,000만 평(공단 800만 평, 배후도시 1,200만 평)의 규모인 개성공업지구건설운영에 관한 합의서를 체결하였다. 그중 1백만 평의 규모를 한국토지공사와 합작하였다. 개성공단은 북한으로부터 50년간 토지를 임차하여 공업단지로 개발하고 이를 국내외의 기업에 분양하는 방식으로 운영된다. 또한 이곳은 남한과 비교가 되지 않을 정도의 낮은 토지분양가와 인건비로 여기에 진출하고자 하는 기업인들의 관심을 끌기에 충분하다. 그러나 이렇게 방대한 면적의 땅을 개발하는 데 드는 막대한 자본은 부담이 될 것이기에 외국자본을 유치해야 할 것이지만, 외국투자가들의 입장에서는 한반도 분단 상태에 따른 정치 및 경제적 위험은 투자에 저해요소가 될 것이다. 사실 개성공단에 외국자본의 유치의 필요성은 외국기업을 유치한다는 자체가 입주 기업의 투자 위험을 감소시킬 수 있다는 점에서 더 절실할 수 있다. 따라서 개성공단의 활성화를 위한 선결과제는 무엇보다도 정치적 안정이 필수적인 요소일 것이다.

앞서 언급하였지만, 남과 북의 지속적인 관광교류는 북한의 북핵 위기에도 불구하고 개성공단을 중심으로 경제협력을 확대하였고 금강산 관광도 꾸준히 지속시키고 있다. 이러한 남북관광교류를 통해 형성되는 남북한 화해 분위기는 외국인의 투자 확대로 이어질 것이다. 먼저 북한의 입장에서 살펴보면, 북한은 외자유치에 적극적이지만 국제사회에서 북한을 사회주의 경제체제의 비효율적 요인과 왜곡되고 불안정한 정치구조를 지닌 독재국가로 인식하고 있기 때문에 중국을 제외하고는 외국인의 투자가 거의 없는 실정이다. 또한 북한은 외채상환과 국제계약 불이행 경험으로 낮은 대외 신용도를 가지고 있어 투자환경으로서는 불투명한 상태이다. 따라서 남북관광교류협력 과정에서 북한이 관련법과 제도를 지속적으로 개선한다면 북한의 투자환경이 개선되어 투자유치를 확대할 수 있을 것이다. 뿐만 아니라, 남한의 입장에서도 외국기업의 한국기업에 대한 투자위축도 북핵문제, 전쟁 위험 등의 위협적 요인에 의해 영향을 받기 때문에 평화로운 남북한 관광교류는 한국의 유리한 투자환경 조성에 적지 않은 공헌을 할 것으로 판단된다.

2. 북한에 대한 인식변화

시간의 흐름은 모든 것의 모습을 바꾸어 놓는다. 한반도가 분단된 지 반세기 동안 남북한의 변화는 정치·경제·사회·문화 등의 모든 면에서 엄청난 변화를 가져왔다. 특히, 같은 민족으로서 남북한은 반세기 동안 상호불신과 극한대결의 적대관계를 유지해 왔었다. 그러나 한반도의 민족분단을 강요했던 세계 경제체제는 붕괴되었으며, 국제정세는 화해와 협력의 시대로 바뀌어 가고 있다. 이러한 국제정세의 흐름은 지구상의 마지막 분단국가인 한반도의 통일논의에도 지대한 영향을 끼치고 있다.

남북한의 문제를 논의할 때, 최종적인 이슈는 통일로 귀결될 것이다. 이를 위해 우선적으로 해결해야 할 과제는 바로 민족분단의 아픔을 치유하고 상호불신과 극한대결의 관계에서 화해와 협력의 관계로 이끌어 가는 것이라고 할 수 있다. 금강산 관광은 이러한 실현을 앞당기는 데 중요한 역할을 할 것이다. 비록 남한주민들만을 대상으로 한, 그것도 북한의 정해진 제한된 지역에서 실시되는 것이지만 그간의 분단을 벽을 넘어 북한 땅을 밟아 볼 수 있다는 상징적 의미가 매우 크며, 북측의 생활을 조금이나마 체험하는 기회를 가지게 된 것이다. 이렇듯 제한적이지만 멀리서나마 농민들이 생활하는 모습을 보게 되고, 북측 안내원들과의 만남을 통해 민족의 동질성과 이질성을 동시에 체험하고, 분단의 아픔을 체감할 수 있는 소중한 기회를 관광이 제공한 것이다.

한국관광공사에서 실시한 "2006년 금강산관광실태 및 만족도 조사" 보고서에 의하면, 금강산 관광 후 북한 및 통일문제에 대한 인식 변화에 대한 질문에 '매우 긍정적 변화'가 30.6%, '긍정적 변화'가 42.3%, '큰 변화 없다'가 22.9%, '부정적 변화'는 1.5%, '매우 부정적 변화'는 0.7%로 나타났다. 즉 금강산 관광 후 북한 및 통일문제에 긍정적으로 변화된 비율은 전체의 72.9%나 되는 것으로 밝혀졌다<그림 5 참고>. 금강산 관광은 그 성격상 매우 제한적인 공간에서 자연경관 위주의 관광임에도 불구하고, 관광 후 북한에 대한 인식이 이렇게 변화되었다는 것은 관광이야말로 남북 간의 관계를 긍정적으로 변화를 시키는 데 중추적인 교두보 역할을 하는 것에는 의심할 여지가 없다.

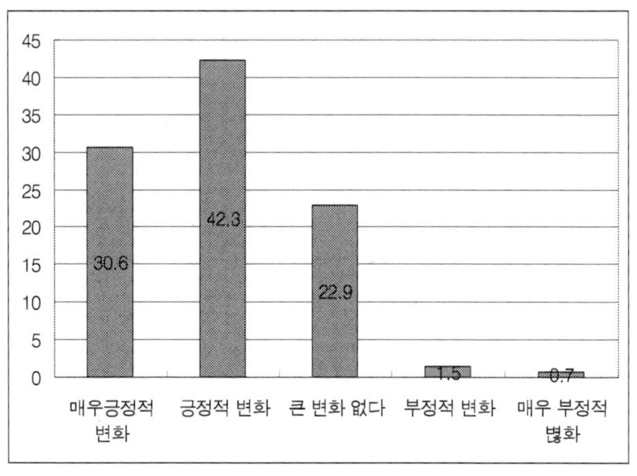

<그림 5> 금강산 관광 후 북한 및 통일문제 대한 인식 변화

3. 대남관의 변화

북한은 남한과의 관광교류로 인해 대남관이 변화하였을 것이다. 북한은 경제적 어려움으로 인해 어쩔 수 없이 관광시장 일부를 개방하였지만, 기존의 대남관을 기준으로 판단하면 관광으로 인한 남북한의 인적교류는 북한체제를 위협할 것이라고 생각하였을 것이다. 그러나 금강산관광을 수년째 지속해 오면서, 북한 관광시장의 주요 수요층은 남한주민이고, 관광사업의 파트너도 남한이 될 수밖에 없다는 사실을 깨닫게 되었을 것이다.

이에 북한은 관광관련 법령의 재정비 필요성을 깨닫게 되고, 기존에 제정된 「금강산관광지구법」의 하위규정인 금강산관광지구 출입ㆍ체류ㆍ거주 규정(2004. 4. 29), 금강산관광지구 세관규정(2004. 4. 29), 금강산관광지구 외화관리규정ㆍ금강산관광지구 노동규정ㆍ금강산관광지구 광고규정(2004. 5. 31), 「개성공단지구법」 등을 제정하게 된다. 이러한 법 제정은 북한당국의 관광사업을 안정적으로 추진하겠다는 의지를 표명한 것이다. 북한의 관광관련 법ㆍ제도의 정비는 경제개방 관련 법 제도의 제정과 보조를 맞추고 있는데, 이것을 정리하면 <표 6>과 같다.

이러한 북한의 관광관련 법 제정노력은 남북 간의 관광교류가 더욱 활성화되고, 상호 간의 신뢰는 더욱 굳건해지는 계기가 된다. 2006년 10월에 발생한 북핵 문제 당시에도 남북한의 관계는 큰 변화가 없었던 것은 이를 증명한다. 물론 남북 간의 상호 신뢰 형성이 전적으로 관광교류에 의한 것이라고는 할 수 없을 것이지만, 최소한 관광으로 인한 남북한 인적교류는 과거 냉전시대의 대남관에서 현시대에 부응하는 유연한 대남관으로 변화시키는 데 큰 역할을 하였음에는 틀림없다.

〈표 6〉 북한의 경제개혁 및 관광사업 관련 법령의 시기별 비교

경제개방 및 경제개혁 관련 법령	관광 관련 법령 및 제도	비　고
1984. 9. 조선민주주의인민공화국 합영법		관광산업의 중요성 인식계기
	1986. 5. 국가관광총국 설치	
	1987. 9. 세계관광기구(WTO)가입	국제관광기구와 협력 모색
1993. 나진·선봉특구 개방과 관련한 외국인출입국 관리법		외자유치 미약
※ 1995−1997 고난의 행군시기	1997. 4. 아시아·태평양관광협회(PATA)가입	
1998. 9. 사회주의헌법	1998. 10. 금강산 관광사업에 관한 합의서 및 부속합의서(북−현대아산)	1998. 11. 금강산 관광시작으로 부분적 관광시장 개방
2002. 7. 7·1경제관리개선조치 2002. 11. 개성공업지구 지정 및 지구법	2002. 7. 금강산관광총회사와 평화항공 여행사 간 관광계약서체결 2002. 11. 금강산관광지구법	
2003. 1. 동·서해지구 남북관리구역 임시도로 통행의 군사적 보장을 위한 잠정합의서(남−북 간)	※ 평화여행사의 평양 여행 실시	육로 금강산관광으로 전기 마련, 순수 평양여행 시작
2004. 2. 개성공업지구 외화규정 2004. 2. 개성공업지구 광고규정 2004. 8. 개성공업지구 부동산규정 2004. 10. 개성공업지구 보험규정	2004. 4. 금강산관광지구 출입·체류·거주규정 2004. 4. 금강산관광지구 세관규정 2004. 5. 금강산관광지구 외화관리규정 2004. 5. 금강산관광지구 노동규정 2004. 5. 금강산관광지구 광고규정 2004. 8. 금강산관광지구 부동산규정	

〈출처〉 박현선(2005). p.223.

4. 사회간접자본(SOC: Social Overhead Capital) 구축에 기여

관광이 성립되기 위해서는 교통시설을 정비하여 관광객 수송에 차질이 없게 하여야 하며, 충분한 전력이 공급되어야만 관광시설 작동이 가능하게 된다. 그러나 북한은 전력과 도로, 철도, 항만, 통신 등 전반적인 시설인프라가 매우 열악하다. 북한 입장에서는 관광을 원활하게 추진하여 경제적 효과를 극대화하기 위해서는 기본적인 인프라 구축에 많은 시간과 비용을 투자하게 될 것이다. 실제로 개성 육로관광을 위해 경의선 복원화 계획의 일환으로 철도의 복선화와 도로정비 등 시설확충사업을 진행한 바 있다. 아직까지 북한의 사회간접자본의 구축실태는 매우 열악한 편이다. 평양관광이 중단된 이유도 사회간접자본의 구축이 미약한 데에 기인한다. 북한에서 관광산업이 좀 더 활성화되어 경제적 창출에 대한 중요성을 한층 더 강화된다면, 사회간접자본 확충에 심혈을 기울이는 데 많은 관심을 가지게 될 것이다.

5. 경제효과 창출

관광은 국가 경제에 기여하는 긍정적 효과가 있다는 것은 주지된 사실이다. 예전의 북한은 자급자족에 의존하는 폐쇄정책이 국가의 기본적인 정책방향이었으나, 부분적인 개방정책을 시행한 이후 경제적 변화를 경험하게 되었다. 특히, 관광부문의 개방은 북한경제를 활성화하는 동력이 되었을 것이다. 북한은 현대아산으로부터 6년 3개월간 9억 4,200만 달러를 무조건 지급받는 일괄방식(lump-sum) 계약을 체결하고, 1998년 11월 금강산 관광을 시작하여 2005년 6월 현재 102만 8,214명의 남한 관광객이 방문하였다. 1인당 50달러의 입장료를 받는 북한은 입장료만 계산하여도 약 5,141만 700달러에 달하는 수입을 창출하였다. 이 금액은 북한의 2004년 수출액 10억 2천만 달러의 5.0%에 달하는 것이다. 그리고 평화항공여행사의 평양관광의 4박 5일의 경우 1인당 220만 원, 5박 6일의 경우 280만 원의 경비를 지불하며, 기타 민간단체의 평양방문은 3박 4일에 평균 250만 원을 지불하고 있다(김영윤, 2003). 뿐만 아니라 관광객이 북한 체류 중 경비 및 기념품 구입에 지출하는 금액도 상당할 것으로 예상된다. 이렇듯 관광은 낙후된 북한 경제를 활성화시키는 데 기여를 하였다는 데는 이견을 없을 것이다.

관광으로 인한 북한 경제 효과를 논할 때에는 정치 이념도 고려해야 할 것이다. 북한에게 관광수입을 창출하게 하는 관광객의 주체는 남한이다. 일부 정치인 및 각계각층에서는 북한의 관광수입 증대는 군사력 증강이라는 공식으로 우리나라 대북관광정책에 비난을 하기도 한다. 관광은 흔히 동전의 양면과 같다고 한다. 즉 어떠한 시각으로 바라보느냐에 따라 그 해석은 달라질 것이다. 본서에서는 순수하게 관광으로 인한 창출될 수 있는 경제적 영향에 국한하여 언급하였다는 점을 밝혀둔다.

6. 한반도의 평화 정착

"관광은 세계 평화로 가는 열쇠(Tourism is a key to the World Peace)"라는 UN 결의 정신은 너무나 잘 알려져 있는 주지의 사실이다.

그렇다면 금강산 관광은 한반도 평화 정착에 어떠한 면에서 기여하였는지를 살펴볼 필요가 있을 것이다. 먼저, 북한은 금강산 관광을 위해 동해안의 군사적 요충지인 장전항을 개항했고, 금강산 육로 관광을 위해 국도 7호선을, 개성공단을 위해서는 경의선 도로의 통행을 허가하였다. 군사적 요충지를 개방하기까지 북한 군부의 저항이 적지 않았을 것으로 판단되지만, 그곳을 개방함으로써 대립보다는 화해의 분위기에 한 발짝 더 다가서게 되는 긍정적인 결과를 낳았다.

관광교류협력은 남북 간의 관계개선에 많은 기여를 하고 있다. 금강산 관광 사업을 통하여 남북한은 갈등과 분쟁의 실마리를 찾는 것을 이미 경험하였다. 1998년 당시만 하더라도 북한은 한반도 문제의 협상 상대에서 한국을 배제하는 정책을 폈었으나, 김대중 정부는 "정경분리원칙"을 내세워 민간 차원의 교류협력을 활성화시켰다. 1999년, 2002년 서해교전 발생, 2006년 북핵 실험 등으로 한반도가 위기에 직면했을 때에도 금강산 관광 사업을 중단하지 않고 지속적으로 진행하여 한반도의 전쟁위기를 감소시키는 데 기여하였다. 이렇듯 관광 교류를 바탕으로 남북한은 협상의 끈을 놓지 않았기 때문에 남북 간 대화가 지속될 수 있었을 것이다.

제5절 남북관광을 어떻게 볼 것인가?

분단국가의 가장 중요한 이슈는 아마도 통합일 것이다. 통합은 상호간 서로 의존하게 하거나 어떤 부분을 하나로 형성하는 것으로 정의될 수 있다. 그렇다면 남과 북을 하나로 통합시키는 데 무엇이 선행되어야 할까? 그 해답은 관광교류일 것이다. 남과 북이 관광을 교류한다는 것은 단순히 경제적 효과의 창출을 넘어 반세기 이상 단절된 사람들 간의 신뢰성과 이해를 향상시킬 수 있는 기초적 토대를 만든다는 차원에서 매우 중요하다. 평화를 향상시키는 관광의 역할은 정치학적 배경에서 설명될 수 있다. Davidson과 Montville(1981, 1982)은 국가 간의 외교수행 방식을 정부가 관여하는 공식적 방식과 인적 교류를 통한 비공식적 방식으로 구분하면서, 비공식적 방식의 우위성을 강조하였다. 비공식적 외교방식을 수행하는 데 있어 관광이 최고의 도구가 된다고 하였다. 미국과 중국과의 관계 역시 여러 형태의 관광개방을 시도하였기에 가능하였던 것이다(D'Amore, 1988). 중국과 타이완 간 38년 동안의 분단과 적대적 관계를 넘어 민간 차원에서 실시된 고향방문 형태의 여행 역시 그 맥을 같이하고 있다.

우리의 경우, 남북관계가 커다란 전화의 계기를 마련한 것은 김대중 정부의 햇볕정책을 통해서 일 것이다. 김대중 정부는 이전 정부들과 뚜렷한 차이를 보이는 것은 정경분리원칙을 시행하였다는 것이다. 이를 통해 대북정책을 교류와 협력의 인내심 추구, 평화, 개방 그리고 개혁이라는 북한 내에서의 점진적이고 자발적인 변화를 유도하는 정책을 수립하였다. 이러한 햇볕정책은 남북관계를 개선하는 데 상당한 성과를 거두었으며, 금강산 관광개발로 햇볕정책은 본격적으로 가시화된다.

전술하였지만, 금강산관광개발은 1998년 현대 명예회장인 정주영이 북한의 조선아시아태평양 평양위원회와 금강산관광개발에 합의하면서, 동년 11월에 금강산 관광이 최초로 시작되었다. 이렇게 시작된 금강산관광개발은 현대의 자금난으로 인해 한국관광공사가 금강산관광사업에 참여하고, 정부 차원의 지원방안이 실시되었다. 또한 금강산 관광특구 지정 및 금강산 관광지구법 발표, 금강산 육로관광 실시 등을 통해 금강산 관광사업을 활성화하기 위한 노력들이 다각도적으로 추진되어 왔다. 금강산 관광으로 인한 한반도에는 평화의 분위기가 돌기 시작하였고, 그 증거로서 북한의 잠수정 침투사건과 핵 실험 등에도 남북관계에는 큰 악영향을 미치지 않았던 것으로 해석된다.

그러나 남북 간의 관광·사회·경제교류의 활성화에도 불구하고, 많은 사건들이 발생하였다. 1999년 6월 20일 금강산 관광객 한 명이 북측에 5일간 억류되기도 하였으며, 1999년 6월 15일 및 2002년 6월 29일 서해교전 발생으로 인하여 일부 정치인과 언론으로부터 금강산관광을 중단하라는 압박을 받기도 하였다. 그런 중에도 제4차에서 14차까지의 이산가족 상봉이 금강산에서 개최되어 금강산 지역이 남북평화의 상징으로 부각되기도 하였다. 금강산관광과 관련하여서는 참으로 많은 사건이 발생하여 말도 많고 탈도 많았다.

그런가 하면, 2005년 8월부터 한국관광공사와 현대아산에서는 백두산 및 개성관광 사업을 추진하기 시작하였고, 평화항공여행사는 2003년부터 9차례에 걸쳐 평양관광을 실시하였다. 하지만 이 모두는 민간기업과 북측과의 파트너십 문제, 정치적 여건의 악화 등으로 한시적으로 몇 차례에 걸쳐 시행되었을 뿐 지속적으로 이루어지지 않고 있는 실정이다.

지금까지의 남북관광은 금강산관광을 필두로 하여 대부분 민간기업이 주축이 되어 추진하였다. 남북관광 9년 동안의 성과가 민간기업 약 1조 원의 적자, 공공기업의 1,000억 원 가까이 되는 부채성 자본만 쌓여 있다는 것은, 남북관광 사업이 외관상 지속되고는 있으나 적자를 극복할 수 있는 대안책을 제시하는 것이 매우 시급하다는 것을 반증하는 결과이기도 하다(정란수, 2007).

남북교류 중 관광 분야는 여타 다른 분야와 큰 차이점이 있다. 그것은 관광산업만이 일방적으로 남에서 북으로 돈의 흐름이 이루어지고 있다는 것이다. 즉 남한 관광객이 북을 방문한다는 것은 우리의 입장에서는 outbound로서 관광지출이 되는 것이고 북의 입장에서는 관광수입이 된다. 그렇다고 해서 북에서 남으로 이동되는 관광객의 흐름은 아직까지는 없다. 물론 금강산관광이 한반도를 국제적인 관광지로 부상시켜 남북 상호 간에 경제적 이익을 취할 수도 있지만, 현재의 북한 정치여건을 고려할 때 많은 시간이 걸릴 것이다. 식량 및 비료 지원 등은 기존에 지속적으로 이루어지고 있는 것이지만, 이 부분은 인도주의라는 명분하에 행해지는 것으로 관광과 그 성격이 다르다. 결국 남북관광과 관련된 논란의 중심은 경제적 수혜의 주체가 북한에만 일방적으로 국한되어 있다는 것이다.

한편, 남북 간 물자교역현황을 살펴보면<그림 6 참고>, 2006년 남북교역 규모는 7월 북한의 미사일 시험발사와 10월 핵실험에도 불구하고 2005년 대비 27.8% 증가한 13억 4,974만 달러를 기록하였다. 이는 개성공단 건설자재·장비 반출, 건설 중장비 재반입 및 생산품 반입 증가, 일반교역과 위탁가공교역 증가 등 상업적 거래가 증가한 데 따른 것이다. 반입은 5억 1,954만 달러로 전년대비 52.7% 증가했으며, 반출은 역시 개성공단·금강산 등 협력사업장 자재·장비, 위탁가공 원부자재, 대북지원 등에 따라 8억 3,020만 달러로 전년대비 16% 증가했다. 2006년 남북 간 교역수지의 경우 명목상으로는 남한이 흑자이나 경협사업, 대북지원 등을 제외한 실질교역 수지는 적자이다. 1989년부터 2006년까지 누적 명목수지는 남한이 4억 5,085만 달러 흑자인 반면 누적 실질수지는 23억 8,764만 달러 적자이다. 이러한 교역수지 구조는 개성공단 개발의 본격화 및 금강산 관광사업의 활성화에 따른 물자반출의 증가, 대북지원 물품의 증가 때문이다(통일백서, 2007). 비록, 전체 남북교역수지는 현재 적자를 기록하고 있지만, 개성공단이 안정적으로 운영이 된다면 흑자 전환은 머지않아 이루어질 전망이다. 개성공단의 경우에는 우리의 물자를 남한보다 상대적으로 노동비용이 저렴한 북한의 노동력을 이용한다는 차원에서 남은 생산비용 절감을 북은 노동력 창출과 같은 기대효과를 누릴 수 있어 상호 간에 win-win 전략으로 생각할 수 있다.

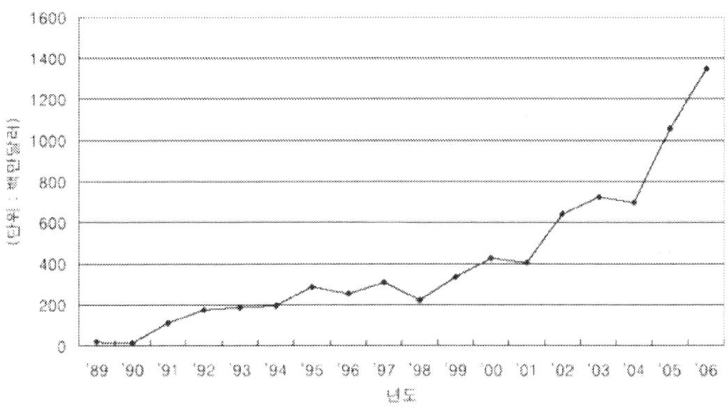

〈그림 6〉 연도별 남북 교역액 변동추이

남북관광을 경제적 가치 차원에서 바라본다면 두말할 것 없이 우리가 손해 보는 장사임에는 틀림없다. 그렇다고 남북관광을 경제적 시각으로만 보아야 하는가? 남북관광은 이보다 남북화해와 상호협력의 관점이라는 대명제 아래에서 이루어져야 한다.

관광은 국제관계에서 평화 촉진을 통해 긴장과 적대감을 줄일 수 있는 긍정적인 시각에서 간주되어 왔다. 지속적인 남북관광교류는 남북 간에 신뢰성과 이해를 향상시키는 데 중요한 기초적 토대가 된다. 1999년 2002년 서해교전 발생, 2006년 미사일 시험 발사, 북핵 실험 등으로 한반도가 위기에 직면할 당시에도 지속적인 관광교류를 실시하여 남북 간 대화는 지속될 수 있었다. 상술하였듯이 2006년도 북한이 도발적 행위를 하였음에도 불구하고 남북교역액은 전년대비 27.8% 오히려 증가하는 쾌거를 이루기도 하였다. 지속적인 남북관광교류가 가져다주는 잠재된 힘은 수치로서 산출할 수 없을 것이다.

이장춘(2000)은 관광과 통일의 접목 모형으로 <그림 7>과 같이 제시하였다. 먼저, 통일은 경제통합·생활공간통합·문화통합·국토통합·정치통합으로 구분된다. 이 각각의 통일 유형별 관광의 역할과 기능을 다음과 같이 시하였다. 첫째, 경제 통합 시 관광의 역할과 기능은 남북 간 경제적 불균형 타개로서 이는 주로 남북주민 계층 간의 소득불균형과 남북지역발전 불균형 타개를 목표로 한다. 둘째, 생활공간 통합시의 관광의 기능과 역할은 남북주민의 교류와 국내관광의 역할증대로 모아지게 된다. 셋째, 문화통합시의 관광의 기능과 역할은 관광문화발전으로 남북 간 문화의 이질감을 해소하는 역할로서 그 초점은 전통문화복원과 문화 동질성 회복이 된다. 넷째, 국토통합 시의 관광의 기능과 역할은 국토여가·관광공간의 재배치로서 국토기능의 균형적 회복에 초점을 둔다. 다섯째, 정치통합시의 관광의 기능과 역할은 한민족번영의 토대를 구축하는 것이다. 이를 위해 관광산업의 역할증대와 복지관광의 활성화전략을 구체화하여야 한다. 이상과 같이 한반도 통일 시 관광의 역할과 기능은 통일유형별로 그 의미가 매우 크다고 할 수 있을 것이다.

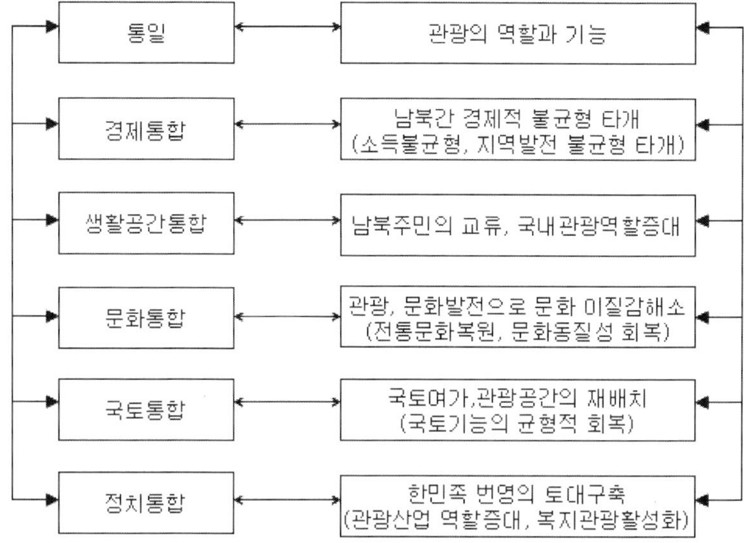

〈그림 7〉 관광과 통일의 접목 모형

현 시점에서 남북관광이 우리에게 가져다주는 경제적 혜택은 부정적일지라도, 조금 더 나아가 남북화해와 상호협력 관점, 그리고 한반도의 평화정착이라는 대명제를 달성할 수 있는 중요한 수단으로서 남북관광을 바라보아야 할 것이다.

참고문헌

김난영, 조민호(2006). 금강산 관광개발이 한반도 평화에 미치는 공헌도에 관한 연구. 관광학연구, 30(3), 51−70.

김성섭, 문보영, 김용완(2004). "금강산 관광사업에 대한 시민인식 분석" 관광학연구, 28(1), 283−298

김영윤(2003). 북한의 관광분야 개발 움직임과 향후 전망. 남북 관광협력현황과 발전방안 모색을 위한 2003년 관광학술세미나 자료집, p.66.

박영호(2005). 탈냉전시대 한국의 대북정책과 남북관계의 변화. 세계지역연구논총, 23(1), 203−230.

박현선(2005). 남북관광교류협력이 북한변화에 미치는 영향과 교류협력 과제. 북한연구학회보, 9(1), 205−382.

송지준(2007). 관광과 남북관계, 어떻게 볼 것인가? 한국이벤트학회, 이벤트연구, 7(1), 51∼73.

오수열(2002). 김대중 정부의 대북정책과 금강산사업의 평가. 한국동북아논총, 25, 129−146.

이장춘(2000). 통일한반도 경영을 위한 관광정치지리학적 접근. 관광정책학연구, 6(1), 7−43.

이희선, 김기수(1999). 대북정책의 일관성에 대한 평가분석: 김영삼 정부를 중심으로. 한국정책학회보, 8(2), 27−45.

전재성(2002). 노태우 행정부의 북방정책 결정요인과 변화과정 분석. 서울대학교 국제문제연구소, 세계정치, 24(1), 259−279.

정란수(2007). 새로운 남북관광 10년을 위한 로드맵 구상. 한국관광공사 KTO 북한관광동향, 봄호, 17−29.

통일부(2007). 통일백서.

한국관광공사(2005). 묘향산·평양방문 만족도 및 관광실태 조사보고서.

한국관광공사(2006). 2006년 금강산관광 실태 및 만족도 조사.

한국관광공사(2007). KTO 북한관광동향. 봄호
한국관광공사(2007). KTO 북한관광동향. 여름호
Davidson, W. D. & Montville, J. V.(1981 / 1982). Foreign policy according to freud. Foreign Policy, 45, 145−147.
D' Amore, L.(1988). Tourism: The worlds peace industry. Journal of Travel Research, 27(1), 35−40.

03

관광과 탈북자의
심리적 정착

를 들어가며

1990년대에 들어서면서 사회주의 국가의 붕괴와 더불어 전 세계는 탈냉전적 분위기가 지속되면서 한반도 통일에 대한 논의는 활발히 이루어졌다. 특히, 2000년 남북정상회담을 계기로 남북한 통일에 대한 국민의 기대는 현재까지 더욱 가속화되어 오고 있다. 그러나 통일한국에 대비한 각계각층의 논의는 꾸준히 이루어지고 있음에도 불구하고, 통일 독일의 심각한 후유증과 최근 심각한 북한 경제난 등은 통일이 가져올 광범위한 충격을 예상케 한다. 통일은 법적·제도적 통일, 영토의 통일은 물론이거니와 민족의 동질성을 회복하고 내적 통일을 이루는 '사람의 통일'을 달성하여야 한다. 이를 위해서는 북한주민들을 대상으로 한 실질적인 연구가 이루어져야 하나 현실적으로 불가능하기 때문에 탈북자를 대상으로 한 연구는 남북한 주민 통합을 위한 문제점과 해결방안을 모색하는 데 도움이 될 것으로 사료된다. 2006년 현재 우리나라에는 약 1만 명의 탈북자가 우리와 함께 살고 있다. 만약 1만 명의 탈북자를 남한사회가 정착시키지 못한다면 통일 후 사회·문화적 통합은 참으로 어려운 일일 것이기에 통일 후 남북한의 주민 통합 과정에서 야기될 수 있는 문제를 미리 학습하는 과정의 문제이기도 하다. 따라서 탈북자를 남한사회에 안정적인 경제적·심리적 정착을 시킨다는 것은 우리 사회의 안정과 향후 통일을 대비한 중요한 과제인 것이다.

저자는 탈북자와의 직접 면담을 통하여, 그들 중 많은 사람들이 남한에 입국하게 하면 충분한 재정적 지원과 대우를 받을 것이라는 기대를 갖고 입국한다는 사실을 알았다. 이는 탈북자 스스로가 남한에 편입된 이후 탈북 사실에 대한 과대평가로 남한 정부의 보호와 지원에 대한 지나친 기대를 갖고 있다는 것이다. 또한 국가가 모든 것을 지원하는 사회주의 체제에서 사회보장제도를 경험했기 때문에 남한정부에 대한 과도한 사회보장을 요구하기도 한다는 것을 알게 되었다. 이러한 남한에 대한 높은 기대와 현실과의 차이로 인해 남한사회에 정착하기 전부터 실망과 남한 주민들과 비교한 상대적 박탈감에 빠지게 된다. 흔히 상식이라는 굴레 속에서, 밥을 못 먹을 정도의 심각한 상태에서 목숨을 걸고 북한을 성공적으로 탈출한 그들에게 남한에 거주하는 현재는 생계를 유지할 수 있기 때문에 북한보다 더 나은 삶을 살게 되는 것이 아니냐는 반문을 던질 수 있을 것이다. 그러나 이것은 편협된 사고와 상식에서 나온 발상일 뿐, 그들은 더 이상 한 끼의 식사를 걱정하는 삶의 형태가 아닌, 새로운 삶을 대한 희망을 추구하고 남한 주민처럼 더 나은 삶을 위해 진보하는 우리와 똑같은 사람인 것이다.

남한에서의 경제적 지원은 넉넉하지는 않지만 생계를 유지할 정도의 가장 기본적인 지원은 초기 정착부터 이루어지고 있다. 정부는 보다 충분한 경제적 지원을 차치하더라도, 북한과 사회 체제가 다른 남한사회에서 심리적으로 좀 더 안정되게 정착할 수 있는 데 보다 많은 관심을 가져야 한다.

본서에서는 탈북자를 남한사회에 안정적으로 정착시키는 데 관광과 여가의 시각으로서 접근하였다. 탈북자와 관련한 연구를 함에 있어 가장 큰 제한점은 아직까지 탈북자만을 위한 이론이 너무나 부족하다는 것이다. 이에 학계에서는 탈북자와 관련된 새로운 이론 축적에 관심을 가져야 할 것이며, 이러한 연구 성과는 특정 분야가 아닌 제 학문 분야에서 다각적인 차원에서 달성하여 그들에게 보다 나은 삶을 영위할 수 있도록 해 주어야 할 것이다. 이것이 제3부를 작성하게 된 동기이다.

제1절 시대별 탈북자 현황 및 지원정책

1. 해방 이후부터 이승만 정권까지 주요 탈북자 현황 및 지원정책

일제로부터 해방과 함께 남북한 분단체제가 형성된 1945년부터 1953년까지 북한지역에서 남한지역으로 귀환 및 이주한 탈북자는 약 100만 이상인 것으로 추정되고 있다. 이 시기 탈북동기는 전쟁요인, 정치사상적 요인, 경제적 요인 등으로 대별할 수 있다.

먼저, 전쟁요인에 의해 북한사람들이 남한으로 탈북한 경우는 생존을 위한 탈북이었다. 전쟁 중 점령군은 퇴각 시 원자탄을 쓰겠으니 피난하라 혹은 중공군이 나오면 모조리 죽는다는 등을 선전하여 생존에 위협을 느낀 사람들에게 피난을 선동하였다. 정치사상적 요인에 의한 탈북의 경우에는, 일제시대 당시 친일행위, 사대주의적 사상, 이데올로기적 대립 등의 이유로 남한으로 탈북한 경우이다. 경제적 요인의 경우에는 북한사회 전반에 걸친 사회개혁으로 경제적 침해를 받은 지주, 자본가, 부농, 전문 관료집단, 관리직 직종 등 지배계급 속성이 주요한 대상자였다.

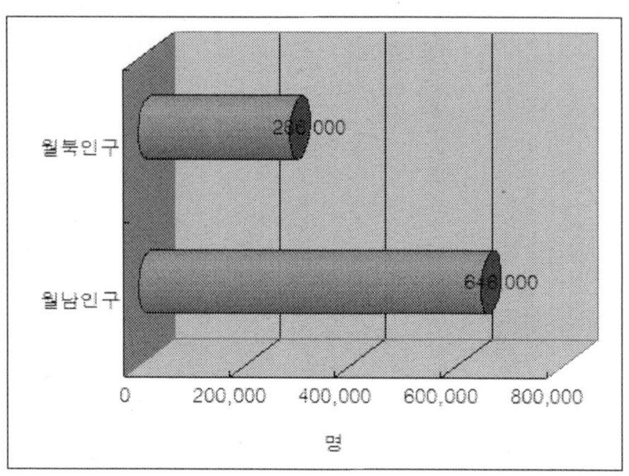

출처) 박명림(1996). pp.356-365.

〈그림 1〉 한국전쟁 당시 월남 및 월북 현황

이 당시 주목할 만한 사실은 탈북 인구가 탈남 인구보다 많았다는 것인데, 그 이유는 1947년 10월까지 소련군이 남하를 방임 또는 유도했다는 것이다. 이러한 대규모의 남하가 없었더라면, 한국전쟁 이후 체제형성 과정에서 북한도 남한 이상으로 격렬한 이데올로기 대립과 같은 사회갈등을 경험하였을 것이다.

한국전쟁 시기 북한지역에서 남한으로 탈북한 인구는 대략 646,000명이다. 그중 남자가 약 354,000명, 여자가 292,000명이었다. 반면 남한에서 북한으로 월북한 인구는 대략 286,000명이었는데, 그중 남자가 264,000명, 여자가 22,000명으로 집계되고 있다.

1953년 7월 27일 휴전이 성립된 이후, 남과 북은 체제안정화와 함께 본격적인 체제경쟁시대로 들어서게 된다. 이승만 정권 당시에는 전후 복구사업과 정치사회적 갈등해소가 가장 시급한 국가과제였기 때문에 탈북자에 대한 구체적인 정책뿐만 아니라 그들에 대한 관심이 전무했다고 할 수 있다. 이 당시 탈북자 수는 256명으로 파악되고 있으나 어떠한 정착지원이나 수혜를 받지 못했다.

2. 군부정권(박정희, 전두환)시대의 주요 탈북자 현황 및 지원정책

박정희 정부부터는 북한과의 체제 경쟁이 본격화되기 시작하였고, 체제 우월성을 입증하기 위하여 북한 주민의 이탈을 촉진하고 탈북자 지원정책이 본격적으로 실시되었다. 1962년 4월 16일 「국가 유공자 및 월남 귀순자 특별 원호법」 제정 이래 주관부서인 원호처가 국가유공자에 대한 대우 및 관리와 동일한 차원에서 탈북자를 지원하였다.

원호처의 "월남귀순자후원회 설립계획" 자료에 의하면, 1972년 12월 현재 탈북자 실태는 군인 2백 10명, 자수 간첩 28명, 자수공비 11명, 민간인 1백 26명, 귀환자 55명을 포함한 총 4백 30명으로 집계되었다. 1970년대 말 베트남의 공산화로 인해 남북 간은 체제 우월성 입증하기 위하여 더욱 박차를 가하게 된다. 이에 「국가 유공자 및 월남 귀순자 특별 원호법」은 1979년 1월 1일 「월남귀순용사 특별보상법」으로 전면 개정하게 된다. 이 법은 1967년부터 1978년까지 100만 원, 70만 원, 50만 원, 30만 원, 20만 원으로 5등급에 따라 지원되던 기존의 정착금을, 최고 5천만 원부터 최저 8백만 원까지 5등급으로 구분하여 지급하게 했다. 1979년도 그 당시의 물가를 비추어 볼 때, 지원금은 그야말로 파격적이었다. 이는 남북한의 체제경쟁이 극에 달했던 시기임을 여실히 증명하는 것이었다.

〈표 1〉 1960 · 70년대의 탈북자 지원금

국가 유공자 및 월남 귀순자 특별 원호법의 지원금 (1967~1978년까지의 지원금)	월남귀순용사 특별보상법의 지원금 (1979년부터의 지원금)
100, 70, 50, 30, 20만 원으로 5등급	5천만 원~8백만 원으로 5등급

출처) 박영자(2005), pp.238.

우리나라 군부정권시대의 남과 북은 상호 간에 적대적 대립관계를 형성함으로써, 이를 통하여 남북 모두 지배 권력의 정당성을 확보하였고, 독재자들의 권력을 강화하는 등 국가의 안보를 정치적 목적으로 이용하였다고 평가할 수 있다. 이러한 남북한 분위기 속에서 탈북자는 북한체제를 비판하고 남한체제의 우월성을 입증하는 선도자의 역할을 충분히 수행하였다. 물론 월북자의 경우 북한에서도 유사한 역할을 했을 것으로 판단된다.

이렇듯 우리나라 군부정권시대의 탈북자의 수는 미미하지만, 정권 강화 및 체제 안정화에 기여하였다.

3. 탈냉전(1989년) 이후 국내 탈북자 주요 현황 및 지원정책

1) 탈북자 입국 현황

1980년대 말 미 · 소 양 진영 간의 냉전질서가 무너지고, 동 · 서독 통일이 이루어졌다. 또한 소련 및 동유럽의 탈사회주의화와 중국의 개방 ·

개혁, 세계 초강대국으로 부상한 미국과의 불편한 관계 등 국제정세의 분위기는 북한을 고립시키기에 충분하였다.

한편, 북한경제는 1970년대 말부터 원료 및 자재 부족, 80년대 대규모 건축 및 선전 사업 투자 등과 함께 계획경제 시스템의 문제로 생산활동이 비정상적으로 운영되고 공장가동률이 저하되었다. 이러한 북한경제의 쇠퇴로 인해 1990년부터 함경북도 지역을 중심으로 식량 배급에 차질이 생기게 되었다. 또한 1994년 7월 김일성의 사망으로 정치적 위협과 사회주의권 해체로 인한 대외무역의 위축, 1990년대 중반 이후 발생한 국가적 자연재해로 최대의 식량난과 아사에 직면한다. 북한주민의 10%가 죽고 10% 이상이 생존위협에 허덕인 것으로 보고되었다(조선일보, 1998년 5월 13일자). 이렇듯 1990년대부터 나타나는 북한의 경제적, 정치적 위협으로 인해 북한주민들은 생존을 위해서 북한을 탈출하는 사람들이 급증하기 시작한다.

〈표 2〉 국내 탈북자 입국자 현황

(2006년 12월 현재)

연도	'90 이전	1990	1991	1992	1993	1994	1995	1996	1997	1998	1999	2000	2001	2002	2003	2004	2005	2006	계
인원 (명)	607	9	9	8	8	52	41	56	85	72	148	312	583	1,139	1,281	1,894	1,383	2,019	9,706

자료: 통일부(2007). 통일백서.

<표 2>는 국내 탈북자 입국현황으로 북한을 탈출한 주민들이 남한으로의 입국하는 수가 점차적 증가하고 있다는 것을 알 수 있다. 그 이유로는 탈북자들이 중국과 같은 제3국에서의 체류가 장기화되면서 체류국가들이 탈북자들을 불법 체류자로 간주하고 있어 인신매매와 성폭행, 임금 착취, 불법감금과 폭행, 강제송환 등에서 자유로울 수 없게 되었다(김

일수, 2004). 이렇게 탈북자들은 신변불안 및 체포우려, 북한 귀환 시 북한에서의 처벌에 대한 우려, 체류국에서의 열악한 환경 그리고 탈북자 지원 단체의 적극적 활동 등 복합적인 이유로 탈북자의 국내입국이 증가하고 있다.

최근에는 국제적인 인도지원 단체들의 지원을 받은 탈북자들이 중국 주재 외국공관을 통하여 국내에 입국하는 사례가 증가하고 있는데, 이러한 이유들이 남한의 탈북자 수를 증가시키는 하나의 원인이 되고 있다. 남한으로 입국한 탈북자 수를 살펴보면, 1999년에는 처음으로 100명을 넘어 148명, 2000년 312명, 2001년 583명, 2002년에는 1,139명으로 최초로 한 해에 천 명을 넘는 탈북자가 남한으로 입국하였다. 2003년에는 1,281명으로 전년대비 증가폭이 다소 둔화되었으나, 2004년에는 1,894명, 2005년 1,383명, 2006년에는 2,019명이 입국하여 2006년 12월 말 현재 남한에 거주하는 탈북자의 수는 총 9,706명에 달하고 있다. 이렇듯 탈북자의 남한 입국 현황은 2002년부터 매년 천 명 이상이 들어오고 있고, 2006년도 한 해에만 2,000명이 넘는 탈북자가 입국하여 앞으로도 지속적으로 증가할 전망이다.

2) 탈북자 지원정책

1990년대부터 북한의 경제위기 등과 함께 탈북자가 증대하고, 남북관계가 변화됨에 따라 남한의 탈북자 정책도 새로운 국면을 맞이하게 된다. 탈북자는 남한의 국력신장과 국제 및 경제적 위상이 높아지게 되자 해외에 거주하는 북한의 외교관, 군인 등 관료에서 러시아 벌목공에 이르기까지 남한으로 입국하려는 탈북자 수가 증대하게 된다. 또한 북한의 식량난과 경제난이 악화되면서 가족 단위 탈북이 확산되기 시작했다. 급격히 증가하고 있는 탈북자 수는 남한에서 그들에 대한 새로운 법을 제정할 필요성이 대두되었다. 1970~80년대 탈북자에게 지원했던 금액은 당시로서는 그야말로 파격적이었다. 그러나 정부의 입장에서는 지속적으로 증가하는 탈북자를 고려한다면, 이러한 지원정책을 지속한다는 것은 힘이 들었을 것이다. 이에 정부는 새로운 탈북자 처우 기준을 마련하여 1993년 6월 「귀순북한동포보호법」을 제정하였다. 이 법에 의하면 탈북자 처우 기준을 국내 생활보호대상자 수준보다 약간 높은 정도로 지원 수준을 대폭 낮추었다.

이 법에 의하면 정착금으로 최고 1천 2백만 원에서 최소 7백만 원의 3등급으로 하향 조정되었다. 주택보조금도 임대아파트 보증금 7백만 원에서 정착보조금으로 8백만 원 정도의 가산금을 지급하는 것으로 바뀌었다. 무엇보다도 이 법은 기존의 국가유공자에 준하는 예우와 양육보호를 배제하고 탈북자 가족에 대한 취업보호도 제외하는 등 기존에 비해 탈북자의 법적 지위와 경제적 지위 및 경제외적 수혜의 범위를 대폭 축소한 것이다. 또한 1997년 7월 1일부터 제정·시행된 「북한이탈주민보호 및 정착지원에 관한 법률」은 더 이상 탈북자 문제는 1960~80년대처럼 남북한 체제 경쟁 차원이 아닌 보호 및 정착지원 차원에서 추진되고 있다.

2006년도 현재 탈북자를 위한 정착지원금은 1인 세대 기준 1천만 원을 지급하고 있으며, 가산금은 노령자, 장애자 등 취약계층에게 최고 1,540만 원까지 지급한다. 장려금은 장기간 직업훈련에 참가하거나 자격증을 취득하는 등 자립·자활을 위해 노력하는 탈북자에게 최고 1,540만 원까지 지급하고 있다. 이 밖에 임대주택 제공과 함께 주거지원금을 지원해 주고 있다. 주거지원금은 세대 구성원의 수에 따라 1천만 원에서 1천 5백만 원까지 임대보증금을 지원하며, 지방거주를 권장하기 위해 일정 기간 지방 거주자에게는 지방거주 장려금을 지급하고 있다. 그리고

소득과 재산수준에 따라 의료 급여법상의 의료보호대상자로 지정하여 각
종 의료비 면제혜택을 받거나 생계가 곤란한 사람에 대해서는 「국민기초
생활보장법」상의 생계급여 수급자로 편입받도록 적극 주선하고 있다(통
일부, 2006).

〈표 3〉 정착지원 주요 내용

구 분	항 목	내 용
정착금	기본금	−1,000만 원(1인 가구) ~ 3,200만 원(7인 이상)
	장려금	−직업훈련, 자격증취득, 장기취업자의 경우 최대 1,540만 원 지원
	가산금	−노령, 장애, 장기 질병 등의 사유가 있는 경우 최대 1,540만 원 지원
주 거	주택알선	−임대 아파트 특별 알선(영세민보다 우선 알선)
	주거지원금	−1,000만 원(1인 세대), 1500만 원(2인 이상 세대)
사회복지	생계급여	−소득이 최저생계비 미달 가구에 대해 지원 36만 원(1인 세대)~132만 원(6인 이상 세대) 근로능력가구는 사회배출 2년차부터 근로조건 부과
	의료보호	−의료보호 1종 수급자로서 의료 혜택

출처) 통일부(2006). 통일백서.

"하나원"

경기도 안성시에 소재한 하나원은 1997년 제정된 「북한이탈주민의 보호 및 정착지원
에관한법률」에 의거하여 설치된 탈북자 정착지원시설로서 약 121억 원의 예산으로 1997
년 12월에 공사를 착공하여 1998년 5월에 완공한 정부기관이다. 본원과 분원을 합쳐 총
400명을 동시에 수용할 수 있으며, 연간 1,900명을 교육할 수 있는 시설을 갖추고 있다.
국내에 입국한 탈북자들은 우리 사회의 일원으로 조기에 안정적으로 정착할 수 있도록
도와주는 종합교육지원센터의 역할을 하고 있다. 탈북자들은 최초 남한 입국 후 하나원에
서 우리 사회에 적응하는 데 필요한 기초적인 소양교육과 초기 정착을 위한 여러 가지
안내와 지원을 받게 된다.
사회적응교육은 탈북자들이 우리 사회 구성원으로서 필요한 기본적인 지식과 태도, 능
력을 갖추도록 돕는 체계적인 교육과정으로 이루어진다. 교육 기간은 교육의 효율성을 높

이기 위해 2006년 9월부터 12주에서 10주로 조정되었다. 탈북자들은 이 교육과정을 통해 민주주의와 시장경제 등 우리 사회의 제도와 질서에 대한 이해를 키우고 언어와 사고방식, 생활습관 등의 차이로 인한 문화적 이질감을 해소해 나간다. 가정, 관공서, 도시, 역사현장 등을 탐방하는 현장학습에서 남한의 실생활을 체험하고 일반 국민들과 접촉하는 기회를 가진다.

또한 탈북자들이 도피 및 은신 과정이 어려움과 급격한 환경변화로 인해 생긴 심리적 불안정을 해소하기 위한 프로그램도 운영되며, 하나원 내 개설된 진료소인 "하나의원"에서는 공중보건의와 전문 간호 인력이 그들의 건강을 돌본다.

탈북자의 직업훈련과 취업 지원을 강화하기 위하여 노동부와 고용지원 합의서를 체결하였고, 아동 및 청소년 탈북자들은 하나원 교육기간 중 각각 인근의 삼죽초등학교와 2006년 3월에 개교한 한겨레 중·고등학교에서 위탁교육을 받으며 적응 능력을 키우도록 하고 있다.

하나원 교육과정

교육주제	교육시간	주요 내용
정서안정 및 건강증진	41시간	−심리상담, 심성수련, 건강검진 등 프로그램을 통해 정서적 안정과 건강회복
우리 사회 이해증진	118시간	−민주주의, 시장경제, 남한의 문화와 법률 등 교육 −가정·관공서·도시탐방, 봉사활동 등 현장학습
진로 지도 및 직업기초능력 훈련	144시간	−직업정보, 직업훈련·교육제도 안내 및 진로상담 −직종별 직업훈련(폴리텍 대학), 직종설명회, 고용지원 기관 및 산업체 현장 방문 −정보화(컴퓨터)교육
초기 정착지원	57시간	−정착금 지급, 주거지 배정, 취적, 주민등록증 발급, 의료지원 등 정착지원제도 이해

〈자료: 통일부(2006). 통일백서〉

제2절 남한 거주 탈북자의 심리적 정착

1. 탈북자의 심리적 정착의 중요성

1990년대에 들어서면서 사회주의 국가의 붕괴와 더불어 전 세계는 탈냉전적 분위기가 지속되면서 한반도 통일에 대한 논의는 활발히 이루어지고 있다. 특히, 2000년 남북정상회담을 계기로 남북한 통일에 대한 국민의 기대는 현재까지 더욱 가속화되어 오고 있다. 그러나 통일 한국에 대비한 각계각층의 논의는 꾸준히 이루어지고 있음에도 불구하고, 통일독일의 심각한 후유증과 최근 심각한 북한 경제난 등은 통일이 가져올 광범위한 충격을 예상케 한다. 통일은 법적·제도적 통일, 영토의 통일은 물론이거니와 민족의 동질성을 회복하고 내적 통일을 이루는 "사람의 통일"을 달성하여야 한다. 이를 위해서는 북한주민들을 대상으로 한 실질적인 연구가 이루어져야 하나 이는 현실적으로 불가능하기 때문에 현재 남한에 거주하는 탈북자를 대상으로 한 연구는 남북한 주민 통합을 위한 문제점과 해결방안을 모색하는 데 도움이 될 것이다.

본서에서 언급하는 탈북자의 남한사회 적응이란 남한사회에 입국 후 개인의 내적·심리적 욕구와 외적·사회적 환경과의 사이에 조화를 이루어 일상생활에서 좌절감이나 불안감 없이 만족을 느끼는 상태를 말하는 것이다. 사회적응이란 물질적·경제적 적응과 정신적·심리적 적응으로 구분하고 있다. 물질적·경제적 적응이란 남한사회에서 독립적 생활을 하는 데 필요한 소득, 기술, 직업 등을 획득하는 것을 의미하고, 정신적·심리적 적응이란 남한사회의 정식구성원으로서 자신이 사회에 귀속되어 있으며, 사회로부터 동등한 대우를 받고 있다고 인식하는 것을 의미한다(윤인진, 2000a).

이주자들의 정신건강은 새로운 사회에 편입된 이후 초기단계에 매우 약화된다(Hur & Kim, 1995). 탈북자와 이주자 사이에는 여러 가지 차이가 있지만 새로운 사회에 들어가 적응하며 살아야 한다는 공통점을 가지고 있다(윤덕용, 강태규, 1997; 전우택, 1997). 그러나 탈북자들의 경우에는 일반 이주자와는 달리 남한에 이주하게 되는 과정이 일반적으로는 목숨을 건 위험한 경험이며, 중국이나 러시아 등지의 국외에 체류하면서는 기본적인 생존의 위협 속에서 생활했을 가능성이 높다. 또한 탈북 후 붙잡혀서 북으로 송환되면 공개처형을 당하게 되는데, 탈북자들은 이에 대한 두려움이 매우 높은 것으로 나타나고 있다. *<**그림출처: 세계일보, 2005년 8월9일자**>*

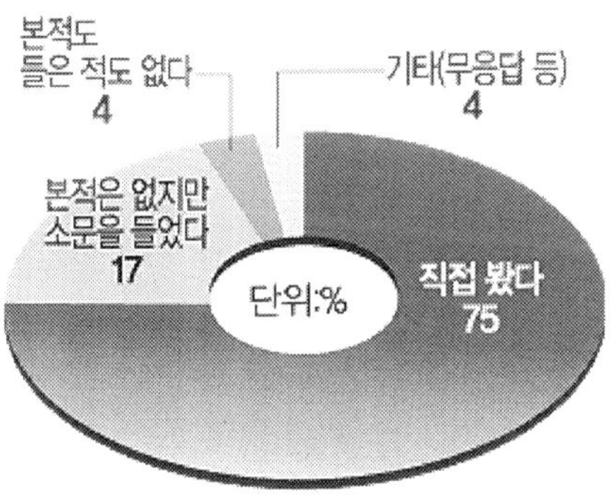

공개처형 목격 사례

이러한 경험을 하고 남한에 입국한 탈북자의 정신건강 상태는 이주자보다 더 약화되었을 것이기에 무엇보다도 심리적인 안정을 제공할 수 있는 적절한 프로그램은 절대적으로 필요하다(한인영, 2001). 그렇지 못했을 경우, 그들은 심각한 심리적·정신적 문제로 인해 남한사회 적응에 어려움을 겪게 될 것이다.

그동안 남한 거주 탈북자에 대한 대부분의 정부 조치들이 사회구조적 대책 마련에 집중하여 왔다. 덕분에 탈북자가 남한에 입국 후, 비록 넉넉하지 못할지언정 생계를 유지하는 데에는 큰 지장이 없다는 것을 제1절에서 살펴보았다. 그러나 그들이 남한사회 적응에 필요한 심리적 적응과 관련하여서는 아직까지 우리 정부의 관심이 소홀한 것 같다. 탈북자의 남한사회 심리적 부적응에 대한 관심 소홀은 남한사회에 중·장기적으로 불안요인이 될 수 있으며, 심각한 사회문제를 야기할 수 있을 것이다(남한에 입국한 탈북자가 경험할 수 있는 심리적 부적응과 관련한 구체적인 내용은 제4절에서 언급하기로 한다).

통일은 단지 정치·경제적 통합만으로는 이루어지지 않는다. 가장 중요한 것은 심리적 통합으로서 사회·심리적 공동체를 형성하는 것이다. 사회·심리적 공동체는 정서적 측면의 태도를 기반으로 하여 성립되는 것으로 한번 성립되면 상황의 변화에 둔감하게 반응하고 비교적 오랜 기간 지속할 수 있다. 탈북자들의 남한사회 적응문제는 남한사회의 안정과 질서를 위해서도 중요한 의미를 지니고 있을 뿐 아니라 통일 후 남북한의 주민 통합 과정에서 야기될 수 있는 문제를 미리 학습하는 과정의 문제이기도 하다(박종철 등 1996). 이렇듯 탈북자가 남한입국 후 우리 사회에 적응하느냐 그렇지 않으냐의 문제는 단지 북한을 정치적·경제적 이유로 이탈한 사람들을 우리 사회가 따뜻하게 받아 준다는 현상적인 문제에 그치는 것이 아니라, 향후 통일 후 겪게 될 남과 북의 사회통합 문제와 관련한 선행학습 차원에서 매우 중요하다.

따라서 남·북한이 사회·심리적 공동체를 이루기 위해서는 현재 남한에 있는 탈북자의 적응상태와 이 적응에 긍정적인 영향을 주는 심리적 변수를 규명하고자 하는 학계의 노력이 매우 중요하다고 할 수 있다.

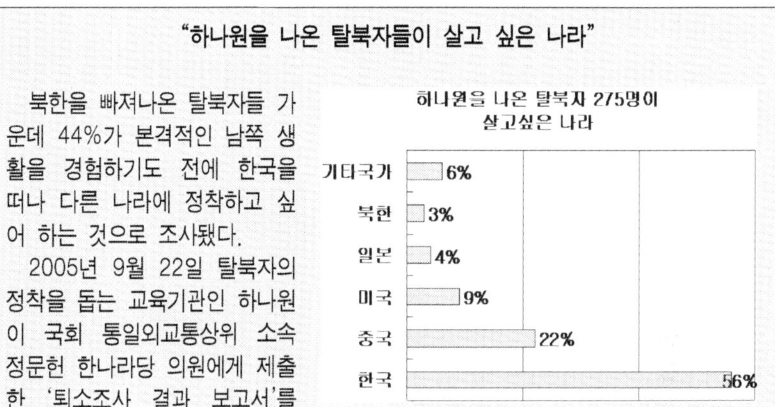

북한을 빠져나온 탈북자들 가운데 44%가 본격적인 남쪽 생활을 경험하기도 전에 한국을 떠나 다른 나라에 정착하고 싶어 하는 것으로 조사됐다.

2005년 9월 22일 탈북자의 정착을 돕는 교육기관인 하나원이 국회 통일외교통상위 소속 정문헌 한나라당 의원에게 제출한 '퇴소조사 결과 보고서'를 보면, 지난 3~7월에 퇴소한 275명 가운데 44%인 122명이 '정착하고 싶은 곳'으로 한국 이외의 나라를 꼽았다. 중국이 22%(61명)였고, 미국 9%(25명), 일본 4%(10명) 등이었다. 북한으로 돌아가고 싶다는 이도 9명(3%)있었다. 또 북한·중국 등지에 남아 있는 가족들의 정착지에 대해서도 30%가량이 한국 이외의 곳을 희망했다.

정 의원은 "하나원의 2달 교육과정을 마치자마자 한국을 꺼려하는 이들이 많은 것은 하나원의 폐쇄형 교육 탓"이라며 "정착지에서 자원봉사자의 도움을 받아 실생활을 체득하게 하는 개방형 방식으로 바꿔야 한다"고 지적했다.

출처) 한겨레신문, 2005년 9월 23일자

2. 탈북자 관련 선행연구

1990년대만 하여도 남한에 입국하는 탈북자의 수가 그리 많지 않기 때문에 단지 그들을 한민족 차원에서 따뜻하게 받아주고 필요한 경제적 지원을 해 주는 데만 관심을 가졌으며, 그들을 어떠한 방식으로 남한사회에 정착시킬 것인가에 대해서는 상대적으로 무관심했던 것이 사실이다. 2000년대에 들어서면서 남북 간의 화해증진, 북한 경제의 악화일로 등의 이유로 남한에 입국하는 탈북자의 수가 급증하게 된다. 이에 우리나라 정부도 탈북자에게 예전만큼의 정착지원을 해 줄 상황이 되지 못하게 되면서, 각종 사회적 문제로 등장하게 된다.

1996년도에는 한 탈북자가 남한사회 부적응과 북한에 두고 온 가족에 대한 죄책감으로 인해 재입북 시도나 1995년 낯선 사회에 적응하지 못한 북한이탈주민의 공기총 강도사건, 1987년과 1988년 생활고를 비관한 두 북한이탈주민의 자살, 생활고로 인한 절도사건(중앙일보, 2005년 1월 23일, 11월 17일 사회면) 등 일련의 사건은 새로운 사회에 적응해 나가는 데 따르는 그들의 어려움과 현실에 대한 대책이 부족했던 남한사회의 모습을 보여주는 것이다. 비록, 이러한 사건들이 현재보다 탈북자 정착지원 상황이 좋았던 1980년대부터 있었고, 또한 극소수의 행동으로 치부될 수도 있을 것이다. 하지만 현재 탈북자 1만여 명이 우리와 함께 공존하는 시점에서 이와 같은 불행한 전철을 밟지 않고 진정한 의미의 "사람의 통일"을 이룰 수 있도록 많은 관심을 보여야 할 것이다.

저자는 탈북자와의 직접 면담을 통해서, 그들은 남한에 입국하게 하면 충분한 재정적 지원과 대우를 받을 것이라는 기대를 갖고 입국한다는 사실을 알았다. 이는 탈북자 스스로가 남한에 편입된 이후 탈북 사실에 대한 과대평가로 남한 정부의 보호와 지원에 대한 지나친 기대를 갖고 있다는 것이다. 또한 국가가 모든 것을 지원하는 사회주의 체제에서 사회보장제도를 경험했기 때문에 남한정부에 대한 과도한 사회보장을 요구하기도 한다는 것을 알게 되었다. 이러한 남한에 대한 높은 기대와 현실과의 차이로 인해 남한사회에 정착하기 전부터 실망과 남한 주민들과 비교한 상대적 박탈감에 빠지게 된다. 흔히 상식이라는 굴레 속에서, 밥을 못 먹을 정도의 심각한 상태에서 목숨을 걸고 북한을 성공적으로 탈출한 그들이 현재는 생계를 유지할 수 있기 때문에 북한보다 더 나은 삶을 살게 되는 것이 아니냐는 반문을 던질 수 있을 것이다. 그러나 이것은 편협된 사고와 상식에서 나온 발상일 뿐, 그들은 더 이상 한 끼의 식사를 걱정하는 삶의 형태가 아닌, 새로운 삶을 대한 희망을 추구하고 남한 주민처럼 더 나은 삶을 위해 진보하는 우리와 똑같은 사람인 것이다.

따라서 정부는 충분한 경제적 지원을 차지하더라도, 북한과 사회 체제가 다른 남한사회에서 심리적으로 좀 더 안정되게 정착할 수 있도록 최소한의 배려는 반드시 해 주어야 할 것이며, 이를 위해서는 정부뿐만 아니라 학계에서의 노력도 선행되어야 할 것이다.

탈북자와 관련한 연구를 함에 있어 가장 큰 제한점은 아직까지 탈북자만을 위한 이론이 너무나 부족하다는 것이다. 이에 학계에서는 탈북자와 관련된 새로운 이론을 축적하려는 관심을 가져야 할 것이며, 이러한 연구 성과는 특정 분야가 아닌 제 학문 분야에서 다각적인 차원에서 이루어져야 할 것이다. 이것이 제3부를 작성하게 된 목적이기도 하다.

그동안 학계에서 출판된 탈북자의 남한사회 적응과 관련된 선행연구들을 구체적으로 살펴보면 다음과 같다. 탈북자들이 남한사회에서 겪는 돈 문제와 실업과 같은 경제적 어려움을 정부적 차원에서 개선을 지적한 연구(윤덕룡, 강태규, 1997; 안혜영, 1999)와 남한사회에 대한 지식과 이해의 부족, 자의식과 죄책감 등 같은 그들의 심리적인 문제들을 지적한 연구들이 있다(박종철 등, 1996; 전우택, 민성길, 1996; 전우택 등, 1997; 이금순, 1997). 이 외에도 탈북자들이 남한에서 경험하는 문화적 갈등을 극복할 수 있는 정책과 프로그램 개발의 중요성을 강조하고 있고(조영아, 전우택, 2005), 또한 탈북자들의 가치관이나 성격특성, 자아정체성 등을 파악하여 남한사회에 대한 부정적인 인식을 초래하지 않도록 그들의 심리적인 측면을 강조한 연구들도 있다(정진경, 2002; 정태연 등, 2003; 정태연, 김영만, 2004; 전우택, 1997).

또한 탈북자와 관련한 기존 연구의 한계와 문제점은 과학적 연구의 부재, 이론의 부재, 구체성 결여 등을 지적하고, 향후 탈북자 연구를 사회 과학적 연구와 접목하여 이미 축적된 사회 과학적 이론, 개념, 방법론 등을 활용하여 연구의 수준을 한 단계 올리는 것이 중요하다고 하였다(윤인진, 2000a). 이러한 연구로는 다음과 같다. 김미령(2005)은 탈북자가 남한사회에서 경험하고 있는 적응 스트레스와 사회적 지지가 우울 성향에 어떠한 영향을 미치는가를 분석하였으며, 윤인진(2000b)은 탈북자의 직무만족도, 생활만족도, 남한사회적응도 간의 상관관계 분석을 실시한 결과, 세 요인 간에는 정적 관계가 있음을 밝혔다. 김영만(2004)은 탈북자의 주관적 삶의 질과 삶의 만족도를 측정한 결과, 남한사람들에 비해 월등하게 낮다는 것을 밝혔다. 또한 탈북자들이 지각하는 문화적응 스트레스를 최소화시키는 선행변수로 사회적 지지라는 것을 규명하였다(이소래, 1997). 탈북자들의 남한사회적응에 영향을 미치는 변수로 인구통계학적 특징(연령, 성별, 결혼여부, 가족형태 및 크기 등)으로 보고, 이러한 특징들은 탈북자의 사회·경제적 적응에 영향을 미친다고 언급하였다(윤인진, 2000b, 이기영, 2000).

선행연구 검토결과, 탈북자들은 남한사회에서 적응하는 데 있어 주된 문제점은 경제적·심리적 문제점으로 크게 구분될 수 있으며, 이와 관련한 문제점을 규명하여 대안책 마련을 제시한 연구가 주종을 이루고 있다. 다수의 연구에서 이것을 극복할 수 있는 주요한 방안으로서 정부 차원과 민간단체 역할의 중요성을 강조하고 있는 것으로 나타났다.

제3절 탈북자의 심리적 정착에 있어 관광과 여가의 역할

관광과 여가는 인간다운 생활을 영위하는 데 있어 필수 불가결한 요소이다. 인간생활은 활동과 휴식, 긴장과 이완 등 서로 대응하는 변화로서 성립하고 있는데 이것은 인간으로서 존재하기 위한 본질적인 욕구라고 말할 수 있다. 따라서 인간은 생물적인 것으로부터 기분 전환을 희구하는 심리적인 것에 이르기까지 여러 변화 욕구를 충족시킴으로써 내일을 위한 활력이 되고 이와 같은 변화 욕구는 여가선용의 관광으로 해결할 수 있다. 관광과 여가와 무관한 인간의 삶이란 생각할 수조차 없다. 관광과 여가가 주어지지 않는다면 개체로서의 개인의 재생산, 따라서 사회적 신체로서의 인구의 재생산이 가능하지 않다. 나아가 관광과 여가의 향유는 비단 노동력의 재생산을 가능하게 할 뿐만 아니라 인간의 다양한 능력을 계발하게 하고, 이로써 생활을 풍요롭게 하여 삶의 질을 개선하게 한다. 특히, 관광 심리의 특성 중에는 해방감은 복잡한 일상생활 환경을 떠나 변화 있는 환경을 경험함으로써 정신적 휴식을 즐길 수 있고, 새로운 특수에너지를 생산하여 정신적 건강과 육체적 건강관리를 위하고, 각자 맡은 바 임무를 충실히 수행하고자 하는 데 있다.

관광과 여가는 인간의 삶을 풍요롭게 하고 삶의 질을 높이는 데 직접적인 관련이 있는 사회복지제도이므로, 모든 사회구성원이 당연히 누려야 하는 어떤 권리인 것은 분명하다. 탈북자의 경우에도 절대적으로 예외일 수는 없다. 관광과 여가는 탈북자의 정신건강에 긍정적인 역할을 수행할 수 있기 때문에 관광과 여가 참여 권리에 주목해야 할 것이다.

관광은 타 지역이나 타국을 방문하여 새로운 사실을 발견하고 경험하는 과정이고, 현대인에게 매우 중요한 생활양식으로 인류의 문화 내에 폭넓게 자리잡고 있다(Nash & Smith, 1991). 특히 어느 지방이나 나라에서 형성된 독특한 역사와 전통을 자유로운 이동을 통해서 맛볼 수 있는 것은 인간이 관광을 통해서 누릴 수 있는 혜택이며, 권리이다. 관광은 그 본질에 있어 낯선 문화권으로의 일시이동을 통해 문화에 대한 견문과 지식 그리고 개인적인 경험과 학습을 축적함으로써 기분전환과 함께 삶의 의욕을 회복시키고 자아발견의 계기를 만들어 준다. 또한 관광을 통해 서로 다른 규범과 사고를 가진 사람이나 다른 사회·문화를 가진 사람들 간에 접촉과 대화를 통하여 서로의 상이점과 유사점을 찾을 수 있을 뿐만 아니라 인도주의(humanism), 범세계주의(internationalism), 공동사회, 이익사회를 실현할 수도 있다(손대현, 1993). 관광은 사회·문화적 현상이며, 이타적인 지역의 사회·문화를 이해하는 데에 관광교류는 지대한 기여를 한다. 관광객이 타지방을 이동하면서 접하게 되는 그 지방 고유의 문화는 관광객에게 새로운 인식의 변화를 가져오고, 관광객과 만나는 관광지의 지역주민에게도 변화를 가져다준다. 이러한 의미에서 관광은 문화를 전파하는 수단이고, 관광객은 문화의 전파자이고 전달자라고 할 수 있다. 관광은 관광객에게 타문화와의 상호교류를 통해 타문화에 대한 이해의 폭을 넓히는 행위일 뿐만 아니라, 관광지의 지역주민에게도 새로운 문화를 접할 수 있는 기회를 제공하는 구실을 한다.

탈북자가 남한을 관광하는 동안 남한의 오랜 전통과 역사와 같은 고유문화를 접하면서 남한문화의 재인식 등과 같은 문화적인 경험을 하게 된다. 또한 남한의 다른 문화를 접해 탈북자가 가지고 있는 가치관과 다른 것이 세상에 존재한다는 것을 알게 되는 것도 관광을 통해서 얻을 수 있는 커다란 수확이고, 탈북자에게 있어 관광의 진정한 가치인 것이다. 관광은 다른 문화와 다른 사람과의 만남 그 자체이고, 이를 통해서 관광객은 물질적, 정신적 기쁨을 얻게 된다. 즉 탈북자는 남한사회 편입 후 관광을 통하여 남한의 문화와 남한사람을 접할 수 있는데, 관광은 남한의 새로운 문물이나 상품 등을 접하게 하여 물질적 기쁨을 얻게 하고, 남한 문화를 접하면서 탈북자의 가치관 및 인생관에 자극을 받고 지식 및 체험이 증가하여 남한을 이해하게 되는 정신적인 기쁨도 얻게 해 준다. 물론 관광으로 인해 발생하는 부정적인 측면도 간과할 수는 없지만, 관광객의 문화적인 경험은 전반적으로 긍정적인 경험이 많으며, 특히 관광지나 관광지 지역주민에 대한 이해의 증가에 긍정적인 역할을 수행하는 것으로 보고되고 있다(이선희, 전주형, 1996). 이렇듯 관광이 인간에게 가져다주는 혜택을 고려한다면, 관광은 탈북자가 남한사회에 새로이 편입되어 적응하는 과정에서 최초로 실시되어야 할 최적의 사회적응프로그램일 것이다.

그러나 탈북자의 입장에서는 남한에 입국 후 정부로부터 지원받는 정착금은 생계유지만 가능하기 때문에 관광 참여나 여가향유는 생각조차 할 수 없을 것이다. 또한 정부나 민간단체에서도 탈북자의 경제적 정착에만 관심을 집중하고 있고 심리적 적응에는 상대적으로 소홀하였기에, 남한사회의 심리적 적응의 방편으로 관광과 여가에 대한 관심이 낮다고 할 수 있다. 탈북자들이 남한에 입국하여 최초로 하나원에 입소하는데, 이곳에서도 남한사회 정착에 필요한 정보를 제공하기 위하여 서울관광을 견학형태로 실시하고 있으나, 남한에 대한 관광정보 내지는 여가향후 방법에 대한 교육은 전혀 이루어지고 있지 않는 실정이다.

또한 관광학계에서도 탈북자에 대한 관심은 전무하다고 할 수 있다. 선행연구 검토에서 살펴보았듯이, 탈북자들에 대한 연구는 주로 심리학, 사회학, 사회복지학, 정치학 관련 분야에서 극소의 연구자들에 의해 수행되어 왔으며, 관광학 분야에서는 관련 연구가 전무한 실정이다. 그간 탈북자와 관련한 정부기관, 사회단체 및 학계 등에서 탈북자를 남한사회에 안정적으로 정착시킴에 있어 관광과 여가에 대해서 관심이 낮았던 것으로 보인다. 지금부터라도 탈북자의 심리적 정착에 관광과 여가의 역할에 주목하고, 관광과 여가참여를 탈북자 정책에 반영하여야 할 것이다.

제4절 북한에서의 관광

1. 북한에서의 관광과 여가

북한에서 관광의 정의는 1962년에 발행된 북한 조선말 사전에 "다른 지방이나 다른 나라의 풍경 상황 등을 구경함"이라고 간단히 명시되어 있으며, 1981년의 현대 조선말 사전에는 "다른 지방이나 다른 나라의 자연 풍경, 명승고적, 인민경제의 발전면모, 역사유적 등을 구경하는 것"이라고 좀 더 자세하게 나타나 있다.

관광이라는 용어가 대외적으로 공식 사용된 곳은 1984년 제정된 「조선민주주의인민공화국 합작법과 합영법」과 1996년 승인된 「자유무역지대 관광규정」 등이 있다. 조선민주주의인민공화국 합작법에서 북한은 합작기업의 대상으로 관광과 봉사 부문을 들고 있으며(제3조), 합영법 제2조에서는 "조선민주주의 인민공화국에서의 합영은 공업, 건설, 운수, 과학, 기술, 관광업을 비롯한 여러 분야에서 할 수 있다"고 명시하고 있다. 또한 북한사회주의 헌법 제71조에는 "공민은 휴식에 대한 권리를 가진다. 이 권리는 노동시간제, 공휴일제, 유급휴가제, 국가비용에 의한 정·휴양제, 계속 늘어가는 문화시설에 의해 보장된다"고 규정하고 있다(www.nis.go.kr).

북한은 관광에 대해서 본질적으로 부정적인 태도를 가지고 있다. 노동 중심적 가치관을 지니고 있는 북한은 관광을 낭비적이고 안일한 생활을 추구하도록 하는 비생산적인 활동으로 취급하고 있고, 체제유지상 북한 사회의 외부노출 및 불필요한 외래문물의 유입 등을 우려한 나머지 관광 분야의 대외개방과 북한 주민의 관광활동에 대해서는 소극적인 입장을 취해 왔었다. <표 4>는 북한 주민들의 일과 후 활동 및 관광활동에 대한 인식이다. 조사결과에서도 알 수 있듯이, 북한 주민들은 관광활동과 관련한 인식수준은 전반적으로 낮은 것으로 나타나지만, 관광 관련 업종은 매우 인기 있는 직업으로 나타난다. 관광 업종이 인기가 있는 이유는, 북한은 1980년대부터 시작한 경제난과 식량난을 극복하고자 외화벌이에 관심을 가지게 되었고, 외화획득의 수단으로 관광 분야에 주목하기 시작하여 1987년 세계관광기구(WTO)에 가입, 1995년 태평양지역관광협회(PATA)에 가입하는 등 외래 관광객 유치에 많은 관심을 가지면서 관광 관련 업종이 인기업종으로 부상한 것으로 생각할 수 있다.

관광을 통한 외화벌이를 위해 특정지역(남포의 와우도 지구, 원산의 송도원지구, 통천의 시중호 지구, 나진·선봉지구, 해주, 함흥)을 외국인 전용 관광구역으로 설정하였다. 또한 법령을 개정·보완해 나진·선봉지구에는 호텔업, 골프장업, 유흥오락업, 전문요리점, 여행사, 외화상품, 토산품점 등을 포함시키고 타 부문과 동등한 투자 특혜를 부여하고 있으며, 1999년도에는 카지노를 개설하기도 하였다. 사행성 오락을 규제하고 있는 북한이 카지노 시설 설치를 허용한 것은 다분히 외화획득 차원에서 이뤄지고 있는 것으로 파악할 수 있다. 현재, 북한 주민들의 출입이 철저히 통제되고 있는 상황이며 이들 카지노의 주요 고객은 북한 주재 외국인과 관광객을 대상으로 하고 있는 데서도 외화 획득 차원에서 카지노 사업이 이뤄지고 있음을 보여주고 있다.

⟨표 4⟩ 북한에서의 일과 후 활동 및 관광활동에 대한 인식

(단위: %)

북한에서의 일과 후 활동 및 관광활동에 대한 인식	전혀 그렇지 않다	그렇지 않다	보통	그렇다	매우 그렇다	평균
	1	2	3	4	5	5점 척도
북한에서 일과 후 활동 및 관광활동에 관한 주제의 대화를 자주 나눈다	36.0	30.0	1.0	13.4	3.6	2.19
북한에서는 일과 후 자유로운 활동을 즐길 만한 충분한 시간이 있다	29.4	30.6	22.4	13.3	4.3	2.33
북한에서는 계급이나 신분에 따라 일과 후 활동 및 관광활동의 형태가 다르다	7.9	4.8	7.9	61.5	17.9	3.77
북한에서는 직업에 따라 일과 후 활동 및 관광활동의 형태가 다르다	8.4	7.2	6.8	59.2	18.4	3.72
북한주민들은 일과 후 자유로운 활동 및 관광활동에 관한 관심이 높다	22.0	20.1	16.5	27.6	13.8	2.91
북한주민들은 정기적으로 가정을 떠나 1일 이상 즐기는 휴가계획을 세우고 있다	40.3	32.4	10.7	12.3	4.3	2.08
북한주민들은 일(직장업무, 학교공부 등 강제성이 있는 활동)과 일과 후 자유로운 활동 사이에 개념의 차이를 알고 있다	14.1	18.1	20.5	40.6	6.8	3.08
북한에서 여행지에 대한 광고 혹은 홍보자료 등을 쉽게 구할 수 있다	43.1	33.7	14.1	5.9	3.1	1.92
북한 대학에는 관광 분야(여행안내원, 항공승무원, 호텔종사자, 외국관광객 접대) 학과가 인기가 있다	12.3	12.6	10.7	24.1	40.3	3.68
북한에서 수업 중에 일과 후 자유로운 활동을 어떻게 보내야 하는지 배운 적이 있다	20.8	31.8	13.7	23.5	10.2	2.71
북한주민들은 여행안내원 업종에서 일하고 싶어 한다	4.7	4.3	12.2	34.5	44.3	4.09
북한주민들은 외국인 접대 분야에서 일하고 싶어 한다	2.7	3.5	7.1	32.5	54.1	4.32
북한주민들은 식당분야에서 일하고 싶어 한다	1.6	1.2	6.7	39.0	51.6	4.38
북한주민들은 항공 승무원 분야에서 일하고 싶어 한다	2.8	2.8	5.1	32.0	57.3	4.38
북한주민들은 호텔종사자 업종에서 일하고 싶어 한다	2.0	2.8	5.9	31.9	57.5	4.40

⟨출처⟩ 한국관광공사(2004). 북한주민들의 관광 및 여가활동 분석.
　　　조사대상: 남한 거주 탈북자(n = 255).

북한은 관광을 체제 불안을 유발하는 것으로 인식하고 공산주의 사상과 주체사상을 오염시킬 수 있는 경계대상으로 간주하고 있지만, 관광사업을 통한 경제난 극복에 주력하고 있다(한국관광공사, 2000). 북한의 주민들은 국가정책으로 말미암아 관광과 여가를 향유할 수는 없지만, 북한은 경제적 난관을 타파하는 해결책의 한 방안으로서 관광시장을 점차적으로 개방하는 등 인바운드 시장 확대에 많은 관심을 보이고 있다.

이러한 현상은 여타 사회주의 국가에서도 비슷하게 나타나고 있다. 중국의 경우에는 개방경제개혁 정책을 채택한 1978년을 기점으로 많은 변화를 보이게 된다. 1978년 이전에는 관광을 주로 정치적인 목적으로 이용하였고, 개방개혁이 된 이후에는 관광을 외화획득의 수단으로 이용하여 2001년도에는 관광수입이 4,995억 위엔(약 601억 달러)에 달하게 되어(중국국가통계국, 2002), 경제개발의 수단으로서 중요한 역할을 해 오고 있다. 또한 중국민의 해외여행에도 관심을 가져 2003년에는 자국민이 관광할 수 있는 국가를 23개국으로 확대하였다. 공산주의 국가인 쿠바는 관광이 국가 중요 소득원 중의 하나로 이미 자리를 굳혔다. 쿠바는 미국의 적대정책과 1990년대부터 시작된 소련과 동유럽 공산국가의 몰락으로 인한 대외원조의 어려움을 관광 활성화를 통해서 경기 침체를 극복하였다.

그러나 북한은 다른 사회주의 국가와는 다르게 김일성과 김정일의 통치철학과 가르침을 따르고 숭상하는 주체사상에 기반을 두고 있으며, 이러한 주체사상은 정치, 경제, 사회, 문화, 농업, 군사, 그리고 외교 등을 포함한 북한의 모든 것을 통제하고 있다. 북한의 경제체제는 중앙계획 사회주의 명령체제로서 모든 경제적 기능을 국가가 소유하며, 자원할당에 있어 중앙정부의 관여, 자급자족의 체계를 엄격하게 고수함과 동시에 선진국의 체계를 모방하지 않고 자급자족의 시스템을 유지하려고 하고 있다(Cho, 2003). 여타 사회주의 국가와 다른 북한만의 독특한 사회주의 환경 속에서 북한의 관광과 여가는 관심대상 밖에 있는 것이 어찌 보면 당연할 수 있을 것이다. 북한은 그들만의 유일 주체사상을 유지하기 위하여 자국민의 국내·외 이동이나 외국인의 국내여행을 엄격하게 제한하고 있지만, 여타 사회주의 국가가 그러하였듯이 경제난을 타파할 목적으로 외국관광객 유치에 관심을 가지고 있고, 북한의 주체사상을 선전할 목적으로 관광을 이용하고 있다. 그러나 북한 주민들의 관광에 대해서는 여전히 제약이 많을 뿐만 아니라 관광에 대한 인식 수준도 낮은 것으로 파악된다.

2. 북한의 관광과 여가 실태

북한의 경우 외국인을 포함하여 내국인도 사전에 여행허가를 받아야 하고 관광이 허용된 지역도 안내원의 동행하에 미리 정해진 코스만을 관광하는 등 북한 전역을 자유롭게 여행할 수 있는 관광활동은 불가능하다. 따라서 북한주민들은 휴일에 즐길 수 있는 특별한 여가활동 문화는 거의 없는 것으로 탈북자의 증언에서 확인할 수 있었다(안민석, 2002).

남한에 거주하는 탈북자를 대상으로 하여 북한 주민들의 여가활동 실태를 조사한 연구에 의하면, 북한주민들은 대체로 집안에서 자유 시간을 보내는 것이 일반적인 현상으로 파악되며, 이러한 여가형태는 여가를 노동력 재보충을 위한 휴식으로 활용하고 있다. 따라서 북한 주민은 사적 시간 자체가 부족하여 문화생활을 영위할 수 있는 시간적, 심리적, 경제적 여유가 부족하다. 구체적인 여가활동 실태는 다음과 같다. 매일하는 여가활동은 TV시청, 신문읽기, 가족과 대화하기이고, 1주일에 한두 번 이상 하는 여가활동은 독서로 나타난다. 또한 한 달에 한두 번 이상 하는 여가활동은 운동, 산책, 친구·친척 만나기이며, 1년에 한두 번 정도

하는 활동은 가족과 식당에서 음식 사먹기, 영화 혹은 서커스 보기이다. 또한 직장이나 지역단위, 협동조합, 학교 등에서는 각종의 군중문화회관 혹은 군중문화오락실이 있어 집단적 놀이를 즐기기도 한다. 이곳에서 월 1~2회 정도 영화를 관람하기도 하는데, 관람 후에는 반드시 당에 의해 조직된 토론회를 거치게 되어 있다. 북한 주민의 여가활동은 대체적으로 단조로움과 수동성의 경향이 있다. 공적으로 충성의 압박에 순종하면서 자신에게 부과된 노동에 충실하지만, 사회적으로는 가급적 방해받지 않은 채 비정치적인 여가에 몰두하는 이중적 생활이 보편화되고 있다. 이러한 여가시간에 다른 활동을 하기보다는 부족한 수면이나 휴식을 취하기를 원한다는 것으로 생각할 수 있다(이기춘, 2001).

탈북자를 대상으로 북한 주민의 관광 및 여가활동을 조사한 2004년 한국관광공사의 조사보고서에 따르면, 북한주민들이 1일 이상 가정을 떠나는 여행 또는 관광 시 가장 흔한 유형으로 "직장에서 단체관광"이 월등하게 높은 비율로 나타났고, 가족/친지, 기타, 혼자서, 친구/애인의 순으로 나타났다<그림 2 참고>.

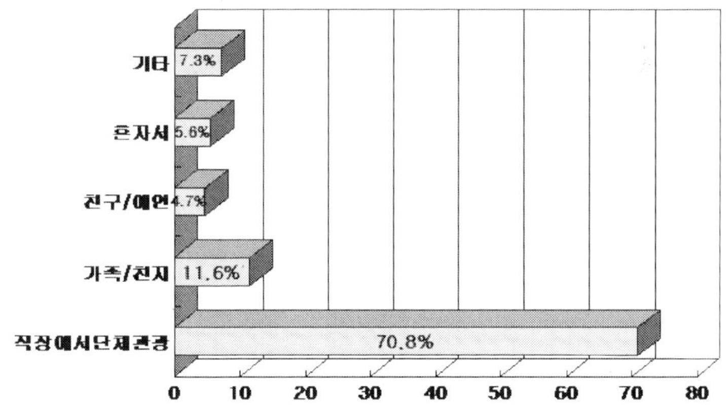

〈그림 2〉 북한주민들이 1일 이상 가정을 떠나 여행 또는 관광 시 가장 흔한 유형

170

또한 북한주민들은 관광지에 대한 정보를 어디에서 습득하는가에 대한 질문에 "정보를 얻을 수 없음"이 가장 높게 나타났고, 친구/동료, 신문, TV, 친척, 잡지 등의 순으로 밝혀졌다. 많은 북한 주민들은 관광과 관련한 정보를 접하지 못한다는 것을 알 수 있다<그림 3 참고>.

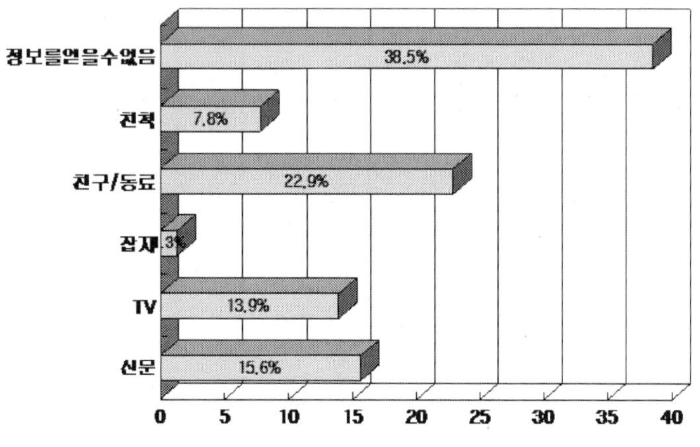

〈그림 3〉 북한주민들이 얻는 관광지 정보원천

탈북자들이 북한을 떠나기 전 3년 이내에 친구와 혹은 가족 등 지인들과 함께 하루 이상 관광을 해 본적이 있느냐는 질문에는 "한번도 없다"가 85.9%로 압도적으로 많은 수치를 차지하고 있고, 1회 4.8%, 2회 3.2%, 3회 이상 6%로 나타났다<그림 4 참고>.

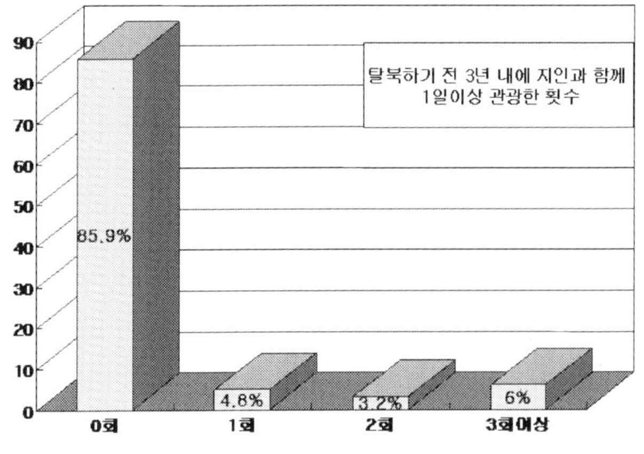

〈그림 4〉 관광 경험 횟수

북한 주민들이 단체관광을 하는 가장 주된 동기는 '사상학습'이 66.7% 로 월등하게 높은 수치로 나타났다. 북한은 전 세계 유일무이한 주체사 상을 유지하기 위하여 관광을 이용하고 있다는 것을 알 수 있다. 그다음 으로는 휴양/휴식, 친지/친구방문, 일상해방, 직장화합, 기타, 궁금증의 순으로 나타났다〈그림 5 참고〉.

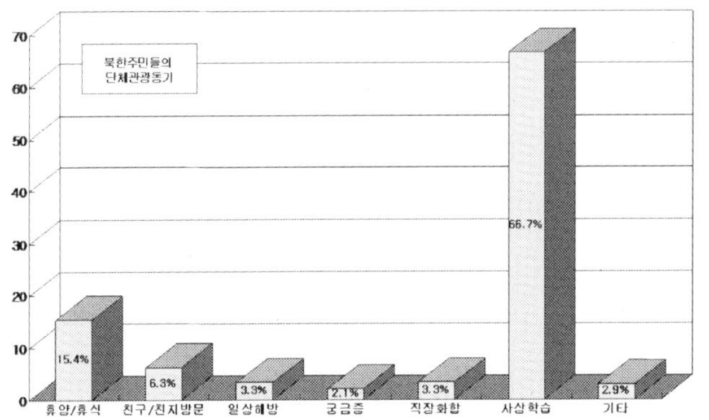

〈그림 5〉 북한 주민들의 단체관광동기

통일부(2007) 발간도서인 「북한이해」에서는 북한주민의 여가활동 실태를 다음과 같이 보고하고 있다.

여행: 여행은 여전히 통제된다. 시·군·구역의 경계를 벗어날 때는 여행 허가증이 있어야 하며, 종전까지는 개인적 용무의 허가증은 좀처럼 발급되지 않았다. 그러나 식량난이 발생하면서, 여행증이 쉽게 발급되고 불법적 여행도 묵인되는 등 여행이 상대적으로 자유로워졌다. 여행의 빈도가 높아지면서 정보의 유통도 원활해지고 있다. 북한주민의 여행은 대부분 장사와 관련되어 있기 때문에 진정한 의미에서 관광이라고 보기는 힘들다.

영화(연극): 영화(연극)감상은 북한주민이 전통적으로 즐겨온 여가활동이다. 사회가 안정되었을 때의 연평균 관람 횟수는 8~9회에 달하며, 이는 남한주민의 평균보다 높은 빈도이다. 오미란, 홍영희 등 인민배우는 거의 장성급에 해당하는 월급(생활비)에 방 2칸짜리 주택을 배정받으며, 화장품값과 의복 구입용 활동비가 따로 지급되는 등 특혜가 주어진다. 평양을 중심으로 일부 청소년들이 팬레터를 보내기도 한다. 과거에는 단체로 극장에서 관람했는데, 최근 단체관람의 빈도는 급격히 줄어들었다.

TV 시청: 북한주민이 가장 빈번하게 즐기는 여가활동은 TV 시청이다. TV 보급률이 높지 않기 때문에, 여러 세대가 모여 시청한다. 최근 전기 사정이 열악해지면서 TV를 보는 것도 쉽지 않다. 일부 부유층에서는 정전에 대비하여 축전지를 준비한다. 최근 <겨울연가>와 <가을동화> 등 남한의 드라마가 북한 주민들 사이에서 암암리에 유통되고 있으며, 함경남북도 등 일부 지역에서는 남한의 방송을 실시간으로 시청하는 주민들이 늘어가고 있다.

노래: 음주가무는 예전부터 우리 민족이 즐겨온 여가로 알려지고 있는데, 북한 주민들도 예외가 아니다. 친구의 결혼식 등 행사가 있을 때 노래를 많이 부른다. <김정일 장군의 노래> 등 정치성 있는 노래, <사랑

사랑 내사랑> 등 연속극 주제가, <휘파람> 등 서정가요가 대표적이다. 비공식적 모임에서는 <그때 그 사람>과 <사랑의 미로> 등 주로 남한 노래의 인기가 높다. 최근 우리가 즐겨 부르는 <두만강>, <찔레꽃>, <홍도야 울지 마라> 등 흘러간 노래가 계몽기 가요라는 명목으로 해금 되면서 북한 주민들도 이런 노래를 많이 부른다. 평양에는 노래방(화면 반주 음악실)도 있다.

음주와 흡연: 북한 주민들도 음주와 흡연을 좋아한다. 과거 술은 정기 적으로 그리고 결혼과 장례 등 계기가 있을 때 특별 배급하여 왔다. 그 러나 최근 배급이 중단되면서 권력층과 부유층을 제외한 대부분의 북한 주민들은 정규 공장에서 만든 술(국주)을 마시기 힘들다. 일반 주민들이 많이 마시는 술은 가정에서 만든 밀주인데, 이를 '민주'라고 부른다. 우 리의 막걸리와 유사한 술로는 농가에서 만들었다고 하여 '농태기'라고 부 른다. 북한 남성들의 흡연율은 세계 최고라고 할 수 있을 만큼 대부분의 성인 남자는 흡연을 한다. 그러나 음주와 흡연을 하는 여자는 드물다.

취미: 북한 주민도 등산·낚시·사냥 등 놀이를 즐기며, 축구나 배구 등 스포츠를 즐긴다. 낚시는 북한 주민의 주요 취미활동의 하나인데, 낚 시를 통해 잡은 물고기는 북한 주민이 즐기는 안주감이다. 배구는 직장 에서 일이 없을 때 직장동료들과 함께하는 대표적 스포츠이다. 강이나 해안에서 수영을 하기도 하며, 평양에는 볼링장도 있다. 평양 인근에 골 프장이 들어섰지만, 외국인과 특정계층의 사람만이 할 수 있는 예외적 스포츠라고 할 수 있다. 주민이 일상적으로 즐기는 여가활동으로는 독서 와 주패놀이라고 할 수 있다. 장기와 바둑을 두는 주민도 꾸준히 늘어나 고 있지만, 아직은 보편적 오락이라고 하기 힘들다.

사회주의 국가에서는 사회체제의 특성상 관광과 여가활동은 자유로울 수 없을 것이다. 특히, 북한의 경우에는 김일성·김정일 주체사상의 존속을 위하여 여느 사회주의 국가와 비교하여 상대적으로 통제와 구속이 심하다. 그렇다고 해서 사회주의 국민들은 관광욕구가 없는 것은 아니다. 분단국가에서 통일국가로 거듭난 독일의 경우, 통일 전 동독주민들이 서독으로 이주하게 된 동기를 조사하였더니, 첫째가 정치적인 사유, 둘째, 경제적인 이유, 셋째, 여행 등 거주 이전의 제한, 넷째, 여행의 자유와 민주화 욕구에 기인한 것으로 나타났다(Volker Ronge, 1985). 즉 여행자유의 제한이라고 응답한 사람이 이주 동기의 세 번째 순위에 있는 것으로 보아 사회주의 체제에서 삶을 사는 사람들도 관광욕구는 매우 크다고 할 수 있다.

<표 5>는 북한주민들이 관광활동을 하지 못하는 이유에 대한 조사결과이다. 보는 바와 같이 북한 주민들은 교통수단이 좋지 않아서, 당이 여행증을 발급해 주지 않아서, 관광할 금전적 여유가 없어서, 관광할 정신적 여유가 없어서, 당에서 주민의 이동을 좋아하지 않아서, 관광할 시간이 없어서, 당의 감시 때문에 등의 순으로 나타났다. 북한 주민들의 관광제약 사항들은 전형적인 사회주의 국가에서 볼 수 있는 이유들로 생각된다.

이상과 같은 북한에서의 관광 및 여가생활은 남한 입국 후에도 영향을 미친다. 많은 탈북자는 남한생활에서 조금이라도 시간의 여유가 생길 경우 이 시간을 어떻게 지내야 하는가에 대해서 잘 알지 못하는 경우가 대부분이며, 남한사람들이 느끼는 것과 같은 "즐길 수 있는 여가"로서의 인식이 부족할 것이다. 이에 남한사회에 초기에 정착하고자 하는 탈북자에게 관광이나 여가를 향유할 수 있는 방법을 교육시켜야 할 것이다. 비록, 남한생활 초기에는 경제력과 남한 적응의 어려움으로 인해 관광과 여가생활을 충분히 즐길 수가 없겠지만, 남한생활이 익숙해질수록 관광과 여가에 대한 욕구가 강해질 것이며, 시간이 지날수록 탈북자의 관광과 여가생활은 남한사회에 적응하는 데 매우 중요한 요인으로 작용할 수 있을 것이다.

〈표 5〉 북한주민들이 자유로운 관광활동을 하지 못하는 이유

자유로운 관광활동을 하지 못하는 이유	전혀 그렇지 않다	그렇지 않다	보통	그렇다	매우 그렇다	평균
	1	2	3	4	5	5점 척도
교통수단이 좋지 않아서	4.6	8.4	5.0	37.2	44.8	4.09
당이 여행증을 발급해 주지 않기 때문에	1.2	12.9	10.0	39.4	36.5	3.97
관광이나 여행할 금전적 여유가 없기 때문에	8.0	11.8	6.3	38.2	35.7	3.82
관광이나 여행할 정신적 여유가 없어서	5.9	12.1	6.4	33.1	38.6	3.82
당에서 주민의 이동을 좋아하지 않기 때문에	3.4	16.6	11.9	41.3	26.8	3.71
관광이나 여행할 시간이 없기 때문에	9.6	13.8	6.7	40.4	29.6	3.67
당이 감시 때문에	3.8	27.2	18.3	28.1	22.6	3.38
관광지나 여행지의 물가가 비싸기 때문에	10.3	27.6	10.8	24.1	27.2	3.30
관광이나 여행할 필요성을 못 느끼므로	11.4	30.1	8.9	33.1	16.5	3.13
관광지에 대한 정보가 부족하여	18.3	45.7	12.6	17.8	5.7	2.47
관광을 갈 만한 관광지가 없어서	23.8	51.9	6.5	12.6	5.2	2.23
관광을 같이 갈 사람이 없어서	23.0	57.0	5.7	10.0	4.3	2.16

〈출처〉 한국관광공사(2004). 북한주민들의 관광 및 여가활동 분석.
　　　　조사대상: 남한 거주 탈북자(n = 255).

제5절　탈북자의 심리적 정착과 관광, 여가와의 관계

　　본 절에서는 남한에 거주하는 탈북자의 안정적인 심리적 정착에 필요한 선행변수로 관광만족과 여가만족으로 설정하고, 탈북자의 심리 변수에 어떠한 영향을 미치는지를 규명한 저자의 이전 연구의 결과를 언급

하였다. 연구에 참여한 조사 응답자는 통일을 준비하는 탈북자협회, 북한민주화운동본부, 사단법인 두리하나 등의 협조를 얻어 해당 단체에 소속된 탈북자와 직접 설문조사를 실시하였고, 또한 그들로부터 소개를 받은 다른 탈북자와 접촉하여 조사를 하는 방법을 반복적으로 실시하여 총 126명을 조사 대상으로 하였다.

이와 관련한 세부적인 연구의 결과는 저자의 연구를 참고하기 바란다.

1. 탈북자의 관광, 여가만족과 신체적 · 정서적 스트레스, 생활만족도

일반적으로 스트레스는 반응으로서의 스트레스, 자극으로서의 스트레스, 개인과 환경 사이의 상호작용으로서의 스트레스로 구분할 수 있다. 반응으로서의 스트레스는 어떤 새로운 자극 형태가 나타났을 때 이에 대응하려는 신체적 방어의 틀로서 정의된다. 이것은 생물학이나 의학에서 사용되는 것으로 어떤 자극에 대한 반응을 스트레스로 보는 관점으로 스트레스를 종속변인 취급한다. 따라서 어떤 반응 증후군이 나타난다는 것은 동시에 스트레스가 발생한다는 것을 의미한다(Cox, 1991).

자극으로서의 스트레스 개념은 환경 내의 자극특성을 스트레스로 보는 관점으로 스트레스를 독립변인 취급한다. 스트레스는 일상생활에서의 문젯거리가 자극으로서 가장 중요한 역할을 한다(Lazarus et al., 1985)고 보고 있는데, 구체적으로 전쟁, 급격한 문화적 변화, 직업 상실 및 가까운 사람의 죽음과 같은 것을 포함한다(Holmes & Rahe, 1967).

탈북자들은 사회주의 체제의 사회에서 벗어나 자본주의 시장경제 체제라는 새로운 사회로 진입하여 이질적인 문화에 접하게 되면서 남한사회 적응에 따른 문제점을 야기한다(이온죽, 1994; 이소래, 1997). 또한 이주자들이 초기단계에 정신건강과 신체건강은 약화되며(Hur & Kim, 1995), 젊은 집단에서 정서적 스트레스가 높다고 보고되고 있다(Kaplan & Gary, 1990). 특히, 합법적이고 자발적인 이주민에 비해 난민의 경우는 상대적으로 높은 정서적 스트레스를 경험하는 것으로 나타난다(Berry et al., 1987). 탈북자들에게 있어 남한에서의 생활은 그 자체가 새로운 자극으로 받아들여지게 될 것이고, 이를 방어하려는 신체적 스트레스가 발생할 것이다. 또한 그들이 경험하는 남한의 문화는 급격한 문화적 변화로 인식하게 되어 이에 따른 정서적 스트레스 역시 경험하게 될 것이다. 탈북자들이 스트레스를 경험하였을 때 스스로가 대처하는 방법을 터득하는 것도 중요하겠지만, 그들이 경험하는 신체적·정서적 스트레스를 최소화시킬 수 있는 변수를 규명하는 것 역시 의미 있는 일이라고 할 수 있다.

한편, 탈북자의 생활만족도를 측정하는 하는 것은 현재 남한사회 생활에 얼마나 만족하는지를 측정할 수 있는 가늠이 될 수 있을 것이다. 생활만족도란 개인이 각자의 기준 또는 표준에 따라 삶의 질을 전반적으로 평가하는 것이며, 일상생활에서 개인의 기대수준이 합리적으로 충족되었는가를 평가하는 것이고, 현재 자신의 생활 상태에 대한 전반적이고 주관적인 평가를 의미한다(Campbell et al., 1976). 탈북자들의 남한사회 적응 여부는 그들이 새로운 사회에서 자신 스스로 어느 정도 삶의 행복감을 느끼는지 그 수준에 따라 적응도를 가늠할 수 있는 것이므로, 탈북자들 자신이 생활만족도가 높다고 평가하는 데 영향을 줄 수 있는 선행변수의 규명은 필요한 것이다.

생활만족도와 관련한 연구에서는 관광보다는 주로 여가와의 관계규명에서 주로 이루어졌다. Iso-Aholas(1980)는 여가와 생활만족 간의 긍정적인 상관관계를 보고하였으며, Ragheb와 Griffith(1982)는 여가활동의 참여빈도가 높을수록 여가만족도가 높게 나타나며, 여가만족도가 높을수록 생활만족도가 높게 나타난다고 하였다. Neulinger(1982)는 여가결여 혹은 여가결핍은 전반적인 생활만족도에 부정적인 영향을 미친다고 하였다. Kelly, Steincamp와 Kelly(1987)는 생활만족에 대한 여가활동의 영향 정도는 활동유형에 따라 상이하게 나타난다고 하였는데, 여가활동유형 중 문화 활동이 가장 높게 나타났고 두 번째로 여행이라는 것을 밝혔다.

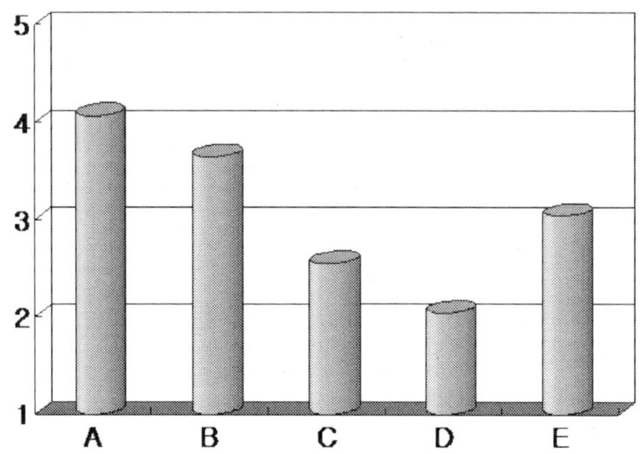

A: 관광만족, B: 여가만족, C: 신체적스트레스,
D: 정서적스트레스, E: 생활만족도
주) 5점 등간척도

〈그림 6〉 측정변수별 평균점수

저자의 연구에서 탈북자의 관광만족과 여가만족은 그들의 신체적 혹은 정서적 스트레스를 최소화시켜 주는 역할을 한다는 것을 규명한 바 있다. 구체적으로 탈북자의 관광만족은 신체적, 정서적 스트레스에 긍정적인 역할을 하고, 여가만족은 신체적 스트레스에만 긍정적인 역할을 수행하는 것으로 나타났다. 또한 탈북자의 여가만족은 생활만족도에 긍정적인 영향을 미치는 데 반해, 관광만족은 통계적 유의수준에서 영향을 미치지 못하는 것으로 나타났다(송지준, 2006a). 이러한 연구결과를 바탕으로 하여, 탈북자의 관광만족, 여가만족, 신체적·정서적 스트레스, 생활만족도 간의 모델을 설정하면 <그림 7>과 같이 나타낼 수 있다.

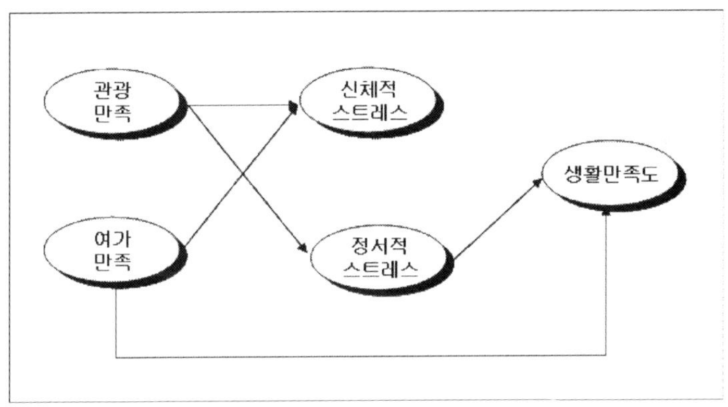

〈그림 7〉 탈북자의 관광만족, 여가만족, 신체적·정서적스트레스,
생활만족도 간의 모델

2. 탈북자의 관광, 여가만족과 사회적 지지, 우울성향

우울은 건강 심리학적 연구에 의하면 인간의 심리를 결정하는 중요한 요인이다. 우울증은 일상생활에서 기분이 일반적인 범위를 벗어나 정신운동 저하 현상 또는 기분장애라고도 한다. 정신분석이론에서 언급하는 우울증의 원인으로는 가치 상실, 자긍심 상실, 대인 관계 상실에 대한

무력감 또는 고립감, 분노, 이로 인한 죄책감, 자신으로 향한 적개심 등으로 보고 있다(장하경, 서병숙, 1992). 특히, 탈북자의 경우 남한사회에 편입하기 전인 탈북자들의 약 30%가 임상적 우울 성향에 해당되며(한인영, 2001), 단독으로 남한에 입국한 여성의 경우는 53.8%, 가족과 함께 입국하는 여성의 경우에는 33.3%가 우울 성향에 해당되므로 적절한 치료가 필요하다고 언급되고 있다(한인영, 이소래, 2001). 탈북자들의 우울 성향을 치료하는 것도 중요하겠지만 그들이 우울 성향을 보이기 전에 사전에 예방하는 것은 가장 현실적인 대안책일 것이다.

탈북자들의 우울 성향을 사전에 예방할 수 있는 것으로 관광과 여가를 생각해 볼 수 있다. 아직까지는 우울 성향을 감소시키는 선행변수로 관광과 여가의 기능에 대한 연구는 보고된 바가 없는 것으로 파악된다. 그러나 관광은 인간다운 생활을 영위하는 데 있어 필수 불가결한 요소이다. 인간생활은 활동과 휴식, 긴장과 이완 등 서로 대응하는 변화로서 성립하고 있는데 이것은 인간으로서 존재하기 위한 본질적인 욕구라고 말할 수 있다. 따라서 인간은 생물적인 것으로부터 기분 전환을 희구하는 심리적인 것에 이르기까지 여러 변화 욕구를 충족시킴으로써 내일을 위한 활력이 되는데, 이와 같은 변화 욕구는 관광과 여가로 해결할 수 있다.

또한 여가활동의 한 유형으로서 지속적인 운동은 신체적 건강뿐만 아니라 스트레스, 우울증과 같은 정신질환에도 긍정적인 영향을 미친다. 좀 더 구체적으로 언급하면, 많은 선행연구들이 정규적인 운동 활동 참여자의 85%가 운동 후 기분 좋은 정서 상태를 경험하며, 자긍심과 활력감이 증진되고, 다양한 부정적 정서를 감소시켜, 우울증과 같은 정신질환에 임상학적 효과를 보인다고 보고하고 있다(강성구, 김영수, 2000).

이에 탈북자의 관광만족과 여가만족이 그들의 우울성향을 감소시킬 수 있는 선행변수로서의 역할을 하는지를 규명한 결과, 관광만족과 여가만족보다 탈북자의 우울성향을 감소시켜 줄 수 있는 선행변수로서의 역할을 하는 것으로 나타났다(송지준, 2005).

탈북자들이 남한사회에 적응하는 데 있어 주된 심리적인 문제는 외로움이다. 이것은 남한사람들의 개인주의적 사고방식과 배타적인 태도, 경제적 열등감 등으로 인해 남한사람들과 사귀기 힘들어하는 데 기인한다(전우택 등, 1997). 이 외에 탈북자들이 우울 성향과 같은 정신적 어려움을 겪는 이유로는 남한 문화를 적응하는 데 있어서 겪게 되는 스트레스(이소래, 1997), 미래의 상황에 대한 두려움과 남한사회 적응의 어려움 등 때문이다(이기영, 2000; 전우택, 민성길, 1996). 이와 같이 탈북자들은 사회적 지지의 결핍, 스트레스, 가족의 지지 약화 등을 지각할 때 우울 성향은 높게 나타나고 있다.

사회적 지지란 개인이 필요할 때 도움이나 감정이입을 제공받을 수 있다는 믿음과 유용한 지지에 대한 만족감으로 표현되며, 가족, 친구, 이웃, 기타 사람에 의해 제공된 여러 형태의 도움과 원조를 의미하며(이소래, 1997), 타인들과의 상호작용을 통해 얻을 수 있는 정서적, 물질적, 정보적, 평가적지지 등 모든 형태의 긍정적 자원을 말한다(박지원, 1985).

여기서 정서적 지지란 존경이나 애정, 신뢰, 관심, 경청 등의 행위를 통한 지지를 의미하며, 물질적 지지란 일을 대신해 주거나 돈이나 물건을 제공하는 등 필요시 직접 돕는 행위를 통한 지지를 말한다. 정보적 지지란 개인의 문제에 대처하는 데 이용할 수 있는 행위를 통한 지지를 의미하고, 평가적 지지란 자신의 행위를 인정해 주거나 부정하는 등 자기평가와 관련된 정보를 전달하는 행위를 통한 지지로 정의된다. 이러한 사회적 지지는 정신적 외로움을 감소시키며, 자아정체감을 유지하는 데에도 도움이 되고(Thoits, 1982), 그것의 선행 혹은 결과변수가 어떤 대상이든지 사회복지에서 빼놓을 수 없는 중요한 개념이다(김성민, 2001).

이렇듯 사회적 지지는 인간의 정신적인 측면에 긍정적인 역할을 한다.

탈북자와 관련한 사회적 지지의 연구는 보고된 것이 그리 많지 않지만, 사회적 지지는 우울 성향을 감소시킨다는 것을 입증하였다(김미령, 2005). 구체적으로, 정서적 지지와 평가적 지지가 탈북자의 우울성향을 감소시켜 준다는 것이 입증되었다(송지준, 2005).

사회적 지지는 개인의 안녕에 유익한 효과를 가진다. 즉 사회적 지지가 귀속, 소속감, 존경, 사회적 인식, 애정, 부양에 대한 개인적 욕구를 충족시켜 줌으로써 심리학적 안정 상태에 직접적이고 긍정적인 영향을 준다(Liang & Bogat, 1994). 따라서 탈북자들의 긍정적인 사회적 지지의 지각은 남한사회 적응에 중요한 척도가 될 것이다. 탈북자의 사회적 지지에 관한 연구는 주로 스트레스 상황에서 적응적 대처 행위를 증진시킬 수 있는 보호적 완충효과로서 설명되고 있으나(김미령, 2005; 이소래, 1997), 관광·여가만족과 사회적 지지와의 관계를 규명한 연구는 찾아보기 힘들다. 그러나 여가활동을 통한 다양한 사람들과의 상호작용은 바람직한 사회관계 및 사회적 지지 형성에 긍정적인 기여를 할 수 있다고 보고되고 있다(서진교, 2000). 또한 사회적 지지는 스트레스를 감소시키며(Cohen & Wills, 1985; Thoits, 1995), 여가활동 참여는 스트레스에 대처할 수 있는 긍정적인 사회적 지지를 이끌어 낸다고 하였다(Coleman & Iso-Ahola, 1993).

여가활동과 사회적 지지 간의 관계를 규명한 연구에서, 서진교(2000)는 노인들에게 있어 여가활동으로 인해 생성된 대인관계의 확장은 주변 사람들과 금전적, 물질적 지지는 물론 정서적 지지를 확장시킨다는 것을 입증하였다. 성낙훈, 백진우(2004)의 연구에서도 여가활동과 사회적 지지 사이에는 유의한 정적관계가 있다고 밝혔다. 따라서 여가활동에 따른 여가만족은 사회적 지지에 긍정적인 영향을 미칠 것이며, 적극적인 여가활동의 형태인 관광활동에 따른 만족 역시 사회적 지지에 긍정적인 영향을 미칠 수 있을 것이다. 탈북자를 대상으로 관광만족과 여가만족이 사회적 지지에 어떠한 영향관계가 성립하는지를 분석한 결과, 관광만족은 아무런 영향 관계가 성립되지 않았지만, 여가만족은 정서적 지지, 물질적 지지, 정보적 지지, 평가적 지지 모두에 긍정적으로 영향 관계가 있었다. 즉 탈북자의 여가만족은 그들이 남한사회에서 심리적으로 정착하는 데 도움이 되는 사회적 지지의 효과가 높아진다는 것을 알 수 있었다(송지준, 2005).

3. 탈북자의 관광만족과 문화적응 스트레스

문화적응이라 함은 새로운 문화를 접한 결과 나타난 집단의 문화적 변화를 말하고, 문화적응 스트레스는 개인이나 집단이 새로운 문화에 적응하는 과정에서 경험하는 현상으로 기후, 영양, 지역, 심리 문화상의 갑작스럽고 과다한 변화로 인해 발생하는 스트레스로서, 주로 문화 적응의 개념 안에서 난민들이나 이주자들에게서 나타나는 정신건강상의 문제를 설명하기 위해 제안된 개념이다. 좀 더 자세하게 설명하면, 새로운 사회에서 경험할 수 있는 차별감, 고향에 대한 향수, 적대감, 문화충격 등으로 인해 발생하는 스트레스로 정의될 수 있다.

이전에서 언급하였듯이 탈북자와 관련된 연구의 제한점은 탈북자만을 위한 이론이 부족하다는 것이다. 따라서 탈북자과 관련된 연구에서는 주로 난민에 대한 연구에 초점을 맞추어 남한사회 적응 방안을 이해하고자 노력하였다. 비록 언어와 문화와 인종이 같다고 할지라도 살아온 체제와 이념이 다르기 때문에 탈북자가 남한사회에서 경험하는 문화충격은 난민들이 경험하는 충격과 비슷할 것이다(정진경, 양계민, 2004).

문화적응에 있어 난민은 이민자나 체류자 또는 유학생들에 비하여 많은 위험요인을 지니고 있어서 성공적인 통합이 어렵다. 난민은 문화적응의 여러 측면에서 볼 때 가장 위험하고 어려운 집단이다. 그들은 새로운 문화적응 이전의 경험이 매우 열악하여 전쟁이나 기아, 고문, 치욕, 박탈, 폭력 등을 경험할 가능성이 높았기 때문에 빠른 적응이 매우 어려운 형편이다. 이렇듯 난민은 문화적응에 장기적으로 어려움을 겪는 집단으로서, 사회적 기술을 획득하는 데 한계가 있을 수 있고, 주변의 지원을 계속 받음에 따라 지나친 의존성이 생겨 개인적 통제감을 상실하게 되거나 자신감을 잃고 무감각한 상태가 될 수 있으며(Rangaraj, 1988), 이민자나 다른 체류자들에 비해서 더 심각한 심리적 스트레스와 기능장애를 호소할 경우가 많으며, 전반적인 생활만족 정도는 떨어진다(Kim, 1988).

탈북자에 대한 정부의 지원은 경제적인 측면에 초점을 두어서 이루어지고 있는 실정이며, 이들이 경험하였던 심리적 상처가 치유되어야 하는 문제라는 인식은 소수 심리학자와 정신과 의사들만이 가지고 있을 뿐이다(정진경, 양계민, 2004; 윤인진, 2000a). 이들은 탈북과정에서 경험하게 되는 스트레스를 그대로 간직한 채 남한사회에 편입되며(전우택, 2000), 더욱이 남한의 이질적인 문화를 접하게 되면서 갑작스럽고도 과다한 변화로 인한 기존의 스트레스뿐만 아니라 문화적응 스트레스까지 경험하게 될 것이다(이온죽, 1994; 이소래, 1997). 선행 연구에 의하면 탈북자 실제로 남한의 자본주의 사회 경제체제에서의 소비생활과 돈의 가치 및 단위에 대한 당혹감, 직장생활에서 생소한 일에 대한 어려움, 외래어와 한자어의 사용에 따른 언어생활에서의 장애, 심리적인 측면에서의 죄책감, 테러에 대한 공포, 외로움, 자아정체성의 문제, 의식구조의 차이 등으로 인한 남한사회 적응에 어려움을 겪고 있는 것으로 보고되고 있어 문화적응 스트레스 경험의 높은 가능성을 시사한다(이만식, 1997; 한만길, 1996; 전우택, 1997).

문화적응 스트레스는 불안이나 우울, 소외감, 신체기능의 저하, 정체감 혼란과 같은 일련의 스트레스 행동을 동반하므로(Williams & Berry, 1991), 북한이탈주민들이 원만하게 남한사회에 적응시키기 위한 선결과제로서 문화적응 스트레스를 최소화할 수 있는 방안을 규명하는 것은 매우 중요할 것이다.

한편, 문화적응 스트레스는 개인의 특성에 따라 약화될 수 있는데(Berry et al., 1988), 북한이탈주민의 문화적응 스트레스는 연령이 높을수록, 남한에 거주하는 가족이 적을수록, 남한 거주기간이 짧을수록, 수입이 적을수록 높으며(이소래, 1997), 또한 문화적응 스트레스를 최소화시키는 선행변수로 사회적 지지의 긍정적 역할이 입증되기도 하였다(이소래, 1997; 이태희, 2003). 이렇듯 소수의 연구에서 탈북자의 문화적응 스트레스의 중요성을 인식하고, 이를 최소화시킬 수 있는 변수규명에 관심을 가지고 있다.

관광 역시 그것의 기능적 측면을 고려한다면, 문화적응 스트레스에 긍정적 역할을 하는 선행변수일 수 있을 것이다. 저자의 이전 연구에 의하면, 관광만족은 문화적응 스트레스 중 새로운 사회에 편입하여 지각할 수 있는 차별감과 적대감을 감소시켜 주는 것으로 나타났고, 반면에 향수병은 오히려 증가시키는 것으로 밝혀졌다(송지준, 2006b).

4. 탈북자의 주관적 삶의 질

사회과학 분야에서 삶의 질에 대한 연구는 인간의 안녕(well-being)을 증진시키는 데 공통적인 관심을 두고 있다. 삶의 질에 대한 초기연구들에서는 인구통계적, 경제·사회적 변수 등과 같이 객관적인 측면이 주요 연구대상이었으나, 점차적으로 객관적인 측면은 물론 주관적인 측면으로까지 확장되었다. 즉 객관적으로 동일한 사회적 조건에 대해서도 각 개인에 따라 주관적 만족도가 달라진다는 점에서 삶의 질의 주관적 측면이 중요시되었다(Near et al., 1983). 이에 Szalai(1980)는 삶의 질이란 여러 가지 객관적으로 관찰 가능한 어떤 사회나 개인의 물리적, 환경적, 경제적, 정치적 사회지표 외에 개인이 느끼는 행복감 혹은 만족감을 포함해야 한다고 주장하면서 주관적 삶의 질 측정의 중요성을 강조하였다. 따라서 탈북자의 경우에서도 남한사회지표를 포함하는 객관적인 삶의 질 측정보다는 탈북자들이 남한사회 적응하면서 자신 스스로가 어느 정도 삶의 행복감을 느끼는지 주관적 삶의 질의 수준을 조사하는 것이 중요할 것이다. 따라서 본 연구에서는 탈북자의 삶의 질을 주관적 삶의 질로 측정하였다.

탈북자의 주관적 삶의 질은 남한사회 적응 정도를 가늠하는 하나의 기준이 될 수 있기 때문에 탈북자의 주관적 삶의 질을 높일 수 있는 선행변수 규명에 대한 연구는 매우 중요하다고 할 수 있다. 일반적으로 주관적 삶의 질에 영향을 주는 선행변수들은 성별, 수입, 연령, 교육 정도와 같은 인구통계적 특성으로 나타나고 있고, 탈북자의 주관적 삶의 질에 영향을 미치는 선행변수로도 성별, 연령, 결혼유무 등이라고 보고되고 있으나(김영만, 2003), 탈북자의 주관적 삶의 질을 실질적으로 향상시키는 데 필요한 구체적인 선행변수 규명에 대한 연구는 매우 미진한 편이다.

관광은 타 지역이나 타국을 방문하여 새로운 사실을 발견하고 경험하는 과정이고, 현대인에게 매우 중요한 생활양식으로 인류의 문화 내에 폭넓게 자리잡고 있다(Nash & Smith, 1991). 본질적 측면에서의 관광은 낯선 문화권으로의 일시이동을 통해 문화에 대한 견문과 지식 그리고 개인적인 경험과 학습을 축적함으로써 기분전환과 함께 삶의 의욕을 회복시키고 자아발견의 계기를 만들어 준다. 이렇듯 관광은 관광객에게 타 문화와의 상호교류를 통해 타 문화에 대한 이해의 폭을 넓히는 사회·문화적 현상이며, 이타적인 지역의 사회·문화를 이해하는 데에 관광교류는 지대한 기여를 한다. 탈북자들은 남한사회 편입 후 관광을 통하여 남한의 문화와 남한사람을 접할 수 있는데, 관광은 남한의 새로운 문물이나 상품 등을 접하게 하여 물질적 기쁨을 얻게 하고, 남한 문화를 접하면서 북한이탈주민의 가치관 및 인생관에 자극을 받고 지식 및 체험이 증가하여 남한을 이해하게 되는 정신적인 기쁨도 얻게 해 준다. 물론 관광으로 인해 발생하는 부정적인 측면도 간과할 수는 없지만, 관광객의 관광에 따른 경험은 전반적으로 긍정적인 측면이 많으며, 특히 관광지나 관광지 지역주민에 대한 이해의 증가에 긍정적인 역할을 수행하는 것으로 보고되고 있다.

이렇듯 관광은 인간의 삶을 풍요롭게 하고 삶의 질을 높이는데 직접적인 관련이 있는 사회복지제도로서(조광익, 2005), 탈북자가 남한에서 생활을 영위해 가는 과정에서 주관적 삶의 질을 향상시키는 데 실질적인 도움을 줄 수 있는 선행변수로서 역할을 담당할 수 있을 것이다.

탈북자의 관광만족과 그들의 주관적 삶의 질 간의 관계를 실증적으로 분석한 결과, 두 변수 사이에는 매우 긍정적인 관계가 성립되어 있다. 즉 탈북자의 관광만족은 그들의 주관적 삶의 질을 향상시키는 것으로 보고되었다(송지준, 이종남, 2006).

[제6절] 남한 거주 탈북자의 안정적 정착을 위한 제언

현재 남한에 거주하는 탈북자 수는 1만여 명에 이른다. 이들을 우리 사회에 안정적으로 정착을 시키지 못한다는 것은 향후 통일이 되었을 때, 더 많은 문제점이 발생할 가능성이 있다는 것이다. 탈북자가 남한에 안정적으로 정착한다는 것은 크게 두 가지로 생각할 수 있는데, 경제적 정착과 심리적 정착이 그것이다. 경제적 정착은 우리나라 법에 의거하여 풍요롭지는 못할지언정 최소한의 생계를 유지할 수 있도록 배려하고 있지만, 심리적 정착은 상대적으로 그렇지 않은 것으로 보인다. 따라서 제 3부에서는 남한에 거주하는 탈북자를 심리적으로 안정되게 정착시키는 한 방안으로서 관광과 여가의 중요성에 대하여 언급하였다.

그러나 탈북자에게 있어 관광과 여가는 사치품에 불과할 것이다. 왜냐하면 정착 지원금은 그야말로 남한에 정착하는 데 필요한 금액만 지원하고, 정착 후에도 지속적인 생계유지를 위하여 일하는 데 하루를 대부분 소진해야 하기 때문이다. 특히, 사회주의체제에서 평생을 살아온 그들에게는 돈을 번다는 것이 생소할 수도 있을 것이며, 치열한 자본주의 체제 속에서 그들이 살아남기 위한 경쟁은 엄청난 스트레스로 작용될 수도 있을 것이다. 그렇다면 그들에게 어떠한 방법으로 관광과 여가의 향유를 제공할 수 있을 것인가? 해답은 정부와 민간단체 역할의 중요성을 강조하고자 한다. 구체적인 사항은 다음과 같다.

첫째, 탈북자 복지관광의 시행이다. 현재 우리나라는 저소득층 및 장애인을 대상으로 한국관광공사에서 복지관광을 실시하고 있다. 복지관광은 경제적 혹은 신체적인 이유 등으로 관광 비참여계층에 속해 있는 부류들을 참여계층으로 전환시킴으로써 사회의 형평성을 유지시키는 정책이다. 이에 통일부 내지 관련 정부기관, 관련 민간단체의 주도하에 탈북자를 대상으로 남한사회 편입 초기에 일정기간 동안 복지관광을 실시하여 관광 참여의 기회를 확대하고, 이와 더불어 그들에게 진정한 의미의 관광만족을 줄 수 있는 현실적인 프로그램 개발을 하여 남한사회 정착을 도와주어야 할 것이다.

둘째, 하나원에서 관광 / 여가교육의 시행이다. 주지한 바와 같이 탈북자는 최초 남한에 입국한 이후 하나원에서 소정의 교육을 이수하게 된다. 하나원에서 실시하는 교육 내용은 남한에 대한 전반적인 모습을 보여주기 위한 것으로 다분히 정치성과 교육적인 측면을 강조하고 있으며, 남한사회에 심리적 적응에 필수적인 관광 / 여가교육은 이루어지지 않고 있다. 물론 하나원에서 남한사회의 기본적인 정착에 필요한 지식제공 차원에서 서울 견학을 실시하고 있으나, 이것은 남한에서 생활하는 데 필요한 지식을 제공하기 위해 실시하는 견학 형태이지 진정한 의미의 관광이나 여가라고 보기에는 무리가 있다. 따라서 탈북자들이 남한사회에 편입되어 조속한 시일 내에 적응할 수 있도록 관광 / 여가교육을 실시해야 할 것이다. 그들에게 노동과 여가의 의미를 구분시켜 주고, 관광 / 여가의 필요성에 대한 교육과 일상생활 속에서 일과 후에 어떠한 여가생활을 향유할 수 있는가도 구체적으로 교육시켜야 할 것이다.

셋째, 민간단체 주도의 여가 프로그램 개발 및 시행이다. 남한에서 일상적으로 살아가는 탈북자가 여가생활을 추구하고자 할 때, 흔히 접할 수 있는 것은 조깅이나 산책 등과 같이 거주지 근처에서 소비 없이 행해지는 것이 대부분일 것이다. 이러한 여가활동 역시 일과 후에 중요한 부분이지만, 그들이 배우고 싶은 여가활동 기회에는 소비가 수반될 가능성이 클 것이다. 대부분의 탈북자는 경제적으로 넉넉하지 않는 삶을 영위하기 때문에 소비가 발생하는 여가생활은 쉽게 하지 못할 것이다. 이에 민간단체들이 주도하여 문화센터 혹은 복지회관 같은 곳에서 그들만을 위한 여가 프로그램을 개발하여 무료강좌를 통한 여가참여 기회를 확대시켜 줄 필요가 있다.

넷째, 멘토 체제의 정착이다. 탈북자들의 사회적 지지 체계로는 친척, 친구, 이웃 등을 생각할 수 있으며, 이러한 체계는 그들에게 가장 필요한 관심과 애정이 생성되는 근원이 된다. 그러나 남한의 사회, 문화적인 차이, 남한 사람들의 편견, 신분의 특성상 접근의 어려움 등으로 남한에서 새로운 친구와 사귀는 것이 쉽지 않다. 그래서 그들은 남한에서 유대감이나 소속감이 없어 쉽게 우울증에 쉽게 노출되어 있다고 할 수 있다. 이런 상황 속에서 탈북자들은 문제가 발생하면 조언을 구하거나 도움을 요청할 수 있는 사회적 지지 자원은 그리 많지 않다. 따라서 탈북자의 거주지를 중심으로 한 남한주민의 자원봉사자를 모집하여 멘토 체계를 확립하고, 그들과 함께 여가를 향유할 수 있는 정책적 배려가 필요하다고 하겠다.

50년 이상 다른 체제와 문화 속에서 살아온 남과 북은 통일을 맞이하였을 때 많은 문제점이 발생할 가능성이 높다. 따라서 통일을 대비한 사회통합을 준비하는 과정에서 탈북자들의 남한사회의 적응은 통일한국시대의 밑거름이 될 수 있을 것이며, 이러한 과정에서 관광과 여가 역할의 중요성을 반드시 고려하여야 할 것이다.

참고문헌

원호처. 「월남귀순자후원회 설립계획」, 1972년 12월.

김성섭, 한학진, 이혜린(2006). 북한주민들의 관광과 여가활동에 대한 이해. 관광레저연구, 18(4), 1-17.

박영자(2005). 분단 60년, 탈북자와 남북관계: 역사적추이와 변화. 북한연구학회보, 9(1), 233-383.

송지준(2005). 남한거주 탈북자들의 관광만족, 여가만족, 사회적 지지가 우울 성향에 미치는 영향, 관광연구저널, 19(3), 209-227.

송지준(2006a). 남한거주 탈북자들의 관광과 여가만족이 신체적·정서적 스트레스, 생활만족도에 미치는 영향. 관광학연구, 30(2), 237~258.

송지준(2006b). 북한이탈주민의 관광만족과 생활만족이 문화적응스트레스에 미치는 영향. 한국관광·레저학회, 18(3), 251~271.

송지준, 이종남(2006). 남한거주 탈북자의 관광동기에 따른 관광만족이 주관적 삶의 질에 미치는 영향. 관광연구, 21(2), 105~124.

안민석(2002). 북한주민의 여가생활과 체육활동에 관한 연구. 한국체육학회지, 41(2), 119-131.

이우영(2004). 북한이탈주민에 의한, 북한이탈주민의, 북한이탈주민을 위한. 현대북한연구, 7(2), 201-216.

통일부(2007). 북한이해.

통일부(2007). 통일백서.

한국관광공사(2004). 북한주민들의 관광 및 여가활동 분석: 북한이탈주민을 중심으로

Cho, M. C.(2003). Current status of the North Korean economy. In C-Y. Ahn(ed.), North Korean Development Report 2002/2003 (pp.32-51). Seoul: Korea Institute for International Economy Policy.

04

관광과
국제무역시장의 개방

 를 들어가며

인류사만큼이나 오래된 것 중 하나가 무역의 역사라 할 수 있을 것이다. 무역의 역사는 무역이 이루어지는 과정 속에서 그것을 규제하는 국제제도를 출현시켰다. 즉 국제무역질서는 그 자체가 반복적 교환과 상호조정에 기초하여 스스로 형성된 질서라고 할 수 있다. 그러나 국제무역질서는 협상을 통해 형성되다 보니 국제구조의 힘의 논리에서 자유롭지 못한 것이 사실이다. 국제무역질서는 크게 다자주의와 지역주의로 구분할 수 있다. 다자주의는 셋 또는 그 이상의 국가 사이의 국제무역 관계를 일반화된 행위원칙에 기초하여 조정하는 제도적 형태이고, 지역주의는 공통된 이해관계를 가지는 특정 국가들이 무역에 관한 자유주의 및 무차별주의 원칙을 국지적으로 적용하려는 것이라 할 수 있다.

최초의 국제무역질서를 조정하는 기구로 다자주의인 GATT(General Agreement on Tariffs and Trade)가 있다. GATT는 제2차세계대전 이후 유럽사회의 전후복구사업의 일환으로 미국이 제안한 마샬플랜에 동참한 국가가 최초 가입하게 된다. 우리나라도 GATT에 1967년 4월 14일 가입한 후 수출확대를 통한 경제개발을 추진하는 과정에서 혜택을 입었다. GATT 설립 이후 8차례에 걸친 무역라운드를 거쳐 1995년부터 국제무역의 질서는 WTO체제에 입문한다. WTO는 기존의 GATT보다 국가 간 무역 분쟁 등 현안에 대한 해결을 다자간 체제의 규율로 다루기 때문에 실질적인 구속력이 훨씬 강화되었다고 볼 수 있다. 또한 GATT에서는 상품 무역만을 다루고 있는 데 반해, WTO는 상품 무역에다 농산물, 서비스와 지적재산권 등 전 산업 분야에 걸쳐 새로운 무역과제를 포괄하고 있어 그야말로 국제무역은 한 국가의 미래 운명을 결정하는 중요한 과제로 급부상하게 되었다.

그중 서비스 분야는 1970년대 이후 그 중요성이 커짐에 따라 통일된 국제간 규범의 필요성 제기되기 시작하였다. 이에 제8차 GATT 협상인 우루과이라운드(UR)에서 최초로 주된 논의 대상으로 언급되고 최초의 서비스무역에 관한 다자간 규범인 GATS(General Agreement on Trade in Service: 서비스무역에 관한 일반협정)가 제정되어 WTO 출범과 동시에 발효하게 된다. 서비스 분야에서 큰 비중을 차지하는 관광 분야 역시 이러한 국제무역의 질서 속에서 생존경쟁을 하여야만 한다. 서비스 시장을 국제사회에 양허할 경우 GATS에 의거 시장접근(Market Access: MA) 원칙과 내국민대우(National Treatment: NT)원칙의 의무를 가지게 되고, 또한 4가지 공급형태 제약(Mode 1: 국경 간 공급, Mode 2: 해외소비, Mode 3: 상업적 주재, Mode 4: 자연인 주재)에 양허할 선택권을 가지게 된다.

GATS상의 관광 분야, 즉 호텔 및 레스토랑, 여행알선서비스, 관광안내서비스 등에는 향후 양허해야 할 시장접근 위배사항들도 존재하는 반면, 많은 부분이 개방되었다. 특히, 여행알선업의 경우 Mode 1, 2, 3에 아무런 제약을 두지 않는 것으로 나타나고 있어, 우리나라 여행사 시장의 양허 현황은 여타 회원국과 비교하여 가장 많은 부분이 개방되고 있는 상태이다. 다른 나라와 비교하여 국내 투자 시 지분제한 등과 같은 국내 관광산업을 보호할 장치가 부족한 것이 문제점으로 드러난다.

최근 국제무역은 다자주의인 WTO체제를 중심으로 통합됨과 동시에 지역주의인 FTA가 확대·심화 추세가 강화되고 있는 양상을 보이고 있다. WTO에 의하면 약 250개의 지역무역협정이 GATT 또는 WTO에 통보되었고, 70여 개는 발효 중이면서도 통보되지 않았다고 한다(www.wto.org, 2003년 기준). 이와 같이 지역주의가 확산되는 근본적인 이유는 WTO와 같은 다자주의를 통해서 원하는 이익을 충족시킬 수 없는 국가들이 다양한 이해관계를 만족시키기 위해서 체결하는 자발적 협상이기 때문이다. 따라서 지역주의 체결은 다자주의와 비교하여 개별 국가의 이익을 보다 확실하게 충족시킬 수 있다고 확신할 때 체결을 하여야 하는 것이다.

다자주의와 지역주의의 관계는 양자 선택적 관계라기보다는 개방된 무역을 완성하기 위한 보완물로서 이해되고 있다. 미국과 같이 국제사회에서 권력정치를 취하는 거대자본 국가는 다자주의뿐만 아니라 지역주의를 통한 협상력을 제고함으로써 자국의 이익을 획득하려는 이기적 패권국가의 모습을 보임에 따라 소국(小國) 및 개발도상국의 경우에는 지역주의 내부에서 새로운 종속관계를 야기할 수도 있다고 경고하고 있다.

우리나라도 2004년도에 한·칠레 FTA 체결을 시작으로 현재까지 활발하게 FTA 협상과 추진을 반복하고 있다. 지역주의하에서 관광과 관련된 논의는 거의 없는 것으로 파악되는데, 그 이유는 다자주의하에서 이미 관광관련 분야는 개방을 했기 때문이다. 그렇다고 해서 지역주의하에서 관광 분야의 영향이 없는 것이 아니다. 관광은 전(全) 산업에 걸쳐 영향을 받는 매우 민감한 산업이기 때문에 FTA 협상에 따라 간접적인 영향을 받을 수 있어 지역주의 협상안에 대한 지속적인 관심은 절대적으로 필요할 것이다.

전 세계의 개방화 물결은 모든 산업에서 더 이상 피할 수 없는 현실이다. 따라서 개방화를 기본적으로 전제하고, 이를 현명하게 극복할 수 있는 대응책을 수립하는 것이 가장 현명한 정책적 결정일 것이다.

제4부에서는 기본적으로 세계적 추세인 개방화를 인정하고, 개방을 하되 여타 회원국과 비교하여 우리나라가 얼마나 현명하게 개방을 하였는지, 또한 개방에 따른 병폐를 최소화할 수 있는 정책 수립은 무엇이 있는지를 관광 분야를 중심으로 살펴보고자 한다. 이를 위해서는 다자주의와 지역주의하에서 국내 관광산업 분야에 미치게 되는 영향을 먼저 비판적으로 고찰한 후, 향후 국내 관광산업의 경쟁력 제고를 위한 방안을 제시하였다.

제1절 다자주의와 지역주의

다자주의는 셋 또는 그 이상의 국가 사이의 관계를 일반화된 행위원칙에 기초하여 조정하는 제도적 형태로 정의할 수 있고(Ruggie, 1993), 지역주의는 국가 간 지리적 인접성, 공통된 역사, 문화적 배경, 경제적 연관성과 같은 공통된 이해관계를 가지는 특정 국가들이 무역에 관한 자유주의 및 무차별주의 원칙을 국지적으로 적용하려는 국제무역의 움직임으로 말할 수 있다(구갑우, 2001b). 지역주의는 역내국가 사이에 관세인하를 비롯한 역내무역자유화를 추구하면서 역외국가에 대해서는 차별적인 무역조치를 취한다. 이것은 다자주의의 최혜국대우(most-favoured-nation: MFN)원칙에 위배되는 결과를 낳는다. 이와 같이 지역주의는 다자주의의 대비되는 개념으로 파악할 수 있다.

다자주의는 최초 GATT 1947[1])를 통해 정립되었는데, 이것을 나타내는 조항이 바로 GATT 1947 1조 1항의 "최혜국 대우"의 원칙 및 18조의 상호주의 원칙이다. 이 조항은 쌍무주의적 관세인하가 이루어진다 하더라도 원칙적으로는 그 혜택을 GATT / WTO의 회원국 모두가 공유할 수 있기 때문에 GATT / WTO의 규범인 다자적 무역자유화를 실현할 수 있게 되었던 것이다.

그러나 다자적 무역체제가 유지되기 위한 전제조건은 회원국의 절대적 복지향상에 기여하고 또한 복지의 분배에 있어 공정성 및 형평성을

---

1) WTO 협정의 부속서 1A에 포함되어 있는 1994년 「관세 및 무역에 관한 일반협정」과 1947년 체결된 「관세 및 무역에 관한 일반협정」을 구분하기 위해 공식적으로 전자를 GATT 1994, 후자를 GATT 1947로 부른다.

보장한다는 전제가 충족되어야만 한다. 만약 이러한 요건이 충족되지 않는다면 다시 말해, 국가 간 부(富)의 분배를 둘러싼 갈등이 발생한다면 대안적 무역질서가 모색되는 것은 자명한 사실일 것이다. 지역주의는 이러한 국제질서 속에서 발생한 개념으로 파악할 수 있을 것이다. 지역주의의 발생은 이러한 국가 간 부의 불균형적 배분 혹은 다자주의를 통해서 원하는 이익을 충족시킬 수 없는 국가들이 다양한 이해관계를 만족시키기 위한 각국의 경제적 요구에 의한 것이다. 이러한 잠재된 이유 이외에 근원적으로 법적인 측면에서도 찾아볼 수 있는데, "GATT 1947"의 24조2)에서 지역주의를 용인하는 조항이 "GATT 1994"에서도 24조는 여전히 수정 혹은 삭제되지 아니하고 유지되고 있는데 그 근원을 찾을 수 있다. 이에 WTO에 가입한 회원국가 중 거의 모두가 하나 이상의 지역무역협정에 참여하고 있는 것으로 보고되고 있다(WTO, 2001).

지역주의는 1990년대부터 냉전의 종식과 같은 전 세계적인 체제의 변화와 개방정책, 1995년 WTO의 출범과 함께 지역주의가 본격적으로 확대되기 시작하였다. 대표적인 지역주의 사례로는 선진국 간의 통합체인 유럽연합(EU), 개발도상국 간의 통합인 남미공동시장(MERCOSUR), 선진국과 개발도상국 사이의 통합인 북미자유무역협정(NAFTA), 대규모 경제통합체인 아시아·태평양 경제협력체(APEC) 등이 있다.

다자주의와 지역주의의 관계는 개방된 무역의 추구와 양자 선택적 관계라기보다는 개방된 무역을 완성하기 위한 보완물로서 관계를 설정한다

---

2) GATT 24조에 따르면, 회원국가들은 자유무역의 증진을 위해서 관세동맹, 자유무역지대, 그리고 관세동맹이나 자유무역지대의 결성을 목표로 하는 임시협정을 체결할 수 있다고 하였다. 또한 단서내용으로는 단, 그 지역협정들이 협정체결 이전보다 높은 수준의 관세나 무역규제를 부과해서는 안 되며, 임시협정의 경우 합리적인 기간 내에 관세동맹이나 자유무역지대로 발전해야 한다는 조항이 첨부되어 있다.

(WTO, 2001). 또한 다자주의하에서의 지역주의 활성화는 권력정치의 문제가 개입되었다고 보기도 하는데, 특히 미국은 다자주의 속에서 지역주의를 통해 협상력을 제고하려는 "이기적 패권국가"의 모습을 보이기도 한다. 지역주의가 경쟁적으로 치달을 경우 소국(小國) 및 개발도상국의 경우 지역 외부시장을 봉쇄하는 영향을 가져올 뿐만 아니라 지역 내부에서 새로운 종속관계를 야기할 수도 있기 때문에 국제기구를 통한 지역주의의 감독 강화 내지는 WTO의 역할을 강화하여야 할 것이다. 즉 다자주의에 의해 국가들 사이에 불평등이 존재하여 지역주의를 보완물로서 활용코자 한다면, 다자주의 내부에서 지역주의의 부정적 영향을 제어할 수 있는 보다 강화된 형태의 제도적 장치를 마련하는 것은 절대적으로 필요하다는 것이다. 그러나 전 세계는 국제질서의 권력 앞에서 자국의 이익에 우선하는 평등한 협상은 이루어지고 있지 않는 것 같다. 우리나라의 경우에도 강대국의 권력 앞에서 과연 얼마만큼의 국익에 우선하는 협상력을 발휘하였는지, 그리고 다자주의하에서 지역주의 협상을 누구를 위해서 무엇을 위해서 협상해야만 하는지에 대한 근본적인 문제에 명확한 해답을 제시할 수 있어야 할 것이다. 어쨌든 전 세계의 개방화 물결은 더 이상 피할 수 없는 현실인 것만큼은 확실하다. 따라서 이러한 사항을 인정해야지만 국제 사회로부터 고립을 면할 수 있다. 여기서 중요한 것은 국제무역시장의 개방은 기본적으로 인정하고, 국익에 우선하는 협상안 도출과 개방에 따른 국내산업의 병폐를 최소화시키기 위한 정책적 대안을 수립하는 것이다.

따라서 본서 제2절과 3절에서는 그간의 국제무역시장의 단계적 개방화를 설명하고, 관광 분야에 어떠한 협상안이 도출되었으며, 이에 예상되는 폐단은 어떠한 것이 있는지를 언급하였다. 여기서 다자주의와 관련하여 GATT, WTO와 GATS, 지역주의[3]는 FTA로 한정하여 설명한다.

제2절 다자주의하에서의 관광산업

1. GATT(관세 및 무역에 관한 일반협정)

GATT(General Agreement on Tariffs and Trade)는 1947년 23개 국이 조약을 체결하여 성립시킨 국제기구로서 IMF(국제통화기금) 및 IBRD(세계은행)와 더불어 제2차세계대전 후의 전재복구와 자유무역의 신장, 후진국개발촉진에 크게 기여하였으며, 우리나라도 GATT에 1967년 4월 1일 가입한 후 수출확대를 통한 경제개발을 추진하는 과정에서 혜택을 입었다.

GATT가 국제무역의 확대를 도모하기 위하여 가맹국 간에 체결한 대표적인 협정내용은 다음과 같다.

① 회원국 상호 간의 다각적 교섭으로 관세율을 인하하고, 회원국끼리는 최혜국 대우를 베풀어 관세의 차별대우를 제거한다.

② 기존 특혜관세제도(예 - 영연방 특혜 등)는 인정한다.

③ 수출입 제한은 원칙적으로 폐지한다.

④ 수출입 절차와 대금 지불의 차별대우를 하지 않는다.

⑤ 수출을 늘리기 위한 여하한 보조금의 지급을 금지한다.

GATT는 설립 이후 8차례에 걸친 교섭을 개최하였는데, 이들 교섭의

---

3) 지역주의는 내부의 결속 정도와 진행과정에 따라 몇 가지의 단계로 분류할 수 있다. 지역주의 분류를 함에 있어 학자들 사이에 다소 차이를 보이지만, 대표적인 분류로는 Balassa가 자유무역협정(FTA), 관세동맹, 공동시장, 경제동맹, 완전한 경제통합의 5단계로 구분한 것이 있다(서정두, 1998: 재인용).

명명과 시기는 다음과 같다. Geneva(1947), Annecy(1949), Torquay(1950~1951), Geneva(1955~1956), Dillon Round(1960~1962), Kennedy Round(1963~1967), Tokyo Round(1973~1979), Uruguay Round(1986~1994)이다. 그중 여덟 번째인 우루과이라운드 협상타결은 다자간 무역협상으로 WTO(World Trade Organization)라는 새로운 체제를 발족시켰다.

〈표 1〉 GATT 협상 연표

협상명		시 기	참가국	주요 의제
제1차	제네바 라운드(Geneva)	1947	23	관세인하
제2차	아네시 라운드(Annecy)	1949	29	관세인하
제3차	토케이 라운드(Torquay)	1950~51	32	관세인하
제4차	제네바 라운드(Geneva)	1955~56	33	관세인하
제5차	딜론 라운드(Dillon)	1960~62	39	관세인하
제6차	케네디 라운드(Kennedy)	1963~67	74	관세인하 반덤핑·관세평가 협정
제7차	동경 라운드(Tokyo)	1973~79	99	관세인하 비관세장벽 관련 코드 합의 (6개 비관세분야, 3개 특정상품)
제8차	우루과이 라운드(Uruguay)	1986~94	117	관세인하 농업, 섬유, 서비스 무역자유화 확대, 서비스 무역 및 지적재산권보호 협정(15개 협상의제)

GATT는 위에서 언급한 대로 2차세계대전 이후 세계에 자유무역을 증진시키고 많은 성과를 올리는 데 크게 기여하였으나 1970년대가 되자 문제점이 드러나기 시작하였다. 대표적으로, 첫째, 자유무역으로 인한 각국의 무역 비중은 변동이 있었는데, 선진국의 경우 GATT로 인해 많은 발전을 이루었으나 개발도상국은 오히려 세계 경제에서 차지하는 비중이 줄어들었고, 이로 인하여 GATT에 대한 선진국과 개발도상국 사이에 갈

등이 발생하였다. 둘째, 관세에 관한 협정을 목적으로 만들어진 것이 GATT인데 비관세장벽으로 인한 무역 제한 문제가 대두되기 시작하였다. 셋째, 1970년대와 1980년대에 발생한 두 차례에 걸친 오일 쇼크와 신흥 공업 국가들의 성장으로 선진국들을 중심으로 보호무역정책이 다시 팽배하기 시작하였다. 넷째, 기술의 발달로 인해 선진국에서 농업 등의 1차 산업 생산 능력이 늘어나자 1차 산업을 중심으로 삼는 개발도상국이나 기타 후진국이 선진국 중심의 GATT 협정에 반발하기 시작하였다. 이렇듯 GATT는 근본적으로 국가 간 협상이행에 대한 강제성이 적어 국제정세의 흐름에 따라 보호무역정책이 부활하는 등 많은 폐단을 가져왔고, 이에 새로운 국제 무역 체제가 필요성이 대두되어 GATT 회원국은 UR을 거쳐 WTO를 정식으로 발족하게 된다. 즉 WTO는 기존의 GATT보다 국가 간 무역 분쟁 등 현안에 대한 해결을 다자간 체제의 규율로 다루고 있기 때문에 실질적인 구속력이 훨씬 강화되었다고 볼 수 있다.

2. WTO(세계무역기구)

WTO(World Trade Organization)는 GATT 체제를 대신하여 세계무역질서를 세우고, UR 협정의 이행을 감시하는 국제기구로서 세계교역의 증진이 그 첫 번째 목적이다. 또한 국가 간 경제 분쟁에 대한 판결권과 그 판결의 강제집행권을 이용하고, 그 규범에 따라 국가 간 분쟁이나 마찰을 조정하는 역할을 한다. GATT 체제하인 1986년부터 시작된 UR(우루과이 라운드)협상은 GATT의 문제점을 개선하고, 다자간 무역기구로 발전시키는 작업을 추진하게 되는데, 그 후 1994년 4월 모로코의 마라케시에서 개최한 UR 각료회의에서 '마라케시 선언'을 채택하였고 UR 최종의정서, WTO 설립협정, 정부조달협정 등에 서명하였다. 이에 WTO 는 1995년 1월 1일부터 공식 출범하게 되었으며, 2005년 현재 149개국 이 회원으로 가입되어 있다.

WTO는 주로 UR 협정의 사법부 역할을 맡고 있고, GATT에 없던 세계무역 분쟁 조정, 관세인하 요구, 반덤핑 규제 등 준사법적 권한과 구속력을 행사한다. 더욱이 과거 GATT의 기능을 강화하여 서비스, 지 적재산권 등 새로운 교역과제를 포괄하고 회원국의 무역관련법·제도·관 행 등을 제고하여 세계 교역을 증진하는 데 역점을 두고 있다. 의사결정 방식도 GATT의 만장일치 방식에서 탈피하여 다수결원칙을 도입하였다. 우리나라의 경우 EU, NAFTA 등 지역주의가 극심해지는 데에 따르는 불이익이나 미국, EU 등 선진국의 거대자본으로부터 일방적인 무역보복 조치의 피해를 줄일 수 있다는 장점이 있다.

마라케시 선언(Marrakech Declaration)

UR 협상 종결과 함께 WTO 체제 출범을 선포한 선언이다. 1994년 4월 15일 모 로코의 마라케시에서 열린 GATT 각료회의(우루과이라운드 무역협상위원회 각료회의) 에서 채택한 선언이다. 각료들은 UR 최종의정서 서명과 각료회담 부속결정 사항을 채택함으로써 1947년 이후 국제무역질서를 규율해 오던 GATT 체제가 끝나고 WTO 체제가 출범하였음을 선포하고 UR 협상도 공식적으로 종결되었음을 선언하였다.

주요 내용은 다음과 같다. 첫째, 효과적인 분쟁해결 수단과 국제무역 규범을 통 해 강력한 법적 토대를 채택하고, 전 세계에 걸쳐 관세를 40% 인하하여 시장개 방을 확대하기로 합의한다. 둘째, 농업·섬유·의류 부문의 다자간 무역규정 강화 뿐 아니라 서비스 교역과 지적소유권 보호원칙에 관한 다자간 체제를 이룬다. 셋째, 무역 자유화와 UR 협상을 통해 마련된 규정들이 국제무역환경을 점진적으로 개방해 나갈 것이 며, 어떠한 보호주의 압력에도 강력히 맞선다. 넷째, 각국의 무역·금융·재정 분야의 정 책이 보다 긴밀해지도록 WTO, IMF, IBRD 간의 협력을 확대한다. 다섯째, 저개발국가의 무역, 투자기회 확대를 위한 지원을 계속한다.

WTO의 전문(前文)은 GATT 1947의 전문에 새로운 내용을 추가하는 형태로 서술되어 있다. 새로운 내용이라 함은 기존 GATT에서 다루었던 상품 무역에다 농산물, 서비스와 지적재산권 등 새로운 무역과제를 포괄하여 무역관련 법·제도·관행 등에 관하여 명료성을 제고시킴으로써 세계무역을 증진시키려는 것이다. 즉 GATT 1947에서 제시된 무역대상품목이 WTO로 전환되면서 그 범위가 확대되었다는 것이다. 그야말로 GATT 1947이 국지전의 형태라면, WTO는 전면전의 형태를 갖추고 있다 할 수 있다.

WTO의 기본이념은 그 부속서인 GATT 1994에 구체적으로 다음과 같이 명시되어 있다. 모든 무역상대국에 대한 동등한 대우를 보장하는 무차별(non-discrimination)원칙인 최혜국대우(most-favoured-nation: MFN)원칙(1조), 관세장벽의 점진적 감축(2조), 수출입에 대한 수량제한 및 여타 비관세 장벽 철폐의 원칙(11조), 수입품과 국산품의 동등한 대우를 보장하는 내국민대우(national treatment)원칙(3조), 그리고 이 원칙들의 실현을 위한 방법으로 상호주의 원칙(18조) 등으로 나타난다.

GATT 1947과 WTO는 모두 다자주의와 자유무역주의를 근간으로 하고 있다는 공통점이 있으며, GATT 1947에서 WTO로 전환되면서 무역 대상의 범위가 확대되었다는 점에서 다소 차이점도 발견할 수 있다. 확대된 무역 대상의 범위 중 본 연구와 관련된 서비스 분야가 포함되어 있으며, 서비스 분야는 우루과이라운드 협상타결 이후 새롭게 협상 대상으로 등장하였다. 자유무역주의에서 서비스 분야에 대한 논의는 WTO체제로 전환된 이후 WTO 협정문에 포함된 "서비스무역에 관한 일반협정(GATS: General Agreement on Trade in Service)"으로 언급할 수 있다. GATS상에서 관광 분야에 대한 논의는 아래와 같다.

3. GATS(서비스무역에 관한 일반협정)

GATT 설립 이후 국제무역의 자유화를 통해 세계 경제 전체의 이익을 극대화하려는 노력이 지속되고 있다. 국제무역의 대상은 크게 상품과 서비스로 나눌 수 있는데, GATT는 오직 상품 무역만을 대상으로 하고 있다. 그러나 1970년대 이후 세계 경제는 서비스 무역이 차지하는 비중이 점차적으로 증대하고 있어, 서비스에 대한 통일된 국제간 규범의 필요성이 제기되기 시작하였다.

국제무역 중 서비스 관련 분야는 제8차 GATT 협상인 우루과이라운드(UR)에 들어서 주된 논의 대상으로 등장하였다. UR에서는 서비스무역에 대한 최초의 다자간 규범, 즉 "서비스무역에 관한 일반협정(General Agreement on Trade in Service: GATS)"이 제정되는데, 이는 1995년 WTO 출범과 동시에 발효되었으며 2000년 2월 GATS하에서 서비스 협상이 본격적으로 이루어졌다.

GATS는 최혜국대우원칙, 내국민대우원칙, 투명성원칙, 점진적자유화원칙, 다자주의원칙을 기본원칙으로 하고 있다. 그중 최혜국대우원칙은 GATS의 대상이 되는 "모든 조치에 대하여, 각 회원국은 다른 회원국의 서비스와 서비스 공급자에게 특정 회원국에게 부여한 대우보다 불리하지 아니한 대우를 다른 회원국들에게 즉시 그리고 무조건적으로 부여하는 것이고(GATS 제2조 1항), 내국민대우원칙은 각 회원국은 자국의 양허표에 기재된 분야에 있어 양허표에 명시된 조건 및 제한에 따라 다른 회원국의 서비스 및 서비스 공급자에게 서비스의 공급에 영향을 미치는 모든 조치와 관련하여 자국의 동종(同種)서비스와 동종서비스공급자에게 부여하는 대우보다 불리하지 아니한 대우, 즉 내국민대우를 부여해야 한다는 것이다(GATS 제17조 1항). 이렇듯 GATS상에서도 GATT와 같이 회원국 간의 무차별주의를 강조하고 있다.

그러나 GATS는 GATT / WTO와는 달리 서비스무역을 관세가 아닌 서비스무역을 행함에 있어 회원국 간 부당한 무역장벽이 발생하지 않도록 운영방식을 규정하는 것이다. GATS 6조 1항에서도 서비스무역에 영향을 미치는 회원국 간 행해진 구체적 약속은 모든 조치가 합리적이고 객관적이며 공평한 방식으로 시행되도록 보장하여야 한다고 되어 있다. 즉 상품무역의 다자간 무역협정인 GATT의 주된 논의 대상이 관세인하라고 한다면, 서비스 무역의 다자간 협정인 GATS의 경우에는 운영방식에 대한 문제를 언급하고 있는 것이다.

GATS 서비스분류에서 관광서비스 부문은 "9. 관광 및 여행 관련 서비스(Tourism and Travel Related Services)"가 해당되며, 이와 관련된 구체적인 논의는 아래에서 다룬다.

4. 다자주의와 관광산업

GATS상에서 관광산업은 서비스 분야에 포함되어 있으며, UN의 CPC(W / 120) 분류를 따른다. 이 분류에 의하면 크게 문화예술서비스, 문화산업서비스, 관광서비스, 체육서비스 등으로 구성된다. 이 중 관광서비스는 호텔 및 레스토랑(Hotels & Restaurants), 여행알선 서비스(Travel agencies & Tour operators services), 관광안내서비스(Tourist guides services), 기타(Others)로 분류되어 있다. 구체적인 사항은 <표 2>와 같다.

〈표 2〉 관광서비스 분류

구 분	CPC 분류 항목명		
9. 관광서비스	641 호텔 및 기타 숙박 서비스	6411 호텔숙박서비스	—
		6412 모텔 서비스	—
		6419 기타 숙박 서비스	64191 어린이 캠프 서비스
			64192 휴가 캠프 서비스
			64193 숙박임대 서비스
			64194 유스호스텔 및 산장 비스
			64195 캠핑 및 이동주택 서비스
			64196 침대차서비스 및 다른 이동수단을 통한 숙박서비스
			64119 기타 숙박서비스
	642 음식서비스	6421 레스토랑 서비스와 함께 제공되는 식사서비스	—
		6422 셀프서비스 시설에서의 식사서비스	—
		6423 식사를 교외에서 제공하는 음식물 제공서비스	—
		6429 기타 음식제공 서비스	—
	643 음료 서비스	6431 엔터테인먼트를 포함하지 않는 음료 제공 서비스	—
		6432 엔터테인먼트를 포함하는 음료제공 서비스	—
	747 여행알선, 여행 가이드 서비스	7471 여행사 및 관광영업 서비스	—
		7472 여행안내 서비스	—

출처) 한국문화관광정책연구원(2005), p.7.

서비스 시장을 양허할 경우 GATS에 의거 시장접근(Market Access: MA) 원칙과 내국민대우(National Treatment: NT) 원칙의 의무를 가지게 된다. 시장접근이란 자국 양허표상에 달리 명시되어 있지 않는 한 각 회원국이 원하는 서비스 공급형태별로 시장진입을 할 수 있는 권리를 말한다. 시장접근 위배사항으로는 6가지 형태의 제한조치가 해당되며, 여기서 말하는 제한조치라 함은 서비스 공급자 수에 대한 제한, 서비스 총거래액 및 총자산에 대한 제한, 총영업량 및 총산출량에 대한 제한, 총고용인력 제한, 서비스 공급기업의 업태 제한이나 합작투자제한, 외국인의 지분참여에 대한 제한 등이 있다. 내국민대우란 약속표에 기재된 사항 이외에 어떠한 차별적 조치도 금지되는 것을 의미하는 것으로, 외국인도 내국인과 동일한 대우를 받게 되는 것이다.

GATS에 제시되고 있는 시장접근 및 내국민대우에 대한 주된 제한사항은 다수가 있는데, 만약 양허 시에는 제한사항에 대한 규제가 철폐되어야 한다. 구체적인 제한사항은 다음과 같다. 시장접근의 주된 제한사항은 서비스 공급자의 수 제한, 서비스 공급 기업의 법적 형태나 합작투자에 대한 제한, 외국인 투자한도의 제한 등이 있으며, 내국민대우에 대한 제한사항은 차별적 보조금 및 기타 재정적 조치, 국적 또는 거주요건, 허가·자격 및 등록요건 등, 국내 컨텐츠 요건, 기술이전/훈련요건, 재산권/토지 소유 등이 있다.

또한 GATS 양허안은 4가지 공급형태에 대한 제약을 명시하고 있는데, 공급형태는 국경 간 공급(Mode 1), 해외소비(Mode 2), 상업적 주재(Mode 3), 자연인 주재(Mode 4)로 구분된다.

국경 간 공급(Cross-border supply)이란 생산물, 즉 서비스 제품의 국경 간 이동으로 한 회원국의 영토로부터 다른 회원국의 영토로 서비스 공급을 하는 것과 위성을 통한 뉴스공급과 같이 공급자와 소비자가 각각 다른 국가에 소재하면서 통신망을 이용하여 서비스를 공급하는 것 등이 해당된다. 서비스가 국경을 넘어서 제공된다는 의미에서 관광과 항공 분야 등이 속할 수 있으나 호텔, 레스토랑처럼 물리적 이동이 불가능한 서비스도 있다.

해외소비(Consumption abroad)는 소비자의 국경 간 이동으로 다른 회원국의 소비자에 대한 한 회원국의 영토 내에서의 서비스를 공급하는 것을 말하는데, 즉 해외관광 또는 해외유학 등과 같이 소비자가 이동하여 공급자의 국가에 가서 서비스를 받는 것을 말한다.

상업적 주재(Commercial presence)는 생산요소의 이동 중 자본의 이동으로 외국인 투자와 동일한 성격을 띠는 것을 말한다. 즉 한 회원국의 서비스 공급자에 의한 그 밖의 회원국의 영토 내에서의 상업적 주재를 통한 서비스 공급으로 서비스 공급자가 소비자의 국가에 자회사, 합작투자회사를 설립하는 등의 방법을 통해 현지에서 서비스를 공급하는 것을 말한다.

자연인 주재는 생산요소의 이동 중 노동의 이동에 의한 교역형태로 한 회원국의 서비스 공급자에 의해 그 밖의 회원국 영토 내에서의 자연인의 주재를 통한 서비스 공급을 말하는데, 변호사, 회계사 등 개별 공급자가 현지에서 일정기간 체류하면서 서비스를 공급하는 것을 말한다. 출입국에 대한 각국의 정책은 엄격히 적용되고 있으나, 많은 나라에서 외국회사 직원의 해외발령이나 단기방문은 허용해 왔다.

<표 3> 한국의 관광 분야 양허내용이다. 먼저 시장접근 차원의 제한사항을 살펴보면, GATS에서 명시하고 있는 시장접근에 위배되는 6가지 사항들, 즉 서비스공급자 수에 대한 제한, 서비스 총거래액 및 총자산에 대한 제한, 총영업량 및 총산출량에 대한 제한, 총고용인력 제한, 서비스 공급기업의 업태 제한이나 합작투자제한, 외국인의 지분 참여에 대한 제한 등에 대해 완전하게 개방 협상이 되지 않고 있는 것으로 보여 향후

이에 대비하는 전략과 대책이 필요할 것이다. 구체적인 시장접근의 위배 조항은 <표 4>와 같다.

〈표 3〉 한국의 관광 분야 양허내용

분야 또는 업종	시장접근제한	내국민대우제한	추가 약속
A. 호텔 및 레스토랑(641, 642)	—mode 1: unbound —mode 2: none —mode 3: none —mode 4: 전 분야에 기재된 제한 사항 이외에는 약속 없음	—mode 1: unbound —mode 2: none —mode 3: none —mode 4: 전 분야에 기재된 제한 사항 이외에는 약속 없음	
B. 여행알선 서비스(7471)	—mode 1: none —mode 2: none —mode 3: none —mode 4: 전 분야에 기재된 제한 사항 이외에는 약속 없음	—mode 1: none —mode 2: none —mode 3: none —mode 4: 전 분야에 기재된 제한 사항 이외에는 약속 없음	
C. 관광안내 서비스(7472)	—mode 1: none —mode 2: none —mode 3: 여행대리업자만이 관광객 안내서비스를 제공가능 —mode 4: 전 분야에 기재된 제한사항 이외에는 약속 없음	—mode 1: none —mode 2: none —mode 3: none —mode 4: 전 분야에 기재된 제한사항 이외에는 약속 없음	

주) unbound: 약속 없음, none: 제한 없음.
자료) 한국문화관광정책연구원(2005).

〈표 4〉 분야별 시장접근 위배조항

구 분	시장접근 위배조항
호텔 및 레스토랑	—호텔은 1970년부터 외국인의 투자가 완전히 보장된 업종으로 시장접근에 대한 제한조치에 해당되는 조항은 없음
	—해외소비에 있어 제한조치는 없으며 국경 간 공급과 인력이동은 각각 기술적 현실성 등으로 양허하지 않고 있음
여행알선 서비스	—인력이동은 양허하지 않았고, 공급형태에서도 시장접근 제한조치에 해당되는 법령 조항은 없음
관광안내 서비스	—우리나라 최초 양허표에 "상업적주재"의 서비스 공급형태로써 여행대리업자만이 관광가이드업을 수행할 수 있도록 규정하고 있음
	—상업주재 공급형태에 대한 시장 접근 차원의 제한조치 외에는 다른 제한조치는 없으며 법령상 위배 조항도 없음
	—관광가이드 서비스의 인력이동은 양허하고 있지 않음
카지노	—관광진흥법의 제23조 외국인이 관광호텔 등 관광사업에 1억 불 이상을 2년 내에 직접 투자할 것을 조건으로 카지노를 허가하는 조항은 기본적으로 내국인에게는 불가인 카지노를 외국인에게 투자규모와 기간을 조건으로 허가하는 것으로써 외국인 투자 촉진 또는 지원의 내용으로 간주됨

〈표 5〉 주요 국가의 여행사 및 여행도매업 시장개방 양허안

국가	국경 간 공급 Mode 1		해외소비 Mode 2		상업적 주재 Mode 3		자연인 주재 Mode 4	
	시장접근	내국인 대우	시장접근	내국인 대우	시장접근	내국인 대우	시장접근	내국인 대우
한 국	없음	없음	없음	없음	없음	없음	UB	UB
미 국	없음	없음	없음	없음	X	없음	UB	UB
유럽(EU)	없음	없음	없음	없음	없음, A / X / ENT	없음	UB / X	UB
일 본	없음	없음	없음	없음	없음	X	UB	UB
캐나다	없음 / CP	없음 / R	없음	없음	없음	없음 / R	UB / R	UB / R
태 국	UB	UB	없음	없음	X	Eq	UB	없음
필리핀	CP	없음	없음	없음	Eq	없음	X	없음
말레이시아	UB*	UB*	없음	없음	JV, Eq / L	없음	UB	UB
호 주	CP	없음	없음	없음	없음	없음	UB	UB

A: 허가, CP: 사업체설립, Eq: 지분제한, ENT: 경제수요조사, JV: 합작, L: 면허.
UB: 약속없음, UB*: 기술적 실현성 부족으로 약속 안함, X: 기타 제약.
출처) 오익근(2005) 재인용.

<표 5>에서 보는 바와 같이 우리나라는 국경 간 공급, 해외소비, 상업적 주재에서 서비스 공급형태는 아무런 제약을 두지 않는 것으로 나타나고 있다. 비록 자연인 주재(Mode 4)에서 'unbound'를 취하고 있어 국내 여행사 시장을 최소한의 보호를 하고는 있지만, 우리나라 여행사 시장의 양허 현황은 여타 회원국과 비교하여 상대적으로 가장 개방되었다는 것을 알 수 있다.

여타 주요 국가의 여행사 시장 개방의 제한적인 사항을 살펴보면 다음과 같다. 태국은 국경 간 공급(Mode 1)의 경우 'unbound'의 형태를 취하고 있고, 외국인이 참여하는 기업의 지분은 최대 49%까지만 보장하지만 서비스를 공급하기 위해 외국인의 입국을 명시하는 Mode 4에 대해서는 비자나 근로허가권 취득 등 여러 가지 제약을 부여하고 있다. 즉 외국계 여행사의 국내 진입을 꺼려하고 있음을 알 수 있다. 말레이시아 역시 Mode 1에서 실현가능성 부족을 이유로 'unbound'를 취하고 있으며, Mode 3의 경우 합작회사의 외국인 총 지분이 30%를 초과하지 않는 한도 내에서 모든 자국민이 경영하는 회사와 합작의 형태로 허용하고 있다. 또한 사무소 개설에는 추가적인 허가를 얻도록 요구하고 있어서 시장접근을 어렵게 하여 최소한의 자국 여행산업을 보호하고 있다. 또한 필리핀은 내국민대우를 받으려면 서비스 공급자가 영주권을 보유해야 한다고 제약하고 있으며, 벨기에의 경우에는 자국 내에서 회원국의 기업이 여행사로서 활동하고자 할 때는 EC 국가에 속해야 한다는 조건을 명시하고 있다. 미국은 회원국의 공식적인 관광사무소는 미국 내에서 상업적 목적의 영업을 불허하고 있으며, 상업적인 거래에서 대리인이나 주도자 역할을 용인하지 않는다. 중국은 <표 5>에 나타나지 않지만, 2000년 11월에 WTO에 가입하는 등 시장개방에 박차를 가하고 있다. 중국의 시장개방 중 관광 분야에서 주목할 만한 사실은 자국에 있는 외

국과의 합작 여행사는 중국인의 Outbound 여행업을 허가하지 않고 있다는 것이다. 즉 자국민의 해외여행은 순수한 자국 여행사에만 허용하겠다는 의지로 해석된다(Zhang, 2004).

회원국 대부분은 여행사 시장을 개방함에 있어 상업적 주재(Mode 3)에 많은 관심을 집중한 것으로 보인다. 그 이유는 상업적 주재는 직접적인 외국인 투자와 관련된 것이고 수익에 따른 돈의 흐름이 자국에 머물 것이냐 아니면 외부로 유출되는가에 관한 문제이기 때문이다. 따라서 대부분의 회원국은 상업적 주재에 대하여 나름대로의 제한사항을 두고 있었고, 반면에 우리나라의 경우에는 아무런 제한사항을 두지 않고 있다는 것은 향후 우리나라 여행시장을 보호하는 데 불리한 조건에 처해 있다는 것으로 해석할 수 있을 것이다.

제3절 지역주의하에서의 관광산업

1. FTA(Free Trade Agreement: 자유무역협정)

우리나라는 최초로 한·칠레 자유무역협정을 2004년 4월 1일에 발효하였다. 이로써 양국은 전(全) 산업을 자유화의 대상으로 포함하여, 품목 수 기준 각각 96%에 해당하는 품목에 대하여 10년 내 관세를 철폐하기로 약속하였다. 한·싱가포르 FTA는 2004년 11월에 타결되었는데, 싱가포르는 한국을 원산지로 하는 모든 품목에 대하여 즉시 관세를 철폐하였고, 우리나라도 품목 수 기준으로 91.6%의 상품에 대한 관세를 최대 10년 내에 철폐하기로 합의 하였다. 한·유럽자유무역연합(EFTA: European Free Trade Association)은 2005년 12월에 체결하여 유럽의 스위스, 노르웨이, 아이슬란드, 리히텐슈타인 등의 국가와의 자유무역에 박차를 가하고 있다. 이 밖에도 세계 최대의 시장인 미국과의 FTA 협상은 완전한 체결을 눈앞에 두고 있으며, 우리나라 제4위의 수출시장인 ASEAN 10개국, 캐나다, 멕시코, 일본 등과는 협상개시 및 진행 중에 있다(자유무역협정국내대책위원회: fta.korea.kr).

지역주의인 FTA는 다자주의인 WTO와 같은 범세계적, 의무적 무역 자유화와는 달리 그 체결이 강요되지 않는다는 점에서 자발적 협상이다. 따라서 추진과정에서 시장개방에 따른 이해집단의 반발을 극복하고 자국의 희생을 최소화할 수 있는 정책적 방안을 자유롭게 제안할 수 있고, 또한 자국의 이익에 도움이 되지 않는다고 판단되면 협상이 이루어지지 않을 수도 있기 때문에 최종적인 협상에 도달하기까지는 많은 진통을 경험하게 된다.

특히, 한·미 FTA의 경우 여타 국가에 비교해 상대적으로 수많은 이해집단의 반발 속에서 최종협상을 마무리 지었다. 그러나 한·미 FTA 타결은 범국가적 차원에서 거센 반발에 직면해 있다. 값싼 미국산 농산물의 대량 수입은 국내 농산물의 경쟁력 약화를 초래하여 관련 이해집단의 거센 항의에 직면해 있고, 미국산 쇠고기는 판매 첫날부터 난황을 겪고 있다. 이뿐만 아니라, 자동차 시장의 개방에 따른 전국 금속노조의 연이은 파업으로 국내 경제에 입히는 손실 역시 막대하다(조선일보, 2007년 7월 13일). 이에 FTA 타결이 걷잡을 수 없는 혼란을 초래함에도 강행해야 할 것인가에 대한 의문을 가질 수밖에 없다. 정부는 FTA 타결은 선택이 아니라 필수라고 강조하고 있으며, 시민단체를 비롯한 관련

이해 집단에서는 생사를 걸고 투쟁을 하고 있다. 일반시민들 사이에서도 값싼 농산물과 공산품을 이용할 수 있다 등과 같이 FTA를 지지하는 입장과 FTA 타결은 예상만큼의 수출 증대의 효과를 가지오지 않아 향후 한국의 미래를 어둡게 하는 정책이라고 비난하는 등 각계각층의 의견은 매우 분분하다. 과연 한·미 FTA 타결이 바람직한 선택이었는가 아니면 향후 한국의 미래를 어둡게 하는 졸속 정책이었는가를 평가하기에는 아직까지 시기상조일 것이지만, 국내의 수많은 단체들이 생업을 뒤로 한 채 투쟁을 하는 이유에는 주목해야 할 것이다. 우리나라는 많은 국가와 FTA를 체결하였고, 또한 협상이 진행 중에 있다. 그러나 미국과의 FTA 협상에는 유독 이해집단의 거센 반발과 투쟁이 끊임없이 이어지고 있다. 미국과 같은 거대자본의 국내유입은 대상 품목의 수적인 측면에서 여타 국가와 비교할 수 없을 만큼 많기 때문에 우리 경제에 직접적으로 미치는 영향은 크기 때문이라고 할 수 있을 것이다.

상술하였듯이, 지역주의는 다자주의와 달리 의무적이기보다는 자발적이라는 데에 큰 차이점이 있다. 그러나 진정한 의미에서의 자발적 참여인지 아니면 권력정치의 개입으로 인한 겉모양만 자발적 참여인지에 대한 정확한 규명을 하기에는 힘이 들 것이다. 중요한 것은 지금과 같은 지역주의 확산이 국제정세의 대세이고 피할 수 없는 운명이라 할지라도, 정부는 FTA에 따른 피해산업부문에 대한 빠른 보상체계를 수립하고, 그 피해를 최소화시키고자 하는 노력이다.

어쨌든 지역주의는 다자주의인 WTO의 기본이념인 자유무역에 걸림돌이 될 것인가 아니면, 개방된 무역질서의 완성을 위한 보완물로서 지역주의와 다자적 무역체제는 상보적 관계가 될 것인가에 대한 해답은 아직까지 시기상조인 것으로 보인다.

2. 지역주의와 관광산업

관광 분야에서의 FTA 체결의 의미는 각국 간의 관광교류의 장벽을 없애는 협상과정이 필요하다고 할 것이다. 그러나 관광 분야는 지난 우루과이라운드(UR) 때 이미 개방을 했기 때문에 FTA에서는 주요 협상 분야가 되지 않고 있다.

관광은 기본적으로 인적이동을 통한 교류이므로 상품교역과는 근본적으로 다르다. 상품의 이동에 있어서는 관세나 비관세장벽, 즉 수량제한, 수입절차상의 제한, 가격제한, 정부조달상의 제한, 기술 장벽, 투자 장벽 등이 해당국 간의 장애물로 작용하고, 관광과 같은 인적이동이 주된 교류일 경우에는 관광객의 비자발급이나 관광목적지에서의 통화의 가치, 의사소통의 용이, 교통수단 등과 같은 여행제약요인 등이 고려될 것이다. 좀 더 구체적으로 살펴보면(표 6참고) 첫째, 제도적 장벽으로 비자 정책, 국내관광기구의 구조, 외국인의 고용규제 및 외국인 투자나 소유제한 등이 있다. 둘째, 행정적 장벽으로 관광사업개발 승인의 절차가 복잡하고 까다롭거나, 정책의 편협한 임의 해석 등이 있을 수 있으며, 셋째, 조세의 장벽으로 관광객과 관광사업으로 징수된 세금이 비관광 목적에 사용되거나 항공여행관련 세금이 있을 수 있다(김철원, 2006).

관광과 같은 서비스 분야는 이미 다자주의하에서 개방이 이루어져 있다는 것을 <표 3>과 <표 5>에서 살펴보았다. 물론 전면적인 개방이라기보다는 향후 지속적으로 협상할 과제를 몇 가지 알고 있다는 것을 살펴보았다. 또한 이러한 과제는 머지않아 틀림없이 중요 협상과제로 대두될 것임은 분명하다. 특히, 미국과 같은 거대자본을 소유한 강대국에서 전면적인 개방 압력을 요구한다면 우리는 과연 국내 관광산업의 보호를 목적으로 강한 목소리를 낼 수 있을 것인가에 주목해야 할 것이다. 그러기 위해서는 관광시장의 전면적인 개방에 따른 실익을 명확히 조사하고, 시장접근이나 내국민대우 등과 관련하여 국익을 충분하게 높일 수 있는 협상방안을 강구하여야 할 것이다.

〈표 6〉 FTA 협정 후 관광부문 장애요인

구 분	주요 내용
제도적 장벽	-VISA 정책
	-국내관광기구의 구조
	-외국인의 고용규제
	-외국인 투자나 소유제한
행정적 장벽	-사업개발 승인이 오래 걸림
	-VISA 획득이 오래 걸림
	-정책의 편협한 임의 해석
조세 장벽	-관광객과 관광사업으로 수납된 세금을 비관광목적에 사용
	-항공여행관련세금

정란수(2006)는 시장접근상 제한과 내국민대우상의 제한과 관련하여 국내법은 여전히 국내 관광산업을 육성하고 보호할 수 있는 법 조항이 존재한다고 하고, 이와 관련된 법으로 관광진흥법, 제주국제자유도시특별법, 국제회의육성에 관한 법률, 관광진흥개발기금법, 폐광지역개발지원에 관한특별법, 출입국관리법 등이 있다고 하였다. 즉 이러한 법은 FTA를 체결한 국가들 사이에서 문제가 될 수 있으며, 미국과 같은 강대국에서는 관련 법 개정에 압력을 행사할 수도 있어 한·미 FTA와 같이 거대 자본시장과의 개방은 단순 무역개방으로 그치는 것이 아니라 법률, 제도의 포괄적 변화를 가져온다는 사실을 명심해야 한다고 경고하고 있다.

김철원(2006)은 시장접근 차원에서는 향후 FTA 체결국에서 위배사항이 없도록 요구할 것이라고 하였지만, 내국민대우 차원의 위배조항에는 문제가 없다고 해석하였다. 구체적으로 서비스 분야의 영업활동을 하기 위해서 국내교육기관의 학위가 있어야 한다는 요건이나 서비스 공급의 허가요건으로 자국 언어 구사능력을 시험하는 경우, 국내 거주요건의 요구, 내국민에게만 한정된 보조금 지원 등이 내국민대우 차원의 제약사항으로 포함되지만, 한국과 미국은 관광시장에서 내국민대우원칙 제한사항은 실질적으로 존재하지 않는다고 해석하였다. 또한 대표적인 서비스 보조금인 「관광진흥개발기금법」은 국내외 투자호텔을 불문하고 자금의 일부분을 지원하는 것이기 때문에 내국민대우원칙에 위배되지 않으며, 카지노업과 국제회의업의 경우, 지역주민 우선고용에 관한 조항, 폐광지역 개발지원에 관한 특별법, 제주도 개발특별법은 고용을 통한 지역의 경제적 효과를 기대하는 것으로써 여타 지역의 내국인에게도 해당하는 것으로서 특별히 외국인에 대한 내국민우대 위배조항으로 볼 수 없다고 하였다. 특히 카지노의 경우에는 외국인 투자를 유치하기 위한 외국사업자 등에 대한 간접세 특례와 부가가치세 환급 등의 법령을 마련하여 외국인을 우대하고 있다고 하였다. 비록 그는 FTA 체결에 따른 국내 관광산업의 전략적 대응에 대하여 간략히 언급하고 있지만, 무역의존도가 높고 서비스 분야의 경쟁력이 약한 우리나라의 경우에는 FTA 체결이 불리한 측면보다 유리한 측면이 많을 것이라고 언급하고 있다.

조용수(2006)의 연구에서도 FTA에 의한 관광산업의 개방은 커다란 도전임과 동시에 기회라는 언급하면서, 한·미 FTA로 관광시장 개방이 본격화될 경우 국내 관광산업의 기존 질서나 영업 관행에 대대적인 변화가 불가피하다고 전망하였다. 따라서 국내 관광산업의 현실적인 구조조정과 자본규모를 확장하여 미국업체들과의 대응을 주장하였다.

오익근(2005)의 연구에서도 관광시장 개방이 현실화될 경우 국내 여행업계의 보호를 위해 정부는 조건을 붙인 협상안이 필요하다고 제안하였다.

지역주의 발생의 근본적인 원인은 WTO와 같은 다자주의를 통해서 원하는 이익을 충족시킬 수 없는 국가들이 다양한 이해관계를 만족시키기 위한 각국의 경제적 요구에 의해서이다. 따라서 지역주의 체결은 다자주의와 비교하여 개별국가의 이익을 보다 확실하게 충족시킬 수 있다고 확신할 때 체결하여야 한다는 것은 자명한 사실이다. 만약 지역주의 협상 이면에 국제 권력의 힘이 작용하였다든지 혹은 종속관계에 의한 강압된 형태로 협상이 이루어졌다면 국제기구의 제어는 절대적으로 필요할 것이다.

제4절 관광시장 개방의 비판적 고찰

다자주의와 지역주의하에서 관광의 영향을 구분하여 논하기에는 경계선이 모호한 것으로 파악된다. 왜냐하면 관광산업은 이미 다자주의하에서 많은 부분을 개방하였고, 지역주의하에서는 협상과정 중 관광산업 분야에 직접적으로 영향을 미칠 만한 핵심쟁점은 제기되지 않고 있기 때문이다. 따라서 다자주의하에서 이루어진 양허안의 문제점은 지역주의하에서도 부정적 영향을 동일하게 답습하게 되고, 지역주의하에서는 양허된 관광 이외의 산업, 즉 여타 산업 분야의 개방정도에 의해 관광산업은 간접적으로 영향을 받게 될 것이다.

관광산업은 전(全) 산업에 걸쳐 그 영향이 매우 민감하게 반응하는 산업이며, 역사적으로도 국내·외 정세에 따라 관광의 흥망이 정해지기도 하였다. 현재 진행 중인 FTA 협상 대상 산업은 관광과 직·간접적으로 연관성이 존재한다. 대표적인 예로 농산물 시장 개방은 국내 관련 시장에 심각한 악영향을 초래할 것이라는 것은 각계각층에서도 이견을 두지 않는 대목이며, 이는 곧 최근 각광을 받고 있는 농촌관광, 녹색관광, 체험관광 등에 직접적인 악영향을 미칠 가능성이 높을 것으로 전망된다(정란수, 2006). 이뿐만 아니라, 미국의 저가숙박업체들이 본격적으로 국내진출을 꾀한다면 호텔 및 여관업계는 심각한 타격을 받을 것이다. 특히 미국 관광업체들은 정보와 경험 측면에서 여타 국가들과 비교하여 상대적으로 절대적인 우위를 점하고 있는데, 일례로 미국 내 여행 상품의 일정수립, 교통, 숙박, 음식 등 상품 전반에 걸쳐 미국의 거대 관광업체가 자신의 네트워크를 활용해 가격경쟁력을 발휘할 경우 국내 관광업계가 설 자리는 점차적으로 좁아지게 될 것이다(조용수, 2006).

이와 같이 지역주의하에서 미국과 같은 거대자본국가와의 협상은 국내 관광업계에 미칠 영향은 그야말로 막대하다고 할 수 있을 것이다. 국내·외 경쟁은 날이 갈수록 심화될 것이고, 이에 따라 국내의 관광시장의 대부분을 점유하고 있는 영세업체들의 도산이 속출할 것이다. 일부 생존 가능성이 있는 관광기업들도 이에 대응하고자 우수 전문 인력을 확보하고 마케팅 정보활동을 확대하고 경영체질 개선을 시도하는 등 투자비용이 증가해 기업의 부담은 증가할 것이다. 또 다른 관광기업의 생존전략으로 외국업체와 제휴 및 국내업체 간의 합병 등 업계 질서 재편에 따른 일시적인 시장 혼란이 발생할 가능성이 높을 것이다. 관광 분야에서 아직까지 이루어지지 않은 협상안은 지속적인 협상절차를 거쳐 최종적인 양허안이 향후에 이루어질 것으로 보인다. 그 속에서 여타 국가와 비교하여 필요 이상으로 개방하는 것은 국내산업의 위기를 급속하게 초래할 가능성이 높을 것으로 보인다.

1990년대 이후부터 국제사회는 개방화에 박차를 가하고 있고, 시장개방에 인색하게 되면 국제사회에서 도태될 것임은 자명한 사실이다. 분명한 것은 개방은 하되 어떠한 방안을 수립한 상태에서 개방을 하느냐의 문제이다. FTA와 같이 힘의 논리가 지배하는 지역주의하에서의 시장개방은 갑작스런 혼란을 가져다줄 수 있으므로 사전에 정교하고 구체적인 대응 전략을 수립하는 것은 절대적으로 필요하다. 대응전략의 수립 주체는 정부와 학계의 주축으로 구성되어 지속적인 연구를 거듭한 완성된 정책적 결과물을 도출하여야 한다. 하지만 아직까지 관광학계에서는 이와 관련된 연구가 여타 관광 관련 주제와 비교하여 거의 전무하다 할 수 있다. 본 연구를 비롯하여 몇몇 연구에서 제시하고 있는 FTA의 체결에 따른 국내 관광산업의 대처방안에 대한 후속연구의 활성화는 시급히 이루어져야 할 것이다.

FTA 협상은 한 나라의 미래 운명을 결정할 만큼 중요한 과제이다. 분명 FTA 협상은 우리나라의 국익에 도움이 되는 많은 부분이 존재한다는 것은 확실하다. 이러한 긍정적 측면을 최대한 수혜받기 위해서는 협상 체결국 간에 win-win 원칙에 입각하여 공정하고 정당한 체결을 이루어져야 하며, 어떠한 힘의 논리나 권력정치의 개입이 있어서는 안 된다는 것을 명심해야 할 것이다.

참고문헌

김철원(2006). 한·미 FTA 협상과 관광서비스분야의 영향과 대책. 한국관광정책, 통권 제24호, 여름호, 50~56.

구갑우(2001a). 세계무역기구(WTO) 지역주의 조항의 기원: 국제경제법 형성의 정치경제. 국제정치논총, 41(1), 327~346.

구갑우(2001b). 세계무역기구(WTO)의 다자주의와 지역주의. 한국정치학회보, 35(2), 427~443.

박문서(2005). FTA 추진과 서비스무역 협상전략. 국제지역학회 춘계학술대회, 180~199.

오익근(2005). 시장개방 환경에서 국내 여행사의 활로는 무엇인가? GATS 양허안 분석과 정책개발. 관광·레저연구, 17(2), 271~285.

정란수(2006). 한미FTA, 국내 관광분야의 위기와 양극화. 문화과학 47호/ FTA 기획, 247~263.

정광섭(2007). 한·일 FTA에 대한 고찰: 한·일 FTA가 문화관광산업에 미치는 영향을 중심으로. 외식경영연구, 10(1), 269~287.

조용수(2006). 한·미 FTA 협상과 관광대책. 한국관광정책, 통권 제24호, 여름호, 57~63.

한국문화관광정책연구원(2001). 세계무역기구(WTO) 서비스 협상 관광분야 대응방안 연구.

한국문화관광정책연구원(2005). 문화관광분야 WTO협상 대응 방안 연구.

Bhagwati, J., &. A. Panagariya(1996). The Theory of Preferential Trade Agreements: Historical Evolution and Current Trends. American Economic Review, 86(2), 277−312.

Ruggie, J.(1993). Multilateralism: The Anatomy of an Institution. in J. Ruggie. *Multiateralism Matters*. New York: Columbia University Press.

Zhang, Hanqin(2004). Accession to the World Trade Organizationals: Challenges for China'stravel service industry, *International Journal of Contemporary Hospitality Management*, 16(4), 369−372.

05

관광과 종교 그리고 테러

 를 들어가며

　만약 전 세계에서 가장 위험한 지역이 어디인가라는 질문에 대한 답은 별다른 이견 없이 중동지역이라고 말할 것이다. 그만큼 중동지역은 현재 전쟁과 테러로 얼룩진 곳이다. 그렇다면 왜 전 세계 강대국의 대량살상무기가 중동지역에 집중적으로 쏟아 붓고 있을까? 단순하게 원유생산지를 정복하기 위한 하나의 이유에서 일까? 또한 관광 분야에서 전쟁과 테러의 중심지인 중동지역을 이해해야 하는 이유는 무엇일까? 등 제5절을 들어가기 전에 여러 가지 어려운 난제에 접하게 된다.

　현재 각종 매스컴에서 쉽게 접할 수 있는 국제적인 사건 중 많은 부분이 중동지역을 이해하여야만 그 원인을 해석할 수 있을 것이다. 중동문제의 가장 근원은 종교문제라는 데 많은 학자들은 의견을 같이한다. 중동은 유대교, 그리스도교, 이슬람교의 공통적인 탄생지이다. 세 종교의 역사를 거슬러 올라가면 서로 뿌리가 같은 형제교, 즉 일신교이다. 같은 뿌리에서 시작한 종교가 성전(聖戰)이라는 명목으로 대량살상을 자행하고 있는 셈이다. 그리스도교와 이슬람교의 충돌, 유대교와 이슬람교의 충돌 등 이슬람교를 중심으로 한 유대교와 그리스도교는 역사적으로 십자군 전쟁을 비롯하여 4번에 걸친 중동전쟁, 그리고 현재 이 순간 벌어지고 있는 전쟁과 테러 등으로 헤아릴 수 없는 숫자의 민간인이 희생되는 피로 물든 역사를 가지고 있다. 도저히 중동지역의 평화의 기미는 보이지 않는다. 도대체 무엇이 문제이며, 그 해결책은 없는 것일까?

결과론적으로 위에서 언급한 세 종교의 충돌은 전 세계를 테러의 공포에 휩싸이게 하였고, 경제적 측면에서도 전 산업 분야에 걸쳐 악영향을 미치고 있다.

관광은 정치·경제·사회·문화·심리 등 모든 사회현상과 복합적으로 관련되어 있는 분야이다. 관광이라는 현상을 포괄적으로 이해하기 위해서는 전체에서 관광과 관련되는 부분을 조망하는 체계적 사고가 필요하다. 관광과 종교, 테러가 무슨 관계가 있느냐고 반문하는 사람도 있을 것이지만, 역사적으로 여행은 종교적 성지(聖地)를 방문할 목적으로 활발히 행해졌고 현재는 종교관광의 형태로 전 세계 사람들이 성지에 몰리고 있다. 반면 세계 3대 종교의 성지가 몰려 있는 팔레스타인 동예루살렘에서 빈번히 발생하는 테러와 전쟁이 성지 방문객을 위협하고 있는 실정이다. 이러한 사실만을 보아도 그들 간의 연관성은 충분히 존재한다고 보아야 할 것이다.

관광은 인간의 이동을 전제로 한다. 당연히 관광의 주체인 관광객은 두말없이 테러의 주요 대상이 되고 있다. 이집트는 1993년 수도 카이로의 타리르 광장에서 발생한 폭탄 테러와 1997년 룩소(Luxor)에서 일어난 이집트 과격 이슬람단체 알 지하드(Al-Gihad)에 의한 58명의 외국인 여행자 학살사건이나, 2005년 요르단 암만의 호텔 폭탄테러, 2006년 태국 남부의 이슬람 인구 밀집지역의 소요사태의 격화로 관광객들이 즐겨 찾는 번화가의 폭탄 테러 등 전 세계 곳곳에서 관광객을 위협하는 테러가 자행되고 있다. 이뿐만 아니라 2005년 인도네시아 발리의 자살 폭탄 테러로 한국인 6명을 포함하여 150여 명의 사상자가 발생하였고 이 글을 쓰고 있는 현재인 2007년 10월 19일에도 파키스탄, 필리핀 등지에서 테러가 발생하고 있다. 대부분은 이슬람 무장단체의 소행으로 여겨진다. 향후 테러는 세계관광산업의 가장 중요한 서해요인으로 작용할 것으로 전망된다.

2001년도에 발생한 9·11 사건의 경우, 미국 부시대통령은 이를 "문명에 대한 야만의 도전"이라고 규정한 바 있다. 부시가 이야기하는 '야만'의 대상은 이슬람교를 빗대어 말한 것인데, 그중에서도 이슬람 원리주의자를 일컫는 말이다. 현재 전 세계 테러의 중심에 있는 이슬람 원리주의자들은 왜 그러한 과격한 행동을 자행하는 것일까?

9·11 사건 이후 우리나라는 이슬람교에 대해 많은 관심을 가지게 된다. 특히 언론에서도 이슬람교에 대한 정보를 많이 제공한다. 그러나 그 대부분의 정보가 미국의 시각에서 해석한 것이라는데 그 문제점을 지적하지 않을 수 없다. 9·11 사건의 경우에도, 미국중심의 시각을 가지고 사건 그 자체만을 보려고 하는 경향이 있다. 즉 왜 9·11 사건이 발생하였는가에 대해서는 상대적으로 관심이 적은 듯하다. 물론 민간인을 대상으로 자행한 사건은 이유여하를 막론하고 용서받을 수 없을 것이다. 하지만 그 원인을 이해한다면 최소한 이슬람교는 호전적인 종교 혹은 테러를 자행하는 종교, 테러리스트를 양성하는 종교라는 편협된 미국식 사고방식에서는 벗어날 수 있을 것이다. 실제로 강의를 하다 보면 대부분의 학생들이 이슬람교에 대한 잘못된 아니 편협된 사고를 가지고 있다는 것을 발견할 수 있다. 그럴 수밖에 없는 이유 중 하나로, 소위 블록버스터로 관객몰이를 하는 할리우드 영화만을 보아도 중동지역 사람들은 십중팔구 테러리스트로 나오기 때문이다. 그렇다고 우리가 중동국가에서 만든 영화를 쉽게 접할 수 있는 것도 아니다. 이것만 보아도 우리의 시야는 좁아질 수밖에 없을 것이다.

　따라서 제5부에서는 현재 전 세계의 테러와 전쟁이 발발하는 원인을 종교를 중심으로 파악하고, 테러가 관광산업에 어떠한 영향을 미칠 것인가를 조사할 것이다. 이를 위해서, 먼저 종교 간에 충돌하는 근원적인 원인을 이해해야 한다. 왜냐하면 유대교, 그리스도교, 이슬람교의 역사적 배경을 이해해야만 중동문제를 이해할 수 있고, 중동문제를 이해하여야만 21세기의 국제정세와 미국을 위시한 국가 간 분쟁을 이해할 수 있기 때문이다. 이스라엘－팔레스타인 분쟁, 중동전쟁, 걸프전, 유고내전 등 전 세계 각지에서 일어나는 테러 등의 원인은 종교 문제에서 시작한다고 할 수 있다.

　본서에서 언급한 종교와 관련한 국제정세 부분은 그동안 특정한 하나의 시각, 즉 미국 중심으로 바라보았던 국제정세들을 또 다른 시각에서 사실을 중심으로 언급함으로써 편협된 혹은 잘못된 시각을 가진 독자들에게 좀 더 폭넓은 시야를 제공할 것이다. 그러나 저자의 능력 부족으로 본 내용은 여러 가지 논란과 쟁점적 요소를 많이 가지고 있을 것이다. 본서의 제목이 「관광과 이슈」이듯이 쟁점 사항에 대해 이견(異見)을 가진 독자 상호 간에 토론과 논의가 필요함을 밝혀두는 바이다.

제1절 종교 간 갈등 원인

전 세계의 주요 종교는 모두 아시아에 근원을 두고 있다. 유대교, 그리스도교, 이슬람교는 서남아시아의 건조한 땅에서 생겨난 형제종교이고, 힌두교와 불교는 덥고 습한 인도 대륙에서 생겨난 형제종교이며, 도교와 유교는 극동에서 생겨난 형제종교이다. 이와 같은 종교가 들어가 있는 국가 수를 보면, 세계 전체 국가 244개국 기준으로 그리스도교는 244개국 모두 들어가 있고, 이슬람교는 204개국이 들어가 있는 반면, 힌두교는 109개국, 불교 123개국으로 그리스도교, 이슬람교의 절반 수준에 머물고 있다.

2000년 현재 세계 인구 60억 6천만 명 가운데 그리스도교인은 20억 명으로 전체 인구의 33.0%, 이슬람교인은 11억 9천만 명으로 전체 인구의 19.6%를 차지하고 있어 이 두 종교 인구가 세계 인구의 절반을 넘고 있다. 유대교의 경우에는 유대인의 수와 동일하다고 할 수 있다. 유대인의 경우에는 오랜 이산의 역사를 가지고 있기 때문에 외형상의 특징도 없고, 지역적인 의미도 사실상 무의미하다. 따라서 현재 유대교를 믿는 사람을 모두 유대인으로 보는 것이 일반적인 현상이다.

이슬람교, 그리스도교, 유대교는 전 세계의 어느 종교보다도 상호 간에 갈등의 역사를 가지고 있다. 이슬람교와 유대교의 갈등의 역사, 이슬람교와 그리스도교의 갈등의 역사가 그것이다. 물론 그리스도교와 유대교도 '예수'를 중심으로 한 갈등이 있었지만, 그 영향이 현재까지 미치지 않기 때문에 본서에서는 이슬람교를 중심으로 그리스도교와 유대교의 갈등을 살펴볼 것이다.

1. 이슬람교, 그리스도교, 유대교의 종교적 특수주의와 배타주의

종교 간의 갈등의 원인은 여러 가지 원인에 의해서 야기된다고 볼 수 있을 것이다. 그중에서 종교가 특수주의와 우월주의적 성격을 가지고 있다면, 여타 종교와의 경계선을 명확하게 만들게 되어 갈등의 관계로 빠지기 쉽다(이원규, 2003).

특수주의(particularism)는 어떤 특정 개인이나 집단이 진리, 지식, 선함을 독점적으로 소유하고 있다고 보는 태도를 의미한다. 따라서 특수주의는 진리와 지식을 소유하고 있는 자신의 집단을 내집단으로 보고, 그렇지 않은 집단을 외집단으로 보는 등 그 경계선을 뚜렷이 만들어 내는 경향이 있다. 특히 내집단에 대한 연대감이나 충성심이 강해질수록 외집단에 대한 거부감과 적대감도 강하게 나타난다. 이러한 특수주의 분명하게 나타나는 영역이 바로 종교이다. 종교적 특수주의는 자신이 믿는 종교만이 진짜이고 정당하고, 여타 종교는 가짜라는 믿음을 만들어 낸다. 이러한 종교적 특수주의는 자신의 종교와 타 종교와의 경계선을 만들어 갈등의 관계가 되기 쉽다. 자기 종교에 대한 종교성과 충성심이 강한 사람일수록 특수주의에 빠지기 쉽다.

자기우월주의란 한 집단이나 사회의 성원들이 자기가 속해 있는 집단이나 사회가 옳은 것이며 가장 우월하다고 믿는 태도를 말한다. 우월주의에 빠지게 되면 특수주의와 유사한 태도로 나타나는데, 내집단의 인종, 계급, 민족, 문화, 종교가 우월하다고 보고 외집단의 인종, 계급, 민족, 문화, 종교를 열등하게 보도록 만든다는 것이다. 그러므로 세상의 모든 옳은 것, 좋은 것, 선한 것, 우월한 것은 내집단에 속하고, 그 반대의 것은 외집단에 속한다는 이분법적 사고를 갖게 만들 수 있다. 이러한 우월주의는 종교적 신념이 뒷받침될 때보다 강력한 지배 이데올로기가 될 수 있다. 종교적 우월주의는 종교성이 강한 사람일수록, 종교적 정체성이 강한 종교집단일수록 더 두드러지게 나타난다. 종교적 우월주의에 빠지게 되면 사람들은 자신의 종교집단을 선택된 백성으로 보면서 다른 종교집단에 대해서는 열등한 존재로 보는 경향이 두드러지게 나타나게 된다.

지금까지 언급한 종교적 특수주의와 우월주의가 호전성과 결합하면 극단적인 경우 전쟁이 발생하기도 한다. 종교적으로 정당화된 전쟁은 이른바 "성전(聖戰, holy war, *Jihad*)"이라고 생각하게 된다. 이때 수행하는 전쟁은 도덕적인 것으로 규정되고, 신(神)은 그들 편에 있다고 생각하게 된다. 만약 종교가 지금 행하고 있는 전쟁을 "신의 뜻"으로 규정하고 이곳에 참여하는 사람들은 죽어서 더 좋은 곳에 살게 된다고 한다면, 그 전쟁은 군인들이 신을 위하여 싸우고 있다고 믿게 되어 목숨 바쳐 싸우게 될 것이다. 현재 이슬람권의 10대와 20대 젊은이들이 자살폭탄 테러를 자원하여 자기 차례가 될 때까지 줄을 서서 기다리고 있는 것도 이것으로 설명이 가능할 것이다.

이러한 종교적 특수주의와 우월주의는 역사적으로 이슬람교와 그리스도교 사이에서 빈번히 발생하였다. "십자군 전쟁"이 그러하고, 현대에 와서는 "이스라엘-팔레스타인 분쟁", "중동전쟁", "걸프전", "유고내전" 등이 그 예가 될 수 있다. 결국 종교 간 갈등은 종교적 특수주의나 자기우월주의에 근거한 종교적 배타성에 기인한다고 할 수 있을 것이다.

2. 이슬람교, 그리스도교, 유대교의 종교적 배타성

종교적 배타성은 어느 종교를 막론하고 각각의 교리와 정당성 및 진리를 추구하고 있기 때문에 어느 정도는 배타성을 가지고 있을 것이다. 그러나 종교의 성격에 따라 그 정도의 차이는 매우 심하게 나타날 것인데, 아래와 같은 성격을 가진 종교는 배타성이 강하다고 할 수 있다(이원규, 1998).

첫째, 유일신 신앙(monotheism)을 가진 종교가 더 배타적이다. 유일신 신앙은 절대자 한 분을 섬겨야 한다는 점을 강조한다. 여기에서는 자신이 믿는 유일신 이외의 모든 신앙은 우상으로 거부된다. 유일신 사상은 신앙의 상대성을 인정하지 않기 때문에 타 종교의 교리나 신앙을 배척하게 된다. 따라서 유일신 신앙을 강조하는 종교일수록 종교적 배타성이 강하게 나타나며, 이것은 종교 갈등의 요인이 된다.

둘째, 이분법적 사고 구조를 강조하는 종교일수록 종교적 배타성이 강하다. 이분법적 사고의 예로 선과 악, 빛과 어둠, 하늘과 땅, 신과 인간, 삶과 죽음, 영혼과 육체 등의 구분을 들 수 있다. 이러한 이분법적 사고는 흑백논리에 근거하여 양자택일을 강요하는 경향이 있으며, 포괄적이고 조화롭다기보다는 배타적인 대립의 논리에 기초해 있다. 따라서 이분법적 논리의 지배를 받는 종교일수록 타 종교, 타 신앙에 대하여 배타성이 강하게 된다.

셋째, 선민의식 혹은 특권의식이 강한 종교일수록 배타성이 강하다. 특별히 선택되었다고 보는 우월의식은 내집단의 연대감을 강화시키고, 동질집단에 대한 충성심과 자부심을 만들어 낸다. 그러나 반대로 타 집단에 대한 거부감을 조장하며, 이질 집단에 대한 배타성과 적대감을 야

기하기 쉽다. 선민의식은 우월주의와 특수주의 의식을 강화하기 때문에
더욱 배타적이 되는 것이다.

상술한 세 가지 성격을 근거로 하여 판단하면, 배타성이 강한 종교는
이슬람교, 그리스도교, 유대교라고 생각할 수 있을 것이다. 이슬람교와
그리스도교는 철저한 유일신 사상을 가지고 있다. 이슬람교는 유일신
"알라(Allah)"를 섬기고 있고 그의 말씀을 지상 명령으로 받들고 있다.
따라서 알라에 대한 절대 복종이 무슬림[4])에게 요구되고 있다. 이러한
경향은 그리스도교에서도 유사하게 나타난다. 하나님(여호야)을 유일신으
로 섬기고 있다는 것이다. 하나님은 만물의 창조자이며 섭리자이고 유일
하신 절대적 존재로 믿어지고 있다. 성경구절에도 "나 이외에는 다른 신
들을 네게 있게 하지 말지니라, 우상을 만들지 말고, 절하지 말고, 섬기
지 말라" 등이 나타난다. 또한 그리스도교에서는 이분법적 사고방식이
두드러지게 나타난다. 영과 육, 내세와 현세, 신과 인간, 하늘과 땅, 생
명과 죽음, 빛과 어둠, 죄인과 의인, 선과 악 등을 철저히 구분하는 교
리나 신학을 가지고 있다. 이 또한 이슬람교에서도 나타나는데, 이슬람
을 받아들인 사람을 "다르 알 이슬람(*Dar al-Islam*: 이슬람의 사람
들)", 이슬람을 받아들이지 않은 사람을 "다르 알 합(*Dar al-Harb*: 이
슬람 밖의 사람들)"으로 구분한다는 것이다. 지하드(성전, *Jihad*)라는 말
도 무슬림과 "다르 알 합" 사이의 전쟁 상태, 즉 비신도를 마침내 정복
하고 세계 전체를 이슬람이 지배하게 될 때에 비로소 끝날 수 있는 전
쟁을 의미한다. 어쨌든 이슬람교나 그리스도교는 알라나 하나님에 의해
특별히 예정되고 선택받고 구원받았다고 생각하고 있다.

모든 무슬림, 그리스도교인, 유대교인이 배타적이고 호전적이라고 할

---

4) 이슬람교를 믿는 사람을 무슬림(muslim)이라 하는데, 그 의미는 "복종하는
   사람", 즉 하나님의 뜻에 절대 복종하는 사람이란 뜻을 가지고 있다.

수는 절대로 없다. 원래 세 종교 모두 사랑과 평화, 관용 등을 표방하고 있기 때문이다. 그러나 일부 자기 종교에 대한 맹목적인 충성심과 타 종교에 대한 극단적인 배타성을 가진 집단이 존재한다. 그들의 강력한 종교 이념은 흔히 근본주의 혹은 원리주의로 불린다.

3. 원리주의와 근본주의

근본주의 혹은 원리주의란 보수적인 정치적 힘과 동맹하여 국가, 가족, 종교에 있어 자유주의적 물결로 간주되는 것에 대한 투쟁을 추구하는 공격적이고 신념에 찬 종교운동을 의미한다. 근본주의는 그리스도교와 관련한 용어인데, 제1차세계대전 이후 미국의 자유주의적 현대주의 경향에 반발하여 성서무오설과 개인 구원을 강조한 보수적 기독교 복음주의 운동을 일컫는 말이다. 원리주의는 이슬람교와 관련한 용어이다. 이는 서방세계에서 1970년대 이후 과격하고 이해하기 어려운 무슬림의 움직임에 대해 원리주의라고 일컫기 시작하면서 보편적으로 사용되었다. 이슬람 원리주의와 그리스도교 근본주의 모두 종교에 대한 절대적인 신앙을 강조하고 있고, 철저한 특수주의와 우월주의로 무장된 종교적 배타성과 경직성을 공통적으로 보여주고 있다.

이슬람 원리주의는 이슬람의 종교적 이상주의로서 이슬람 사회와 무슬림 정체성의 기초를 마련해 주고 있다. 이슬람 원리주의의 궁극적 목표는 회교질서를 확립하고 회교 국가를 건설하는 것이다. 그럼으로써 외세를 배격하고, 코란에 따른 정교일치(政敎一致)를 지상의 목표로 삼고 부패한 세속주의 정권의 척결을 주장한다. 이러한 이슬람 원리주의는 20

세기 후반부터 과격해지는 양상을 보인다. 그 이유로는 구(舊)소련의 붕괴로 이슬람 좌익세력이 발판을 잃으면서 그들의 결속에 필요한 정치적, 종교적 이념의 필요성에 기인하지만, 무엇보다도 서구 문물 유입에 따른 이슬람 사회의 부패, 실업과 빈곤층의 증가에 인한 사회적 불안과 좌절감이 심화되었다는 데 그 주요 원인을 찾아볼 수 있을 것이다.

이슬람 원리주의를 주창하는 단체는 대부분 국제사회에 테러단체로 규명한 집단이다. 팔레스타인 무장 단체인 하마스와 지하드, 레바론 이슬람 시아파 과격조직인 헤즈볼라, 빈 라덴이 이끄는 알 카에다, 아프간의 탈레반 등 모두가 이슬람 원리주의로 무장한 단체이다. 이러한 단체들이 성장하게 된 배경에는 두 가지 측면으로 해석할 수 있다. 첫 번째 시각은 19세기와 20세기 초 유럽 그리스도교 국가들에 의한 이슬람 세계의 식민화에 따른 종교적 위기로 인해 보수주의자들의 종교질서를 확립하는 차원에서 확산되었다는 것이고, 두 번째 시각은 서구화, 근대화, 자본주의에 대한 거절이 아니라 오히려 19, 20세기의 서구 문물이 유입되면서 그의 영향으로 이슬람이 자유주의로 변질되어 가는 것에 대한 반작용의 결과라는 것이다. 두 가지 시각의 공통점은 모두 민족주의 성격이 강하다는 것이다.

지금까지의 이슬람 과격단체는 이슬람 원리주의와 민족주의로 중무장한 단체로 규정할 수 있다. 이들은 적대적 외부세력에 대하여 맞서고 이슬람권의 주권을 지키고 강한 국가와 민족을 형성하기 위해서 강력한 이데올로기인 민족주의는 지속적으로 강조할 것이고, 원리주의는 더욱 확산될 것으로 보인다.

이슬람 원리주의에 비하여 그리스도교 근본주의는 호전적이거나 과격하지는 않다. 그러나 비서구, 비그리스도교권과의 전쟁, 특히 그 대상이 이슬람권일 때 그리스도교 근본주의자들은 적극적으로 공격적 행위를 지지해 왔다. 비록 그리스도교 근본주의자들은 그들이 직접적으로 적대국의 테러에 가담하지는 않지만 타 종교, 타 문화 국가에 대한 자국의 공격이 정당하다는 데 적극적으로 앞장서고 있다.

결론적으로 그리스도교와 이슬람교의 갈등의 가장 강력한 배경 중 하나는 특수주의로 무장한 배타적인 그리스도교의 근본주의 이념과 공격적인 이슬람 원리주의 이념의 충돌이라고 할 수 있을 것이다.

제2절 유대교, 그리스도교, 이슬람교의 갈등, 그리고 전쟁

유대교, 그리스도교, 이슬람교는 공통의 한 경전, 즉 유대교에 뿌리를 두고 있는 구약성서에서 공통적으로 출발한다. 그리스도교는 구약성서에서 신약성서를 첨가하였고, 이슬람교는 구약성서에 코란(Qur'an)을 추가하였다. 신약성서를 이해하기 위해서는 구약성서를 알아야 하고, 코란 역시 구약성서와 신약성서 속에서 이해될 수 있는 것이다. 세 종교의 근원은 유대교의 구약성서에 근원을 두고 있으며, 그 탄생지는 중동지역이며, 동일한 지리적 배경과 유사한 역사적 전통을 가진 형제 종교나 다름없는 것이다.

제1절에서는 현재 말도 많고 탈도 많은 세 종교의 발생근원과 형제 종교로 출발하였지만 상호 간에 대립하게 된 이유가 무엇인가를 파악할 것이다.

1. 이슬람교와 유대교

1) 이슬람교와 유대교의 관계

서기 610년 사도 마호메트가 알라의 계시를 히라산 동굴에서 천사 지브릴(가브리엘)에 의해 받은 후 이슬람을 태동시킨다. 그가 거주했던 메카에는 그 당시 수백의 원시신앙과 다신교적인 종교들이 상존하고 있었고, 노예법, 남아선호사상으로 인한 여아살해, 여성차별적인 아랍 고유의 관습이 있었던 시기였다. 하지만 마호메트는 여러 다신교를 인정하지 않고 신은 "알라가 유일하다"란 유일신 사상을 가지고 있었고, 더욱이 당시 메카 상인들의 주요 사업 중 하나였던 노예무역에 큰 치명타를 입히는 "인간은 누구나 다 평등하다"란 사상을 가지고 있어 다신교를 숭배하는 기득권층 아랍부족들의 사업적 기반과 지위를 크게 위협하는 인물로 간주되었다.

반면 마호메트가 주장한 이슬람의 평등사상은 당시 소외계층인 노예, 여성들에게 널리 퍼지게 되었고, 이에 위협을 느낀 메카의 아랍부족들이 연합하여 마호메트와 그 추종자들을 탄압하고 쫓아내기 시작하였다. 이러한 종교적 박해를 피하기 위해 622년 마호메트와 그의 추종자들이 메디나[5]로 종교의 거점을 옮기게 되는데 이를 '헤지라'라고 한다. 한편,

---

5) 아랍어로는 알마디나라고 한다. 이슬람교 성지이며, 메카 북쪽 약 340㎞ 지점, 와디함두 강 상류의 오아시스 지역에 있다. 원래 야스리브(Yathrib)라 불리는 유대인 촌락이었으나, 5세기 말에 아랍인이 정착하였고, 622년 무함마드가 메카로부터 이곳으로 이주(헤지라)한 후 이슬람의 정치·교단 활동의 중심이 되었다. '메디나'라는 이름은 본래 '예언자의 도시'라는 말의 준말이다. 무함마드 사후에도 4대째 칼리프인 알리가 이라크의 쿠파로 수도를 옮길 때까지 이슬람 국가의 수도였다. 농업지역을 배후에 두어 대추야자를 비롯한

메디나의 사람들은 이슬람을 받아들이고 마호메트와 그 추종자들을 받아들이고 "안싸룬(아랍어로 도움을 준 사람)"이라 칭해지고 나중에 메디나 또한 이슬람의 성지가 된다. 이로부터 8년 후 메디나에 이슬람이 정착되고, 마호메트가 메카에 무혈입성을 하면서 여러 다신교 우상들을 타파하게 된다. 결국 서기 631년에 아랍인에 의한 최초의 종교적 통일을 이룩하게 되는 것이다.

마호메트가 서기 622년 메카인들의 박해를 피해 메디나로 이주하였을 때, 메디나에는 세 유대인 부족이 살고 있었다. 그들은 유일신 사상과 모세, 욥, 다윗, 솔로몬 등과 같은 유대인 예언자들에 대한 경의를 표하는 마호메트에게 종교적으로 같은 목적의식을 느끼게 되었고, 일부 유대인들은 마호메트가 곧 유대교로 개종할 것이라고 말하고, 그렇게 되면 아랍에서 유대인의 힘은 크게 성장할 것이라고 믿고 있었다. 이에 메디나의 유대인 부족은 아랍의 새로운 지도자인 마호메트를 호의적으로 받아들였다. 그러나 뜻하지 않게 일부 유대 랍비와 유대 가족이 이슬람으로 개종하게 되면서, 마호메트와 유대인들의 관계는 소원해지기 시작하였다. 뿐만 아니라 유대인들은 마호메트가 처음 메디나로 왔을 때, 그리스도교 숭배의 대상인 예수를 사기꾼이라고 선언해 주기를 바랐지만, 오히려 예수는 유대인들의 구세주, 유대공동체를 일깨워 주기 위해 신으로부터 파송된 신의 사자라고 설교하였던 것이다. 이와 관련하여서는 코란에서 다음과 같이 나타난다.

과일·곡류의 집산·거래가 활발하다. 남서쪽으로 150㎞ 떨어진 홍해안의 옘보를 외항으로 거느리며, 메카와의 사이에 고속도로가 뻗어 있다. 북동쪽의 성벽을 두른 구시(舊市)는 교조 무함마드와 그 후계자인 아부바크르 및 우마르의 묘가 있는 성역이어서, 메카 참배 후 찾아드는 순례자들로 붐빈다. 1962년 이슬람 대학이 설립되었다(두산대백과사전).

우리는 알라와 우리에게 계시된 것을 믿는다.

아브라함과 이스마엘과 야곱과 부족들에게 계시된 것을 믿는다.

그리고 모세와 예수와 주님으로부터 온 대언자들을 믿는다.

우리는 그들(대언자들)을 구분하지 않는다.

(코란 3.84)

이에 유대인들은 점차적으로 마호메트에 대해 반감을 가지게 되었고, 급기야 유대인들은 마호메트가 아랍인이고 신으로부터 선택받은 사람이 아니므로 진정한 예언자가 될 수 없다고 비난하였다.

이슬람교 역시 유대인들이 가지고 있는 선민사상, 즉 유대인들은 항상 그들이 신으로부터 선택된 백성이고 약속된 아브라함의 자손이므로 죄를 용서받고 처벌받지 않으며 불지옥의 형벌은 다른 백성에게 내려질 것이라고 믿고 있는 것은 오만한 것이고, 징벌을 받아도 그것이 가볍고 일시적일 거라는 이런 생각은 매우 잘못된 것이라고 「코란」에서도 지적하고 있는 등 상호 간의 태도에 변화가 생기기 시작한 것으로 보인다.

이슬람교와 유대교는 많은 공통점이 있다. 무슬림의 올바른 믿음이란 신에 대한 예배 의식, 신에 대한 봉사를 통해서 완성된다고 생각하는데, 엄격한 규칙과 절차에 따른 예배의식이나 종교적인 의무의 수행을 통해서 완벽해 진다는 것이다. 이점은 유대교에서도 유사하게 나타난다. 이슬람과 유대교에서는 "하라, 하지 말라" 하고, 신께서 정해 놓은 명령을 따라야만 하고, 정해진 예배를 드려야 하는 것이 무엇보다 중시되는 공통점이 있다.

이렇게 종교적 색채가 유사한 두 종교가 화합할 수 없는 가장 근본적인 이유는 단지 무함마드를 신의 예언자로 인정하느냐 않느냐 하는 데 있었다. 유대교에서는 그리스도교의 '예수'를 인정하지 않았듯이 '마호메트'

를 인정하지 않았고, 이와 마찬가지로 그리스도교 역시 '마호메트'를 인정하지 않았다. 즉 유대교와 그리스도교가 '예수'의 인정 문제로 갈라졌듯이 이슬람교와 유대교 역시 '마호메트'의 인정 문제로 갈라서게 된다.

그렇다고 해서 이 둘의 관계가 악화된 것은 아니었다. 마호메트 통치시대(7세기)부터 19세기에 이르기까지 이슬람교와 유대교는 상호 간에 관용의 역사를 이어왔다. 유대인들이 중세기와 근세기 내내 유럽각지에서 그리스도교인들로부터 박해를 받았던 것과는 반대로 이슬람 사회 내 어느 곳에서든지 유대인들은 정치적, 종교적 자유를 향유했다. 아직까지 중동의 중요 도시에 산재해 있는 여러 유대교 회당이 이를 증명해 보인다. 현재의 아랍-이스라엘 갈등과 분쟁사를 제외한다면 유대교인과 무슬림 사이의 관계는 천 년이 넘는 기간 동안 언제나 우호적이었다.

현재의 이슬람교와 유대교 간의 분쟁은 19세기 후반 유대인의 시오니즘 정신에 입각해 전 세계 각지에 흩어져 있던 유대인들이 팔레스타인으로 들어오면서 본격적으로 발생하는 것이다.

2) 이슬람교와 유대교의 갈등

① 이스라엘 - 팔레스타인 분쟁

이스라엘-팔레스타인 분쟁(이하 이-팔 분쟁)은 아랍 국가들과 이스라엘 사이의 갈등관계를 나타내는 대표적인 사건이다. 이-팔 분쟁의 원인은 아랍인과 유대인의 인종적 갈등, 이슬람교와 유대교의 종교·문화적 갈등, 시오니즘과 아랍민족주의의 이념적 갈등이 증폭된 결과로 해석한다. 그러나 그보다 더 중요한 원인은 서구강국의 개입에 있었다. 미국을 중심으로 한 서구 강국은 유대인에게 일방적으로 유리한 정책을 수립하여 1948년 아랍민족이 살고 있던 팔레스타인 영토에 이스라엘 국가의 수립을 인정했기 때문이다.

팔레스타인은 모세가 고대 이집트로부터 유대민족을 이끌고 도착한 "젖과 꿀이 흐르는 약속의 땅" 가나안을 일컫는 곳이다. 팔레스타인에 유대인이 국가를 건설한 시기는 기원전 12세기경이다. 기원전 1011년부터 기원전 931년까지 독립된 왕조를 세워, 유대민족 사상 최고의 전성기를 누리던 시기였다. 기원전 922년경 북이스라엘왕국과 남유대왕국이 분열되었으며, 이스라엘왕국은 기원전 722년에 앗시리아에, 유대왕국은 기원전 586년에 바빌로니아에 멸망하였다. 이후 유대인들은 앗시리아, 바빌로니아, 페르시아, 그리스, 로마의 지배를 받았다. 이후 서기 135년 유대인들은 로마 통치에 저항하여 반란을 일으킴으로써 예루살렘으로부터 추방당했으며, 이때부터 유대인은 이스라엘 국가가 성립되는 1948년까지 약 2000여 년에 이르는 이산의 역사(디아스포라)가 시작되었다. 유대인의 오랜 이산의 역사와 러시아를 비롯한 몇몇 유럽 국가의 유대인 탄압은 그들에게 국가 성립의 필요성 느끼게 만들었다. 이는 곧 약속의 땅인 팔레스타인에 유대민족국가 수립을 목표로 하는 시오니즘 운동으로 확산되었고, 급기야 1947년 11월 29일에는 국제사회의 도움으로 이스라엘 국가를 성립하게 된다. 팔레스타인에 거주하는 아랍인 입장에서 너무나 억울한 국제사회의 처사이었기에 이스라엘 국가 수립과 동시에 4번에 걸친 중동전쟁이 발발했을 뿐만 아니라 지금까지도 끊임없는 분쟁의 기원이 되고 있다.

유대인 민족국가인 이스라엘은 팔레스타인에서 건국되는데, 이곳은 유대교, 그리스도교, 이슬람교의 성지(聖地)가 있는 복잡한 종교적 숙명의 땅이다. 그래서 팔레스타인은 역사적으로 수많은 전쟁이 치러지며, 지배의 역사가 깊숙이 존재하는 땅이기도 하다. 395년 비잔틴제국의 지배,

614년에는 페르시아의 지배, 637년에는 이슬람 군대가 팔레스타인을 정복하면서 아랍 이슬람의 지배하에 놓이게 된다. 그 후 14세기 동안 아랍인들은 팔레스타인에서 살면서 여러 민족과 혼합되었다고 한다.

오랜 시간동안 전쟁이 없는 평화의 땅으로 존재하다, 세계 제1차 대전을 시작으로 또다시 혼란이 발생한다. 세계 제1차 대전 당시 팔레스타인은 오스만 터키의 지배하에 있었는데, 당시 오스만 터키는 독일 측에 가담하였다가 영국에 의해 패전하게 되었다. 영국은 오스만 터키의 안전을 보장해 준다는 명분을 내세워 팔레스타인에 대한 영향력을 강화시킨 후, 유대민족과 아랍민족 간의 상호 모순된 협정을 체결하였고, 아랍민족의 분열을 조장하여 아랍민족 간 전쟁을 유발시키는 등 온갖 수법으로 국제사회를 어지럽히기 시작한다. 이와 관련한 대표적인 협정이 1914년~1916년 사이의 샤리프 후세인-맥마흔 서한, 1916년의 사이크스-피코 협정, 1917년 발포어 선언이 그것이다. 영국의 주도하에 이루어진 세 협정은 양국 간의 이해관계가 얽혀서 비밀리에 추진되다 보니 이로 인한 상호모순은 필연적으로 발생하였고, 무엇보다 영국은 자국 이익을 위해 유대인과 아랍민족 각각에게 유리한 2중 계약을 체결하여 결국 오늘날과 같이 이슬람을 분열시키고 이-팔 분쟁의 원인을 제공하였다.

후세인-맥마흔 서한, 사이크스-피코 협정, 발포어 선언의 주요 내용

후세인-맥마흔 서한: 1915년에서 1916년 사이 영국의 고등 판무관인 맥마흔이 그 당시 이슬람교의 성지인 메카의 태수였던 후세인에게 보낸 비밀 서한을 말한다. 영국은 메카의 태수가 요구하는 범위 내의 모든 지역에서의 아랍인의 독립을 승인, 지지할 용의가 있으며, 영국은 모든 외국침략으로부터 보호하며, 아랍권 정부형성에 필요한 유럽의 고문 및 관리를 영국인들이 담당하여 광범위한 아랍독립국가 건설 보장을 내용으로 하고 있다.

사이크스-피코 협정: 1916년 5월 영국, 프랑스, 러시아 3국 간에 맺어진 조약으로 후세인-맥마흔 서한과 반대의 내용으로 협정이 체결된다. 이 협정에선 주로 영국과 프랑스의 이권에 관하여 그 권리를 인정한 것이다. 프랑스의 경우에는 시리아 해안지대의 대부분을, 영국의 경우에는 바그다드를 포함하는 남부 메소포타미아 주변 지역의 이권을 차지하게 된다. 후세인—맥마흔 서한에서 아랍독립국가 건설 보장과는 다른 내용을 담고 있다. 그러나 이 협정에 있어서 팔레스타인 지역은 국제관리하에 두어 소규모의 아랍관련 독립국가 건설을 하기로 약속했다.

발포어 선언: 이는 후세인—맥마흔 서한과 사이크스—피코 협정 이후인 1917년 11월 2일 선포되었다. 주요 내용은 팔레스타인 지역에 유대 독립국가 건설을 찬성하는 선언문이다. 사이크스—피코 협정에서는 팔레스타인 지역에 아랍 독립국가 건설을 약속하고, 발포어 선언에서는 유대 독립국가 건설을 찬성한다. 발포어 선언은 영국이 아랍, 유대 양측에 국가 건설을 약속하는 것인데, 이는 전형적인 이중 외교로 불린다.

위에서 언급한 세 가지 협정 외에 직접적으로 이—팔 분쟁에 야기한 원인으로는 유대민족의 이스라엘 국가의 수립이다. 이스라엘 국가 수립 자체가 아랍민족 입장에서는 불평등한 국제사회의 조치였고, 이는 곧 4차례에 걸친 중동전쟁을 일으키는 직접적인 원인이 되었기 때문이다. 이때부터 이—팔 분쟁은 본격적으로 시작된다.

유대인이 시오니즘에 근거하여 팔레스타인 땅으로 이주하기 전인 1800년대 후반까지만 하여도 아랍인과 유대인 간의 갈등은 거의 없었다. 그러나 유럽사회에서 유대인 박해가 심해지면서 그들 스스로 국가 수립의 필요성을 깨닫고, 팔레스타인 땅의 소유권을 주장하기 시작하였다. 유대인들이 이스라엘 국가를 수립하면서 팔레스타인 땅의 소유권을 주장했던 유일한 역사적 배경은 성서시대에 조상들이 그 땅에 살았다는 것 이외에는 아무것도 없다고 한다.

이렇듯 팔레스타인에 거주하는 아랍계 민족들은 영국과 미국을 중심으로 한 서구 강대국의 모순된 협정과 유대인의 팔레스타인 땅에 대한 일방적인 소유권 주장 및 이에 대한 국제사회의 일방적인 지지 등으로 피해를 입게 되었다. 이러한 일련의 과정을 경험하면서 유대교로 대변되는 이스라엘과 이슬람교 사이의 갈등과 폭력 그리고 테러는 지금까지도 지속되고 있다.

② 팔레스타인을 점령한 유대인의 만행

팔레스타인 땅에 유대인 국가인 이스라엘을 건국할 수 있었던 것은 1947년 유엔 총회결의 181호에 의해서이다. 181호 결의는 팔레스타인 전 지역의 56.47%를 유대인 국가로, 42.88%를 아랍국가로, 예루살렘 국제지구로 0.65%로 할당하였다. 그런데 181호 결의가 있던 그 당시에 팔레스타인에 거주하던 토착 아랍인들이 팔레스타인 전 지역 중 87.5%를 소유하고 있었고, 유대인들의 대부분의 이주자들로서 6.6%만을 소유하고 있었다. 나머지 5.9%는 영국 위임 통치청 소유의 땅이었다. 당연히 팔레스타인 아랍인들은 181호 팔레스타인 분할안을 거부하였지만, 유대인들은 이 분할안을 받아들였다. 결론적으로 1948월 5월 14일 이스라엘 국가가 수립되고, 이와 동시에 아랍 연합군(이집트, 요르단, 시리아, 레바논, 이라크 등)이 이스라엘을 공격하면서 4차례에 걸친 중동전쟁이 발발하게 된다.

서구 세력의 일방적인 지원하에 이스라엘 국가는 수립되었고, 이 사건은 팔레스타인에 거주하는 아랍민족들에게는 너무나 억울하고 부당한 처사였기에 아랍민족들은 하나의 연합군을 결성하여 이스라엘과 대항했던 것이다. 그러나 4차례에 걸친 중동전쟁은 빈번히 이스라엘의 승리로 끝나게 되고, 팔레스타인의 땅은 점차적으로 이스라엘에 의해 잠식되어 간다.

1948년에 발발된 제1차 중동전쟁으로 이스라엘은 팔레스타인 지역의 78%를 장악하게 되고, 팔레스타인 아랍주민들의 90% 정도는 주변의 아랍국가로 피난하였다. 이에 이스라엘은 1950년에 주변 국가로 피난을 간 아랍인들의 토지 몰수를 위하여 「부재자 재산법」을 공포하고, 100만 명에 달하는 아랍인들의 재산 강탈을 하였다. 반면에 이스라엘은 「귀환법」을 공포하였다. 이 법은 "모든 유대인들은 새로운 이주자로서 이스라엘로 돌아올 권리를 가지며, 완전한 시민권을 부여 받는다"고 규정하였다. 결국 이스라엘은 「부재자 재산법」과 「귀환법」 제정을 통하여, 팔레스타인에 거주하는 토착 아랍인을 추방시키고 세계 각지에서 흩어져 있는 유대인들을 불러 들였다.

제1차 중동전쟁 후 이스라엘은 팔레스타인 영토의 78%를 장악하고, 나머지 22% 중 가자지구는 이집트의 통치에, 동예루살렘을 포함한 서안지구는 요르단의 통치하에 놓이게 되었다. 그런데 나머지 지역인 22%마저도 1967년 6월 전쟁으로 이스라엘은 모두 점령하였다. 2000년 이상 이산의 역사(디아스포라)를 가진 유대인이라서 그런지, 전쟁에 엄청난 응집력을 보여줘 매번 승리로 장식하게 된다. 또한 가자지구와 동예루살렘, 서안지역에서의 이스라엘 점령민들은 매년 증가하여 2000년에는 40만 명을 넘어섰다. 동예루살렘은 이슬람교, 그리스도교, 유대교의 성지가 위치한 종교적으로 매우 중요한 지역이다. 주요 성지를 포함하는 지역이다 보니, 1967년의 6월 전쟁으로 이스라엘이 점령한 이후 현재까지 이스라엘－팔레스타인 분쟁의 대상이 되고 있다.

이러한 이스라엘의 점령 정책과 관련하여 2004년 7월 국제사법재판소는 다음과 같이 판결하였다.

1967년 전쟁에서 이스라엘이 점령한 지역인 동예루살렘, 서안 가자지역은 국제법을 위반한 점령지이다. 따라서 이스라엘이 이들 지역에 건설한 점령촌도 국제법 위반이다. 이스라엘 분리장벽은 팔레스타인 아랍들의 인권을 심각하게 침해한 것이다. 이스라엘은 장벽 건설로 피해를 입은 팔레스타인인인들에게 보상을 하고 수용한 토지를 반환해야 한다.

그러나 이스라엘은 이러한 국제사법재판소의 판결을 아랑곳하지 않고 점령정책을 강화해 나가고 있다.

팔레스타인 아랍인들은 이스라엘의 팔레스타인 땅 불법 점령과 만행에 대항하고자 1969년 이후 야세르 아라파트가 주도하는 PLO(팔레스타인 해방기구)에 적극 가담하여 이스라엘에 대한 무장투쟁을 전개하였고, 1988년에는 팔레스타인에서 이슬람 무장단체인 하마스가 창설되어 이스라엘 투쟁을 주도하게 된다. 한편 1987년에 시작된 1차 팔레스타인 민중봉기(인티파타)로 이스라엘의 억압정책이 전 세계에 폭로되면서 이스라엘은 국제사회의 비난에 직면한다.

이렇게 팔레스타인 아랍인들의 저항이 극심해지자, 이스라엘은 1992년부터 PLO와 영토 분쟁과 관련하여 협상에 나서게 된다. 그러나 매번 협상은 순조롭게 진행되지 못했을 뿐만 아니라 협상과정 중에 이스라엘이 보여준 이중적인 정책으로 2000년 7월 8년간 지속된 팔레스타인-이스라엘 협상은 완전히 결렬되고, 자살폭탄공격을 동반한 팔레스타인 아랍인들의 제2차 민중봉기가 발발하였다. 이 민중봉기를 막는다는 구실로 이스라엘은 2002년부터 서안지역에 총 길이 800㎞ 이상 높이 8m의 콘크리트 분리 장벽을 건설하고 있다.

위에서 제시한 국제사법재판소의 판결문에서도 이스라엘 장벽 건설로 피해를 입은 팔레스타인들에게 보상을 하고 수용한 토지를 반환하라고 하였지만, 여전히 이스라엘은 무시하고 있는 상황이다. 그야말로 이스라엘로 인해 팔레스타인 아랍인들의 피해는 극심하다는 것을 알 수 있다.

2000년에 발발한 제2차 민중봉기 이후 2007년 1월 말까지 이스라엘 군인들이 동예루살렘, 서안, 가자지역에서 5,050명의 팔레스타인 아랍인들을 살해했다. 또 같은 기간 동안에 72,437채의 팔레스타인 주택들이 이스라엘의 공격으로 파괴되었다. 반면 이스라엘 정부는 1967년 전쟁이후 군사 점령하고 있는 동예루살렘과 서안 전역에서 점령촌 건설 사업과 분리 장벽 건설 사업을 강행하면서 이스라엘인들을 점령촌으로 이주시키고 있다. 현재 이스라엘 감옥에 투옥된 팔레스타인 아랍인들은 10,400명이지만, 팔레스타인 감옥에 수감된 이스라엘인들은 없다고 한다(홍미정, 2007).

이스라엘 정부는 건국 이후 인종 차별 정책으로 토착주민살해, 추방, 주택파괴, 토지 약탈 정책을 지속적으로 실행하고 있는 반면, 전 세계 각지에서 들어오는 새로운 이주자에게는 시민권, 직업, 주택, 토지 등을 제공하고 있다. 심각한 인종차별의 현장이다.

현재 팔레스타인 땅의 78%는 이스라엘 국가의 영역으로 인정받고 있다. 그러나 22%인 동예루살렘, 서안, 가자지역은 불법 점령지로 이미 국제사법재판소에서 규정한 영역임에도 불구하고 이스라엘은 이 지역에서 야만적인 군사 점령 정책을 지속적으로 실행하고 있다. 팔레스타인 아랍인들의 자살폭탄 테러 등과 같은 무장단체 활동의 강화와 민중봉기의 발생은 어찌 보면 당연한 결과일 것이다.

2. 이슬람교와 그리스도교 간의 갈등

최초 이슬람교와 그리스도교는 공통의 근원에서 출발하였다. 기독교의 '여호와'는 이슬람교의 '알라'에 해당된다. 즉 언어의 차이로 인해 부르는 말이 다를 뿐이지 그들이 숭배하는 대상은 동일한 하나님 한 분이다. 이슬람교는 하나님이 아브라함, 모세 그리고 예수에게 내린 계시가 다시 한 번 마지막으로 무함마드에게 와서 탄생한 종교이다. 앞에서도 언급하였지만, 유대교, 그리스도교, 이슬람교는 하나의 뿌리에서 시작한 형제종교이다.

그리스도교는 로마의 콘스탄티누스 황제시절 국교로 인정되면서 중동 전역에 퍼지기 시작한다. 이슬람교는 그리스도교가 중동에 전파된 지 300여 년 이후에 탄생하게 되는데, 사실상 이슬람교는 그리스도교가 전파된 지역을 이슬람교로 포교 및 개종시킴으로써 성장하게 된다. 이러한 종교 발생 기원과 성장 배경은 그리스도교와 이슬람교의 갈등의 역사를 시작하는 근원을 제공하게 된다. 그 대표적인 사건으로 십자군 전쟁이 있다.

1) 십자군 전쟁

팔레스타인의 동예루살렘은 현재 유대교, 그리스도교, 이슬람교의 3개 종교의 성지가 모여 있는 곳이어서 역사적으로 종교적 분쟁이 잦은 지역이다. 이곳은 십자군 전쟁의 주요 목표 지역이었고, 현재 이스라엘-팔레스타인 분쟁의 주요 원인을 제공한 지역이기도 하다.

그리스도교는 로마 제국의 영토 팔레스타인에서 출현한 후에 탄압 속에서 성장하여 갔고, 마침내 콘스탄티누스 황제(재위 311~337년)의 개종과 함께 로마 전역에 전파되기 시작한다. 그리스도교를 인정한 로마는 더 나아가서 그리스도교를 제국의 국교로 만들었고, 이에 따라 대부분의 중동지역은 그리스도교가 지배하게 되었다. 이로부터 300여 년 후인 서기 610년에 마호메트가 이슬람교를 태동시킨다. 이슬람교는 유대교와 그리스도교와 함께 아브라함이라는 같은 신앙의 뿌리를 가지고 있고, 이슬람교의 유일신 사상과 개인의 도덕과 동정심에 대한 강조, 계시에 의해 기록된 성서에 의존한다는 점에서 그리스도교나 유대교와 비슷하다.

이슬람교는 사실상 이미 그리스도교가 전파된 지역을 이슬람화시키면서 성장하는 종교이다. 즉 이슬람교는 그리스도교의 발생지역과 최초로 그리스도교를 인정한 지역을 이슬람화시켰고, 이것은 십자군 전쟁 시 그리스도교가 이슬람교에 대하여 더욱 강경한 입장을 취하게 만든 주요 원인이었을 것이다.

십자군 전쟁은 그리스도교 성지를 지키기 위하여 중세 유럽의 그리스도교들이 1095년부터 1291년까지 벌인 전쟁을 말하고, 이는 그리스도교가 그들의 성지에서 이슬람교도들에 의하여 성지 순례를 방해받는다는 이유에서 성지 탈환을 목적으로 시작하였다. 십자군은 교황의 호소에 의해 결성된 연합세력으로 구성되었고, 이 전쟁에 참여해서 죽는 사람은 그들이 생전에 저지른 모든 죄를 용서받는다는 생각하였으며, 그들 스스로는 군인이기보다는 순례자로 여겼다고 한다. 그러나 순례자라고 하기에는 너무나 잔인하고 참담한 전쟁이었다고 기록되고 있다. 주지된 바와 같이, 십자군 전쟁은 종교적 명분 속에 일어난 정치적인 전쟁의 성격을 지니고 있다. 때로는 무질서, 약탈, 학살, 소년·소녀 십자군을 노예로 매매하는 등 추악하고 잔인하기까지도 하였다고 한다. 십자군 운동으로 인하여 유럽은 동방과의 접촉을 하게 되는데, 당시 유럽보다 문명이 앞서 있던 동방과의 접촉과 교류는 유럽이 중세의 긴 잠에서 깨어나게 하고, 유럽의 르네상스가 일어나는 계기를 만들어 유럽 문명이 세계를 제패하는 기초가 되었다.

이슬람교는 십자군 전쟁을 이슬람 확산에 대한 그리스도교의 최초의 반격이며 침략으로 생각하고 있다. 그리고 이 침략에 대하여 그들은 "지하드(성전)" 개념으로 물리쳐 나가려고 하였다. 지하드는 이슬람교도들이면 누구나 참여해야 하며, 이슬람 지도자의 지휘가 없이 개개인이 자발적으로 참여하는 성격이 강하였다.

중세의 이슬람교는 유럽사회보다 훨씬 덜 폐쇄적이었으며, 타 종교에 대하여 관대하고 상대방을 인정하는 종교였다. 그러나 뜻하지 않은 십자군의 침입을 받았던 이슬람 세계는 십자군에 대항할 수 있는 힘이 필요하였다. 지하드는 이러한 시대적 요구에 의해서 발생한 그들의 사상이었으며, 이교도들이 이슬람의 계율을 인정할 때까지 싸우면서 이슬람 세계를 유지·확장하려는 개념이었기에 그리스도교와 싸우는 이슬람 지배자들에게는 필요한 정신적 무기였다.

중동의 이슬람 세계는 어떠한 외부세력도 이슬람을 받아들이고, 그들의 제도를 인정하면 외부 세력이 그 지배권을 행사하는데 토착 지배 세력과 어떠한 차이를 느낄 필요가 없을 정도로 외부 세력 수용에 개방적이었다. 하지만 십자군은 그들의 종교와 그들 이외에는 인정하지 않고 약탈, 파괴, 살인 등의 행위를 지속적으로 하였다.

그럼에도 불구하고, 그리스도교 입장에서 십자군은 근세 이후 유럽에서 도덕적으로 정당한 목표를 위해 싸우는 명예로운 의무감을 가진 정의의 군대로 여겨지고 있다. 물론, 이슬람교는 사실상 그리스도교 지역을 이슬람화하면서 성장하였기 때문에 그리스도교 입장에서는 성지 탈환이라는 명분에 어느 정도 정당성이 부여될 수 있을지는 모른다. 그러나 성지탈환이라는 명분에 걸맞지 않는 이슬람교에 대한 그들의 잔인함은 현재에 와서도 십자군 전쟁의 명분을 이해하는 데 혼란을 가져오고 있다.

십자군 전쟁이 그리스도교들의 물리적 이익추구, 정치적 욕심, 무질서, 무지 등의 비윤리적인 요소를 포함하고 있을지라도, 유럽인들은 그것을 종교적 열정을 가지고 진행된 그들의 성지탈환 운동으로 본다.

역사는 가장 강한 자가 인정하는 기록에 따르는 경향이 있다. 즉 오늘날 서양 문명이 세계 문명의 흐름을 주도하고 있기 때문에 십자군의 역사도 유럽 중심의 십자군 역사와 개념이 가장 널리 인식될 수밖에 없다. 우리 역시 유럽의 긍정적인 십자군에 대한 개념이나 인식을 그대로 받아들이게 되었던 것이다. 이러한 문제는 비단 십자군 전쟁에만 국한되지 않고, 현재 세계 각지에서 벌어지고 있는 종교·인종·영토분쟁 등 모든 국제정세의 흐름을 강대국의 중심에서 해석을 하는 오류를 범할 수 있을 것이다.

최근에 발생한 사건 중 전 세계를 떠들썩하게 했던 미국의 9·11 사건의 경우도 예외는 아닌 듯하다. 오사마 빈 라덴에 의해 자행된 9·11 사건은 비록 어떤 경우에서라도 그와 같은 행위는 정당화될 수는 없겠지만, 최소한 왜 그러한 일이 무엇 때문에 발생하였는가에 대한 기본적인 의문을 가져보아야 할 것이다. 그러나 많은 사람들은 미국에 의해 자행된 사건에는 정당성을 부여하고, 미국에 피해를 준 당사자에게는 무조건적인 악(惡)의 존재로 분류하려는 경향이 있는 듯하다. 현재 세계 문명의 흐름을 주도하는 세계 최대 강대국은 당연 미국일 것이다. 더욱이 우리나라의 경우에는 정치, 경제, 문화 등 모든 면에서 미국에 의존하는 친미 국가 중 하나이기 때문에 이러한 현상은 여타 국가에 비해 상대적으로 더욱 심할 것으로 추론할 수 있다. 하지만 발생한 사건의 결과를 중심으로 단순하게 선과 악을 구분하기보다는 사건이 발생한 원인을 규명하려는 노력이 최소한으로 이루어져야 할 것이다.

2) 9·11 사건

그리스도교와 이슬람의 두 세계는 역사상 많은 갈등을 가지고 있다. 구약성서상의 대립전쟁, 이슬람 정복전, 십자군 전쟁, 오토만의 발칸 정복, 영미세력의 식민 제국, 이스라엘—팔레스타인 분쟁, 키프러스의 내전, 레바론 내전, 인도 파키스탄 분쟁, 보스니아 사태 등 전쟁의 본질적 내용은 상이하겠지만 종교문제는 공통적으로 적용된 원인이었다.

2001년 9월 11일에 발생한 9·11 사건은 이슬람권이 그리스도교의 중심 국가이자 세계 최대 강국인 미국의 중심부를 직접적으로 타격을 준 사건으로 기억되고 있다.

헌팅턴은 1993년 「문명의 충돌」에서 새 시대 분쟁의 근본원인이 '이념'이나 '경제'에 관련된 문제가 아니라, 문화의 차이에서 비롯된다고 설명했다. 물론 각 국가가 세계사의 주역으로 독립적으로 기능을 하지만, 세계정치의 분쟁은 서로 다른 '문명집단' 간의 분쟁이며 '문명 간의 충돌'이 세계정치의 내용이라고 주장했다. 그는 '문화정체성'이라는 이름 아래 각 나라를 분류해 몇 개의 주요 문명권을 설정하고 이들 문명권 중 단연 '서구(West)'와 '아랍(Arab)'의 충돌이 운명적으로 세계정치의 내용이 될 것이라고 주장했다. 9·11 사건을 '이슬람과 그리스도교의 충돌', '아랍문명과 서구문명'의 충돌이라는 시각으로 일부 서구 학자들은 보고 있다.

부시 미국 대통령은 9·11 사건 직후 발표한 대국민성명에서부터 줄곧 이 사건을 문명에 대한 야만의 도전이라고 선언하고, 주동자인 빈 라덴(Bin Laden)과 그의 조직인 알 카에다(Al-Queda)를 비롯한 국제테러조직들에게 은신처를 제공해 온 아프간 탈레반 정권 등을 야만으로 정의하고 이들에 대한 공격을 야만에 대한 문명의 응징으로 규정하였다.

그러나 부시가 규정한 야만의 대상 중 하나이면서, 9·11 사건의 주범인 알 카에다는 1970년대 후반 소련의 아프간 침공을 저지하기 위하여, 미국이 이슬람 전사들을 모집하여 매월 1,500달러 정도의 파격적인 높은 임금을 주면서 군사훈련과 폭탄제조법 및 게릴라전까지 교육시켜 탄생한 단체이다. 미국은 소련의 팽창을 저지하기 위하여 알 카에다라는 무장 단체를 키웠던 것이다. 뿐만 아니라 9·11 사건의 주범인 빈 라덴은 그 당시 미국의 전폭적인 지지를 받던 인물이었다(Cooley, 2000).

미국에 의해 탄생하고 훈련된 조직에 의해 미국은 당했던 것이다.

이슬람권 아랍민족들은 서구 유럽 기독교도들의 십자군 전쟁 시 저지른 만행을 기억하고 있고, 또다시 19세기에는 영국을 중심으로 한 서구 강대국에 의해 이슬람권을 식민지로 전락시키고 그들 마음대로 국경선을 긋고 분할 지배한 역사를 상기하고 있다. 이뿐만 아니라 미국과 영국이 이스라엘 건국을 일방적으로 도와주고, 이스라엘—아랍진영 간의 갈등과정에서 친이스라엘 정책으로 아랍민족에게는 일방적인 불리한 정책을 수립하여 피해를 주었다는 것을 알고 있다. 1990년대 와서는 이라크—쿠웨이트 간 분쟁에 미국이 개입하고, 또 전쟁 이후 이라크에 대한 경제제재조치를 취하고, 말도 안 되는 이유를 가지고 국제사회의 승인 없이 침략을 자행하여 이라크를 혼란에 빠뜨렸다. 또한 이슬람의 성지가 있는 사우디아라비아에 미군을 주둔시키고 있는 것 등에 이슬람 아랍민족들은 크게 분노하고 있다. 뿐만 아니라 미국의 동티모르, 아르메니아—아제르바이잔 분쟁, 체첸사태, 카슈미르 분쟁, 보스니아 인종청소, 코소보 사태 등 이슬람권 곳곳에서 번지고 있는 민족분규와 영토분쟁에서 미국은 거의 의도적으로 반이슬람 노선을 취하고 있고, 이에 분개한 일부 무슬림들의 분노의 결과물이 9·11 사건인 것이다. 이렇듯 이슬람권은 역사적으로 서구 유럽에 의해 침략을 당해왔으며, 19세기 이후부터는 미국에게 당한 피해의식과 그에 따른 분노의 감정은 이슬람권 전역에 퍼져 있다고 할 수 있다.

이슬람 사회는 공동체 의식이 강하고 그들 간의 결속력은 대단하다. 비이슬람권이 보스니아, 체첸, 아프간 등지에서 이슬람권에 대한 공격이나 압제를 하여 위기에 처해 있을 때, 이슬람을 구하기 위해 수많은 이슬람 근본주의 청년들이 지원병으로 참전하는 것만 보아도 알 수 있다. 이제는 이슬람 사회에서 미국에 대한 분노는 보편화되어 있다.

미국의 이슬람권에 대한 만행은 날이 갈수록 극에 달하고 있고, 이에 대한 미국내부에서도 자성의 목소리가 있다. 이를 대변하듯, 2006년 11월 8일 미국 중간선거 결과 부시의 공화당이 민주당에 참패를 하면서 이라크 전쟁의 주범인 럼스펠드 국무장관이 경질당하였다.

국제사회의 승인 없이 자행한 이라크 전쟁의 결과, 미국이 주장했던 대규모 생화학 무기는 발견되지 않았고, 이라크가 9·11 사건의 연류되었다는 어떠한 증거도 입증하지 못하였다. 전쟁의 결과 미국은 중동의 석유와 관련하여 그들의 입지를 구축하는 데 성공할 따름이었다. 미국은 지난 25년 동안 중동의 석유를 도둑질해 왔다. 석유 1배럴이 팔릴 때마다 미국은 135달러를 챙겼기 때문이다. 이렇게 해서 중동이 도둑맞은 금액은 무려 1일 40억5천만 달러로 추산된다. 이것은 역사상 최대 규모의 도둑질인 것이다. 이런 대규모의 사기에 대해 세계의 12억 무슬림 인구는 1인당 3천만 달러씩 보상해달라고 미국에 요구할 권리가 있는 것이다(로레타 나폴레오니, 2004).

미국의 이슬람 사회에 대한 일방적인 불리한 정책은 그들을 과격하게 만드는 데 가장 주요한 원인인 것이다.

3. 이슬람교의 과격화 원인

현재 이슬람교는 전 세계적으로 전쟁과 테러의 중심에 있는 종교라고 말하여도 과언이 아닐 정도로 많은 문제의 핵심에 있다. 최근에 발생한 미국의 2001년 9·11 사건을 위시하여, 각국에서 발생하는 자살 폭탄테러 및 전쟁에 이슬람교가 있다. 또한 우리나라 역시 2006년 김선일 씨 피살사건과 2007년 탈레반 피랍사건 등 더 이상 이슬람교의 테러에 예외가 아닌 것으로 보인다. 그렇다면 이슬람교가 왜 전 세계 테러와 전쟁의 중심이 되었을까? 그 종교 자체가 호전적이며, 과격한 종교일까? 이슬람교에 비교적 관심이 많지 않았던 우리나라 사람들도 최근에 발생한 테러로 인하여 이슬람교를 과격한 성격의 종교로 보는 사람이 다수 일 것이다.

따라서 여기서는 이슬람교의 성격을 단언할 수는 없지만, 그 역사적 배경을 살펴봄으로써 이슬람교의 과격화된 이유에 대해서 설명하고자 한다.

이전에 언급한, 이−팔 분쟁은 이슬람교를 신봉하는 아랍계 민족들이 서구 열강들의 무차별적인 침략과 유대인의 일방적인 땅 소유권 주장과 이를 일방적으로 지지한 국제사회의 결정으로 인해 피해를 보았다고 언급하였다. 이는 곧 아랍민족은 순박하고 선량한 민족이며, 서구 열강의 일방적 침략을 당한 피해자의 역사를 가진 민족으로 보일 수 있지만, 사실상 몇몇 문헌에서는 아랍민족의 호전성에 대한 예를 들고 있다.

역사가 헤이즈(Carlton J. Hays)는 이슬람교를 신봉하는 아랍민족에 대하여 다음과 같이 언급하였다. 끝없는 사막 위에 내려 쬐이는 뜨거운 뙤약볕, 항상 이동하는 상업적 집단생활이 아라비아나 북아프리카 지역 아랍인들에게는 호전성을 자극하여 외부와 싸우거나 외부에 싸움의 대상이 없을 경우에는 내부의 적이라도 발견하여 싸우는 경향이 있다고 하였다(Hays, 1949). 비록 아랍인의 호전성에 대한 언급은 과학적 객관성과 한 민족에 대한 모독의 문제로 조심스러운 문제이지만 이슬람교의 역사에서 존재하는 오랜 전쟁적 경험은 무시할 수는 없다는 것이다(홍양표, 1995).

그러나 이와 관련하여 이견도 다수 존재하는데, 결론부터 이야기하자면 이슬람교는 원칙적으로 평화를 모토로 하는 종교이기 때문에 호전성과는 거리가 멀고, 단지 서구열강의 침략에 의해서 과격화가 되었다는 것이지 종교의 태생 자체는 호전적이 아니라는 것이다. 현재 활동하고 있는 이슬람 무장단체는 이슬람권 내에서 전체의 5%도 되지 않지만, 마치 이들이 이슬람권 전체의 이미지인 것처럼 비춰질 뿐인 것이다. 그렇다면 이들은 왜 무장단체의 테러리스트로 변질되었을까? 그들이 과격화된 구체적인 원인을 박찬기(2002)는 다음과 같은 6가지 원인을 이유로 들고 있다.

첫째, 이슬람교는 정치, 경제, 문화를 하나로 묶는 유일신앙이며, 정치·경제보다는 문화적인 면을 가장 중요하게 생각한다. 그래서 종교, 언어, 복장, 남녀관계, 가족, 부족의 명예유지 및 보호 등이 다른 요소보다 중요하게 간주되는 것이다. 이러한 이슬람의 전통적 사고방식은 서구와 비교하여 볼 때, 경제적인 측면에서는 비합리적인 사고가 근간을 이루고 있다. 코란에서는 알라신께서는 모든 것을 충분히 주셨는데 인간들의 욕심이 모자라다고 느끼게 만든다고 언급하고 현대의 경제발전 측면에서 제약적인 요소6)를 명시하고 있어, 경제발전은 더딜 수밖에 없다. 이슬람권의 이러한 경제적 어려움은 청장년에게 취업과 결혼의 길을 막고 있다. 특히, 이슬람문화권에서 가정을 이룬다는 것은 여타 문화권과 비교하여 그 이상으로 중요시되는 것인데, 결혼비용 및 주거지 미해결로 실의에 빠진 많은 청장년들이 이슬람 과격분자들의 선동의 유혹되기 쉽다는 것이다. 실제로 이슬람권의 과격운동은 카이로의 빈민촌과 사우디의 사막 도시에 있는 무기력감과 좌절감에 빠진 젊은 청장년에 의해서 주로 일어난다는 보고되고 있다.

---

6) 코란에서는 이자를 받는 것을 금지하고 있는데, 이는 현대 경제원리로 볼 때, 무상지원과 동일한 개념으로 여러 가지 경제발전의 비효율성을 초래할 수 있다. 또한 코란에서는 동업자 관계 및 상속율법에 대한 규율이 있는데, 동업자가 사망하거나 불구가 되면 파트너십의 분할이 사전에 명시된 대로 여러 대가족 구성원들에게 분산되므로 파트너십이 깨어지게 된다. 이것은 파트너십 확장을 꺼려하게 되어 대부분의 사업은 소규모에서 안전하게 이루어지는 경향이 있다.

둘째, 석유파동(Oil Shock) 후의 이슬람권의 변화이다. 석유파동은 제3차 중동전쟁 중에 발생하였으며, 이는 이스라엘을 지원하는 서구세력에 대한 반감으로부터 시작한 것이었다. 석유파동은 원유가격을 급격하게 상승시켰고, 이로 인해 중동의 산유국들은 엄청난 부를 축적하게 된다. 또한 이슬람권의 비산유국 노동자들이 산유국으로 취업해 가는 현상이 발생한다. 당시 1973년부터 10년 동안 300~400만 명의 노동자들이 산유국으로 취업한 것으로 보고되었다. 그러나 취업을 한 비산유국 무슬림들은 작업조건이 열악했고 임금은 원주민에 비하여 낮으며, 부의 불평등을 몸소 체험하게 된다. 이는 이슬람 원칙에 위배되는 것이다. 부(富)는 알라신이 아랍형제들에게 공유하도록 준 것인데, 산유국 국민들은 휴가를 즐기고 카지노에서 도박을 하고, 고급 승용차를 타고 다니며, 그들의 시각에서 타락된 서구문화를 향유하고 있는 것을 목격하는 것이다. 더욱이 이-팔 분쟁의 피해국인 팔레스타인들의 불행도 무관심한다고 생각하게 된 것이다. 그들의 이러한 직접적인 경험은 이슬람권 전역에 전파되면서 부패한 정부와 타락한 위정자들을 몰아내야 한다는 이슬람 과격파들의 선동에 쉽게 동조될 수 있을 것이다.

셋째, 현대 문명 기술의 발달이다. 이슬람 과격단체들의 메시지를 전달하는 데 가장 크게 공로한 것은 오디오 카세트 테이프였다고 한다. 오디오 카세트 테이프는 문맹률이 높은 중동지역 사람들에게 쉽게 접근할 수 있는 수단이기도 하다. 주로 이슬람 과격단체들이 메시지는 서구세력을 비방하고 부패한 중동국가들을 전복하여 이슬람 원리주의에 의한 국가건설을 주장하고 있다. 또한 산유국 부유층 및 위정자들이 이슬람을 저버리고 타락했으며, 팔레스타인에서 이스라엘의 테러로 수많은 이슬람 형제들이 죽어가고 있는데도 그들은 무관심하다고 비난하고 있다. 따라서 이들은 타파되어야 하고 순수한 이슬람 원리주의 돌아가는 길이 유일한 해결책이라고 주장하고 있다.

넷째, 미국의 불평등한 중동외교 정책을 들 수 있다. 냉전시대인 제2차세계대전 이후 미국은 중동지역에서의 영향력이 영국보다 점차적 커지게 된다. 그러나 아랍인들은 1956년 수에즈 전쟁으로 인하여 반미감정은 갈수록 커지고 되고, 이에 중동의 많은 국가들이 정치적·경제적 면에서 친소 쪽으로 방향을 전환하면서 소련의 지지도는 급격하게 상승한다. 1970년 이집트의 나세르 서거 후 차기 집권자인 사다트는 외교정책의 방향을 친미 정책을 전환하였고, 또한 미국의 중재로 이집트-이스라엘평화조약을 체결하였다. 사다트의 친미, 친이스라엘 정책은 아랍지역에 반감을 유발하기에 충분하였고, 결국 과격이슬람원리주의자들에 의해 1981년 암살을 당하게 된다. 중동전쟁의 배후에는 전폭적으로 이스라엘을 지지하는 미국이 있기 때문에 아랍인들의 반미감정은 어찌 보면 당연할 결과일 수도 있다. 한편, 미국의 친이스라엘 외교정책 또한 불가피한 일로 판단된다. 왜냐하면 미국에는 이스라엘 살고 있는 550만 유태인보다 많은 625만의 유태인들이 살고 있고, 이들 중 많은 사람들이 미국 내 정·재계의 실세로 있기 때문에 유태인의 정치적·경제적 힘을 무시하고는 미국 내 어느 정당도 정권을 장악하기 힘들기 때문이다.

다섯째, 이-팔 분쟁(이스라엘-팔레스타인 분쟁)의 과격화이다. 이스라엘 국가를 건설하기 위하여 최초 아프리카의 앙골라, 리비아 방면이나 아르헨티나, 멕시코, 캐나다, 오스트레일리아 또는 시베리아 지방 등 많은 곳을 물색하였다고 한다. 그러나 유대인들은 성경에 나오는 옛 자기들의 땅인 팔레스타인 지역으로 돌아가기를 원하였다. 또한 유대인들의 정신인 시오니즘으로 팔레스타인 지역으로 대량 이주해 오면서 마찰이 시작되었고, 영국 등 서구 강대국이 팔레스타인 원주민, 즉 아랍민족을 강제로 이동시키면서 본격적으로 분쟁이 시작되었다. 마침내 1936~1939년에는 팔레스타인 아랍민들이 반유대인, 반영국 무력항쟁이 일어나게 되고 영국은 한발 뒤로 물러선 후 미국에게 팔레스타인 지역에 이스라엘 국가 수립에 관한 전권을 미국에 이양한다. 미국은 아랍 민족들의 정서를 고려하지 않고, 유대인에게 일방적으로 유리한 조건으로 이스라엘 국가 수립을 하게 한다. 마침내 이스라엘 국가는 1948년 수립되었고, 수립과 동시에 4번에 걸친 중동전쟁을 치러야 했다. 중동전쟁의 결과는 이스라엘의 빈번한 승리로 끝이 나게 되었고, 아랍계 민족들은 심한 좌절감에 빠지게 된다. 아랍계 민족들의 서구의 일방적인 친이스라엘 정책에 따른 피해의식과 전쟁에서 참패했다는 좌절감은 중동전쟁 이후에 민중봉기(인디파타: Intifada)로 나타나게 된다. 민중봉기는 어느 단체에 의한 계획된 것이 아니라 자생봉기였다. 민중봉기가 최초로 일어난 가자지구나 요르단 강 서안지역에는 1987년 당시 20년간 이스라엘 통치하에 있던 곳이었다. 이곳에 거주하는 이스라엘 시민권을 가진 아랍계 민족들은 이스라엘의 강압통치와 탄압에 대한 불만이 극에 달하였고, 이슬람 과격분자의 설교가 더욱 그들의 가슴에 더 와 닿았을 것이다. 결과적으로 아랍 민족의 민중봉기는 어린이, 여성, 노동자, 전문인, 소상인 등 할 것 없이 100만 명에 달하는 이스라엘 시민권을 가지고 있는 팔레스타인들이 참여하게 된다. 더욱이 민중봉기 중인 1988년 이슬람 교리자 야신(Sheikh Ahmed Yassin)에 의해 '하마스'는 최강경파 팔레스타인 저항 운동단체가 탄생하게 된다. '하마스'는 1994년부터 이스라엘 각지에서 자살폭탄 테러를 자행하는 등 반이스라엘 투쟁을 전개하고 있다.

여섯째, 소련의 아프간 침략과 관련한 미국의 테러요원 지원 및 양성은 이슬람 과격화의 한 원인이 된다. 소련은 1979년부터 1988년까지 아프간을 장악한다. 미국은 중동 지배정책과 세계 전략의 필요상 소련의 아프간 장악을 필사적으로 저지해야 했다. 중동 각 지역에서 몰려온 이슬람 전사들을 매월 1,500달러 정도, 그 당시로는 파격적인 높은 임금을 주면서 군사훈련을 시켰다. 9·11 사건의 주범인 알 카에다도 이 당시 미국 정보 당국의 자금과 무기 지원, 전술-전략적 훈련 덕택에 급성장 할 수 있었다. 미국은 아프간 전쟁기간 동안 총 17억 달러에 달하는 무기를 이슬람 전사들에게 보급했으며, 폭탄제조법 및 게릴라전까지 교육을 시켰다고 한다. 미국의 입장에서는 이들을 이용하여 소련의 팽창을 막기 위한 대리전을 수행했던 것이다. 9·11 사건의 주범인 빈 라덴도 아프간 전쟁에 참여하였는데, 그의 조직인 알 카에다가 게릴라전으로 후원했다고 한다. 당시 미국 역시 빈 라덴에게 전폭적인 지지를 보냈다고 한다. 빈 라덴은 아프간에서 소련과의 게릴라전을 수행하기 위하여 자기 집안의 건설회사의 중장비를 동원하여 험난한 아프간과 파키스탄 국경지대에 도로망을 건설하고 군사기지와 훈련장 동굴과 터널을 건설하기 시작했다. 이와 같은 그의 적극적인 노력은 결국 전쟁을 승리로 이끌게 되었다. 전쟁이 끝난 후 빈 라덴은 모국으로 돌아가 집안의 건설회사에 근무할 예정이었다고 한다. 그러나 1990년 이라크의 사담 후세인이 쿠웨이트를 침공하게 되고, 이에 사우디가 미국에 군사기지를 제공하고 전비를 부담하겠다는 데 빈 라덴은 매우 놀라게 된다. 왜냐하면 사우디에 이슬람의 가장 중요한 성지인 '메카'와 '메디나'가 있는데 이교도인 미국을 상주시키는 것은 소련이 아프간을 점령하는 것과 같다는 것이 그의 생각이었다. 빈 라덴은 사우디의 행동을 반역으로 표현하였고, 영국에 있는 반사우디 왕가 운동단체(Committee for Advice and Reform)에 후원을 하면서 사우디 왕가에 미움을 받게 되고, 결국 사우디 정부는 1991년 빈 라덴을 추방하였다. 이후 빈 라덴은 수단에 거주하면서 그의 알 카에다 조직원들을 그곳으로 대거 불러들여 반미-반사우디 테러활동을 본격적으로 시작한다. 이와 같이 빈 라덴이 반소련 아프간전쟁에 참전 후 세기의 테러리스트로 변한 직접적인 원인은 사우디 정부의 적극적인 친미성향과 전후 미군의 계속된 사우디 주둔에 있다. 또한 미국의 일방적인 친이스라엘 정책과 당시 계속되는 미국의 이라크 공격 그리고 이집트 및 사우디와 같은 반이슬람적인 국가들에 대한 지원 등에도 그 원인이 있다. 빈 라덴은 9·11과 같은 대규모 사건을 자행할 수 있는 데에는 그의 재정적, 조직적 능력과 이슬람 원리주의를 표방하는 수단과 아프간의 탈레반의 협조가 있기 때문에 가능한 것이다. 어쨌든 여기에서 한 가지 주목할 만한 사실은 빈 라덴의 알 카에다 조직은 아프간에서 게릴라전을 통해서 훈련받은 조직이며 테러에 사용할 수 있는 많은 노하우를 미국 CIA로부터 교육을 받았다는 것이다.

이와 같이 이슬람교의 과격화는 비록 내부 분열적인 측면도 존재하지만, 미국을 위시한 서구 열강들의 이익 추구에 아랍민족들은 피해의 당사자 입장으로 어려움을 겪어 왔고, 이에 그들은 이슬람의 근본을 지킨다는 차원에서 서구에 대한 저항이 좀 더 과격해졌다는 것을 알 수 있다.

제3절 관광과 종교, 그리고 테러

1. 관광과 종교

종교관광은 전 세계적으로 연간 180억 불에 달하는 대규모 산업이며, 종교와 관련된 여행이 세계 여행사(史)에서도 가장 유래가 깊은 분야이다(한국관광공사 자료실 세계관광시장정보).

종교관광이 관광의 초기적인 형태였다는 것은 고문헌에서 쉽게 찾을 수 있다. 기원전 776년에 개최된 고대올림픽을 비롯하여 헤로도투스의 역사서 '히스토리아'에서는 신전순례와 종교의식의 관광이 행해졌다는 기록이 나오며, 고대 이집트에서도 신전에 대한 종교관광이 있었다는 기록이 존재한다. 관광의 역사는 종교적 이유에서 행하는 순례의 형태에서 관광의 형태로 변화하였고, 대중관광현상은 그 자체가 현대사회의 전형적인 순례의 형태를 이루고 있다. 이때부터 시작하여 지금까지 종교적인 목적으로 특정지역에 이동하여 탐방, 참배, 감상하는 것은 관광의 중요한 한 영역으로 계승되고 있다.

우리나라의 인구 4천 7백만 명 중 약 30%인 1천 376만 명이 기독교 신자(개신교와 가톨릭 신자 포함)인 것으로 파악되고 있다(통계청, 2005). 이들은 기회가 된다면 성지순례관광을 하고 싶을 것이라고 추측할 수 있다. 이러한 측면만 고려하여도 우리나라에서도 성지순례를 목적으로 하는 종교관광에 대한 내재적 욕구는 매우 높다고 할 수 있을 것이다.

전 세계적으로도 종교관광에 대한 관심은 지속적으로 증대하고 있다. 2008년도에는 제1회 세계 종교관광 컨퍼런스가 개최될 예정이다. 2007년 1월에 결성된 세계종교관광협회(WRTA: The World Religious Travel Association)가 세계종교관광엑스포(World Religious Travel Expo & Educational Conference)를 2008년 10월 29일부터 11월 1일까지 올랜도 Gaylord Palms Resort and Convention Center에서 개최할 예정이라고 발표했다. WRTA는 이 행사에 투어오퍼레이터, 여행업자, 크루즈사, 항공업계, 호텔업계, 관광공사 등 관광관련 업계를 폭넓게 참여시킬 계획이라고 밝히고 있다.

종교관광 목적지 중 가장 각광을 받는 목적지라면 당연 이스라엘을 꼽을 수 있다. 이스라엘은 2000년도에 방문한 외래 관광객이 270만 명에 달했으나, 2002년에는 90만 명으로 급감했다가 2004년도에는 150만 명으로 다시 증가했다. 이스라엘의 외래 관광객 유치 목표는 2010년 안에 400만 명을 목표로 삼고 있다고 한다. 우리나라의 경우 방한 외래 관광객 수가 2000년도 532만 명, 2002년도 534만 명, 2004년도 581만 명이었다(한국관광공사 관광통계). 우리나라가 세계 관광목적지로서 그리 각광을 받고 있는 국가 아님에도 불구하고, 이스라엘과 비교하여 볼 때 거의 2~3배 더 많은 외래 관광객 유치 실적을 보이고 있다. 이러한 우리나라의 통계수치를 가지고 이스라엘 외래 관광객 유치 실적을 분석하면, 최고의 종교관광 목적지로서 외래 관광객 유치 실적이 부진하다고 해석할 수도 있고, 테러가 난무하는 곳임에도 불구하고 그만큼의 외래 관광객 유치 실적은 성공적이라고도 볼 수 있다.

현재 이스라엘 정부는 관광업을 성장의 주요한 동력이며 이스라엘 사회를 유지시키는 주된 수익원이라고 밝히고, 종교관광 목적지로서 이스라엘 외래 관광객 유치에 힘을 쏟고 있다. 특히, 역사적으로 유대인 학살의 주범 국가인 독일을 중요한 관광배출국으로 보고 독일의 베를린, 프랑크푸르트, 뮌헨을 연결하는 항공편을 운행하는 등 새로운 휴가여행지로 자리매김하기 위해 노력을 하고 있다. 우리나라도 이스라엘 외래 관광객 주요 배출 국가 중 하나이다. 이스라엘을 방문하는 국내 관광객 수는 꾸준히 증가하고 있는데, 이들 대부분은 기독교인들과 가톨릭 신자들이다. 우리나라의 기독교 신자가 전체 인구에 약 30%를 차지하고 있는 것만 보아도 이스라엘 입장에서는 최고의 관광배출국이다. 이스라엘은 한국인 관광객 유치를 증대시키고, 양국 관광사업 간의 투자를 확장시키는 것을 목적으로 한 협정서를 예루살렘에서 작성한 바 있다. 우리나라는 이스라엘을 찾는 관광객이 다른 어떤 아시아 국가보다도 많기 때문에, 본 협정서는 이스라엘을 방문하는 한국 관광객을 증가시키기 위한 매우 중요한 단계로 이스라엘 정부는 인식하고 있다. 한국 관광객이 이스라엘을 방문한 수는 2005년 1월부터 10월까지 작년의 같은 기간보다 3.7%가 증가하였으며, 향후 지속적으로 증가할 전망으로 예상하고 있다(한국관광공사 자료실 세계관광시장정보).

2. 관광과 테러

전 세계적으로 관광산업은 꾸준한 증가추세를 보이고 있지만, 전쟁, 테러, 질병 등 예측 불가능한 위기 요인들이 항상 상존하고 있어 국제관광환경은 불안정하다. 2003년 이라크 전쟁, 2005년 발리와 영국의 폭탄 테러, 유가 급등과 같은 불확실한 세계정세의 변동은 국제 관광시장을 급격히 위축시키며 불황을 야기하는 주요 요인으로 지적받고 있다. 이러한 국제 관광환경 변화에 대한 적절한 대응과 위기관리시스템, 국가별 관계개선에 대한 전략적 정책은 절실히 요구된다고 할 수 있다(문화관광부, 2006).

2005년 인도네시아 발리에서 발생한 자살 폭탄 테러로 한국인 관광객 6명을 포함 150여 명의 사상자가 발생하였다. 이슬람 무장단체의 소행으로 추정되는 이 사건들로 동남아 지역까지 테러의 공포에 휩싸이게 하였다. 사실 발리에서의 테러는 이번이 처음이 아니다. 2002년도에는 나이트클럽에서 폭탄 테러로 수많은 사상자가 발생한 바 있다. 뿐만 아니라 2003년에는 인도네시아 자카르타에서 도심에서 차량 폭탄테러가 발생하였고, 국제공항 식당가에서도 폭탄이 터져 11명이 부상당하였다.

2007년 9월에는 몰디브에서도 폭탄테러가 발생하여 외국인 관광객 12명이 다쳤다고 보고되었다. 인도네시아, 몰디브 모두 이슬람 국가이다. 현재 인도네시아, 필리핀, 말레이시아, 태국 등지에서는 관광객이 테러에 쉽게 노출되어 있다고 해도 과언이 아닐 정도로 테러 발생빈도는 높다고 할 수 있다.

이집트는 1993년 수도 카이로의 타리르 광장에서 발생한 폭탄 테러와 1997년 룩소(Luxor)에서 일어난 이집트 과격 이슬람단체 알 지하드(Al-Gihad)에 의한 58명의 외국인 여행자 학살사건이 발생하였고, 2005년 요르단 암만의 호텔 폭탄테러 등 대부분이 이슬람권인 중동지역의 경우에는 테러에 대한 상황이 더욱 좋지 않다.

터키는 그동안 이슬람 무장단체 혹은 쿠르드족에 의해 수많은 테러가 발생하였다. 그 결과 2006년 터키는 테러로 인해 관광객 수가 급감하고 있다고 발표했다. 연평균 2천만 명의 관광객이 찾아왔었지만, 2006년 3월 기준 터키 관광객 수가 지난해 같은 기간에 비해 16.7% 줄어들었고, 특히 터키의 대표적인 관광 명소인 안탈리아 지방의 경우 공식 집계된 관광객 수가 30%나 감소한 것으로 나타났다. 터키는 최근(2007년 10월 19일) 미국과 이라크의 반대에도 불구하고, 이라크 북부지역에 거주하는 쿠르드족에 대한 공격이 국회(찬성 507표, 반대 19표)를 통과하였다. 터키의 쿠르드족의 쿠르드노동자당(PKK)은 2007년 초부터 지속적으로 터키 내에서 테러활동을 벌이고 있는데, 특히 관광시설을 대상으로 한 테러활동도 발생하고 있다. 이로써 터키는 이라크 국경을 넘어 언제든지 쿠르드족 소탕작전을 펼칠 수 있게 되었다. 터키의 쿠르드족 소탕 작전이 국회의 승인이 얻자 국제유가는 2007년 10월 20일 기준으로 배럴당 88달러로 뛰어올랐다. 그야말로 엄청난 유가 상승이며, 유가와 관련하여 최악의 시나리오가 현실로 나타난 것이다.

파키스탄의 경우에는, 2005년도에 월평균 2.2건(연간 총 27건)의 테러가 발생하였고, 2006년도에는 이보다 더 심각한 실정이다. 이러한 테러의 대부분은 반정부·반서구를 주장하고 있는 탈레반 및 알 카에다 등에 의해 자행되고 있다. 2007년 10월 19일에는 친미 성향을 가진 파키스탄의 전(前) 총리인 베나지르 부토의 정계 복귀를 위해 8년간의 망명 생활을 접고 본국에 돌아온 당일, 환영식에서 탈레반과 알 카에다의 소행으로 보이는 테러로 100명 이상의 사상자가 발생하였고, 그 다음날인 10월 20일에도 버스 폭탄 테러가 발생하여 수십 명의 사상자가 나왔다. 이러한 파키스탄의 불안정한 환경으로 미국은 총영사관을 폐쇄하였고, 영국과 호주정부도 자국민의 현지 여행 자제를 당부하고 있는 실정이다. 우리나라 정부에서도 급격히 악화되고 있는 파키스탄의 테러에 대비해 우리 교민과 관광객의 신변안전에 주의를 환기시키고 있다. 팔레스타인 지역은 앞에서도 언급을 하였지만, 이스라엘이 국가를 수립하던 1948년 5월부터 지금까지 전쟁과 테러로 관광객의 신변이 보장되지 않는 국가이다.

이와 같이 중동지역을 포함하여 동남아 지역까지 이슬람사회가 형성된 지역은 어느 곳이든 테러로부터 자유로운 곳이 없다. 그야말로 관광객에게는 안전이 보장되지 않는 여행일 수밖에 없다. 그뿐만이 아니다. 중동지역의 정치적 불안은 유가 급등의 직접적이고도 가장 중요한 원인이다. 유가 상승은 역사적으로 세계 제1, 2차 오일쇼크에서 경험하였듯이, 항공료를 포함하여 모든 교통수단의 운임료를 상승시켜 인간의 이동을 제약시키는 주요 요인 중 하나이다.

따라서 관광객의 안전을 보장하고 국제유가 상승을 억제하기 위해서는 중동지역의 정치적 평화가 무엇보다도 선결되어야 할 과제인 것이다. 이를 위해 세계 최대 강국으로서 미국은 국제사회에서의 공정한 중재자로서의 역할이 강조되고, 이슬람 사회에서도 민간인을 대상으로 한 테러는 중단되어야 한다. 뿐만 아니라 관광객이 테러로부터 안전을 보장을 받을 수 있는 국가 간 혹은 단체 간 협약 체결이 이루어져야 할 것이다.

제4절 관광, 테러로부터의 보호 방안은?

현대 사회의 테러는 민간인이 탑승한 항공기, 선박 등이 납치의 대상이 되고 있고, 테러범들의 직접적인 표적이 아닌 관광객과 시민들까지도 테러의 희생양이 되고 있는 실정이다. 테러가 행해지는 장소도 공항청사, 항만, 버스터미널, 관광지, 호텔 등이 주요 시설물이기도 하다. 관광객은 거주지를 떠나 유명한 일정의 장소인 관광지에 몰려 있고, 평소와 다른 과소비 형태를 보이기 때문에 범죄와 테러에 주요 표적이 될 수 있다. 특히 전 세계의 관광객이 몰려 있는 장소에서의 테러는 세계의 이목을 집중시킬 수 있어, 그들의 목적을 쉽게 달성할 수 있을 것이다. 2002, 2005년 인도네시아 발리의 나이트클럽 테러 및 관광지 폭탄 테러가 대표적인 사건일 것이다. 이 사건으로 우리나라 국민이 다치기도 하였다. 최근에 발생했던 한국민의 탈레반 피랍 사건은 종교적 목적으로 여행을 하던 중 발생했으며, 그로 인해 두 명이 피살되기도 하였다. 이러한 일련의 사건들은 분명히 해당 지역에 대한 부정적인 시각이 형성될 것이다.

모든 산업이 그러하겠지만, 특히 관광산업은 정치적 불안정성에 매우 민감하게 반응한다. 관광은 지진, 쓰나미, 태풍 같은 자연재해로 인해 지각될 수 있는 불안정성보다 테러에 의해 발생하는 공포심이 관광에 더 큰 영향을 미친다고 보고되고 있다. 즉 테러는 국제관광을 저해하는 가장 강력한 요인 중 하나라고 생각할 수 있다. 이에 관광의 주요 매력물로 여겨왔던 4's(sun, sand, sea, sex)에 Security를 추가하여 5's를 언급하기도 한다(Heather, 1991). 관광목적지가 안전하지 않다는 것은 관광객들은 해당 목적지 방문을 기피할 것이고, 비록 방문한다 하더라도 숙박시설 밖에서의 활동을 자제하게 될 것이며, 이는 곧 재방문과 타인에게로의 추천의사를 감소시키는 직접적인 원인으로 작용할 것이다. 테러는 관광발전을 위해서 반드시 극복해야 할 과제이다. 테러를 예방하는 차원에서 미국, 영국, 일본, 독일 등 각국은 관련한 법이 제정되어 있지만, 그 모두는 테러를 자행한 사람에 대한 법적인 제재사항만을 강조하고 있을 뿐, 근본적으로 테러 행위 자체가 발생되지 않는 협약 사항 혹은 관련 기관의 신설과 같은 적극적인 노력은 이루어지고 있지 않는 것이 현실이다.

그렇다면 전 세계의 테러를 종식시킬 수 있는 방안이 무엇인가라는 대전제에 직면하게 될 것이다. 비록 국가 간 정치적 이해관계가 하루아침에 완화시킨다는 것은 이상론적 혹은 불가능하겠지만, 최소한 국가 간 정치적 이해관계에서 관광객을 포함한 민간인을 대상으로 한 테러는 종식되어야 하는 데는 이견이 없을 것으로 판단된다.

따라서 본서에서는 관광이 테러로부터 보호를 받을 수 있는 방안에 대하여 다음과 같이 제언하고자 한다.

첫째, 세계 최대 강국인 미국은 국제 간 분쟁의 중재인으로서 공정성의 원칙에 입각해야 할 것이다. 앞에서 이미 언급하였지만, 전 세계에서 발생하는 테러의 많은 부분은 이슬람 원리주의에 의해 발생하고 있고, 그들이 왜 테러를 자행하고 있는가에 대해서 좀 더 심도 깊게 생각해 보아야 할 문제이다. 2절에서 다루었듯이, 이슬람 사회는 십자군 원정을 비롯하여 근대사회에 들어와서도 영국, 프랑스, 이탈리아, 스페인 등 서구로부터 오랜 식민사회를 경험하였고, 서구의 근대화 정책은 오히려 이슬람 사회의 경제를 악화시켜 빈곤층과 실업률만 증가시켰다. 서구 특히, 미국에 대한 이슬람 사회의 반감은 극에 달한다. 미국에 대한 이슬람 사회의 적대감은 팔레스타인 문제로 대변될 수 있을 것이다. 이미 언급하였듯이, 이스라엘은 팔레스타인 내 불법 점령지역에서 군대를 철수하고 팔레스타인을 독립국가로 인정하라는 국제연합의 결의를 이스라엘은 철저히 무시하고 있고, 오히려 불법 점령지역에서 유대인 이주정책을 수립하고 팔레스타인 아랍인의 생존권을 박탈하고 있다. 중요한 것은 이러한 이스라엘을 미국은 적극적으로 지지함으로써 팔레스타인 문제를 더욱 어렵게 만들고 있다. 이뿐만 아니다. 1991년 걸프전쟁 이후 미국의 이라크에 대한 무역제재는 그 당시 부패한 후세인 정부를 겨냥한다는 명목으로 이루어졌지만, 그로 인해 수십만 명의 민간인이 희생되는 결과를 초래하였고, 명분 없이 이루어진 미국의 이라크 전쟁은 이라크 내 대량 살상 무기가 존재한다는 당초의 미국의 주장을 뒷받침할 만한 어떠한 증거도 찾지 못하고, 이라크를 더욱 혼란 속에 빠뜨리고 말았다. 이러한 상황은 클린턴 정부나 부시 정부나 정도의 차이가 약간 존재할 뿐 같은 맥락에서 공식적으로 행해지고 있다. 이슬람 사회는 서구, 특히 미국에 대해 적대감을 가질 수밖에 없는 상황을 미국 스스로가 만들고 있는 것이다. 현재 발생하고 있는 대부분의 테러 역시 반서구를 외치는 이슬람 원리주의에 의한 것만 보아도 쉽게 이해될 수 있는 대목이다. 이에 대해서는 미국 내부에서조차도 자성의 목소리가 나올 정도였으니, 국제 사회에서 미국의 오만함은 극에 달한다고 할 수 있겠다. 미국은 국제사회에서 그들이 행하고 있는 이슬람 사회에 대한 불공정한 행위를 중단해야 할 것이다. 이것은 결국 이슬람 사회의 보복과 같은 악의 순환을 반복할 뿐이기 때문이다.

둘째, 이슬람 원리주의나 이슬람 무장단체들의 민간인을 대상으로 한 테러는 최소한 자제되어야 한다. 비록 미국을 위시한 서구에 대한 반감이 이해된다 할지언정 어떠한 경우에도 민간인을 목표로 그들의 목적을 달성해서는 안 될 것이기 때문이다. 테러는 국제사회의 반감을 증폭시키고 전 세계 지구인의 곱지 않은 시선만을 남길 뿐이다. 이슬람권의 극히 일부분에 의해 자행되는 테러는 이슬람 사회 전체를 부정적 시각으로 바라보게 만들고, 더 이상 그들의 목소리를 듣지 않을 수도 있을 것이다. 테러를 주동하는 이슬람 단체는 국제적 협력만이 그들의 문제를 해결할 수 있다는 시각을 가져야 할 것이며, 이것이 현실적으로 불가능하다면, 최소한 민간인만큼은 보호할 수 있는 그들만의 정책을 수립해야 할 것이다.

셋째, 관광객 보호를 위한 국가 간 상호 협정체결이 이루어져야 할 것이다. 중동지역 테러의 온상지인 팔레스타인 경우, 종교관광지인 예루살렘(Jerusalem)과 베들레헴(Bethlehem)을 여행하는 승객들이 안심하고 탑승할 수 있도록 두 도시의 교차지점에 24시간 운영하는 안전관리국을 신설하였다. 안전관리국은 이스라엘과 팔레스타인 당국이 함께 운영하고 있다. 이스라엘-팔레스타인 분쟁의 양 당사국이 관광객이 안심하고 이동할 수 있도록 노력을 기울이고 있다(한국관광공사 자료실 세계관광시장정보). 그러나 이러한 노력은 일부에 국한될 뿐 세계적인 동향은 아닌 것으로 보인다. 국가 간 분쟁은 관광객의 이동의 자유를 억압하고, 관광산업을 위축시킨다. 관광은 기본 이념이 평화이고, 국가 간 평화로 가는 지름길로 인식되어 왔다. 관광으로 국제사회가 평화적 협력과 공존으로 간다는 것은 이상론적 발상이라 할지라도, 오늘날과 같이 테러가 만연된 사회에서는 관광을 기점으로 최소한의 협력 체계를 구축해야 할 것이다. 그 최소한의 협력체계에서 관광객 보호를 위한 상호 협정체결은 최우선적으로 이루어져야 할 선결과제임에는 틀림없다.

참고문헌

구춘권(2002). 미국에 대한 테러와 21세기의 세계 질서: 문명의 충돌, 내전의 세계화, 공존의 모색? 정치비평, 10~40.

로레타 나폴레오니(2004). 「모던 지하드: 테러, 그 보이지 않는 경제」, 서울: 시대의창.

문화관광부(2006). 관광동향에 관한 연차보고서.

박상곤(2004). 테러가 관광에 미치는 영향분석: 미국 9 · 11 테러를 중심으로 관광학연구, 28(2), 77~94.

박찬기(2002). 이슬람의 과격화와 테러리즘. 국방연구, 45(1), 39~70.

배철현(2001). 이슬람 다시 읽기: 그리스도교-이슬람교는 같은 뿌리였다. 역사문제연구소, 역사비평, 겨울호(통권 57호), 198~225.

손주영(2007). 이슬람 전통에서 말하는 같은 뿌리의 일신교: 유대교, 그리스도교, 이슬람. 한국이슬람학회논총, 17(1), 1~34.

송경근(2007). 중세 유럽의 십자군 전쟁은 원정인가 침략인가? 지중해지역연구, 9(1), 83~106.

송재호(1993). 관광과 테러에 관한 연구. Tourism Research, 7, 195~219.

이원규(1998). 개신교 근본주의의 문제: 한국교회 무엇이 문제인가? 감신대출판부, 137~164.

이원규(2003). 기독교-이슬람교 갈등의 배경에 대한 종교사회학적 이해. 감리교신학대학교, 신학과 세계, 46, 5~31.

이희수(2004). 9.11 테러와 이슬람의 포용성에 대한 고찰. 종교연구, 34, 141~163.

이희수(2004). 9.11과 이라크 전쟁을 통해 본 중동의 현실과 미래. 정치비평, 43~67.

한국관광공사 자료실 세계관광시장정보

황병하(2004). 팔레스타인과 이스라엘의 분쟁에서 이슬람 원리주의 운동의 역할. 한국이슬람 학회논총, 14(1), 23~62.

홍미정(2007). 이스라엘의 야만적인 팔레스타인 점령정책. 월간말(통권 250
　　호), 122~127.

홍양표(1995). 기독교와 이스람교의 종교적 갈등 원인론. 한국중동학회논총,
　　16, 91~123.

Cooley, John K.(2000). Unholy War: Afghanistan, American and Inte-
　　rnational Terrorism. London: Pluto Press.

Heather P. Kurent.(1991). Tourims in the 1990's: Threats and Oppo-
　　rtunities. World Travel and Tourism Review, 1, 37~44.

Samuel Huntington(1993). The Clash of Civilizations? Journal of Forei-
　　gn Affairs, Summer.

Turnbell, C.(1982). A Pilgrimage in India. National History, 90(7), 1
　　4~81.

· 저자 ·

송지준
(宋知準)
(Ji-Joon, Song)

·약 력·

대구대학교에서 관광경영학 박사 학위를 취득하고 현재 영남외국어대학 교수로
재직하고 있다. 한국관광·레저학회, 한국이벤트학회 이사, 대한관광경영학회
운영위원으로 활동하고 있다. 주요 관심분야로는 관광을 통한 남북관계의 개선
에 주목하고 있으며 특히, 관광·여가가 탈북자에게 주는 심리적 효과에 많은
관심을 가지고 연구를 하고 있다.

이메일: sjj3825@hanmail.net

·주요논저·

「연구논문」

- 남한거주 탈북자들의 관광과 여가만족이 신체적·정서적 스트레스, 생활만
  족도에미치는 영향(2006). 관광학연구
- 남한거주 탈북자들의 관광만족, 여가만족, 사회적 지지가 우울성향에 미치는
  영향(2005). 관광연구저널.
- 관광과 남북관계, 어떻게 볼 것인가?(2007). 이벤트연구.
- 북한이탈주민의 관광만족과 생활만족이 문화적응스트레스에 미치는 영향
  (2006). 관광·레저연구.
- 남한거주 탈북자의 관광동기에 따른 관광만족이 주관적 삶의 질에 미치는
  영향(2006). 관광연구.
- 호텔 종사원이 지각하는 심리적 계약위반에 관한 연구(2004). 관광학연구.
- 호텔 종사원의 멘토지각에 다른 거래·관계 심리적계약위반이 조직후원인식
  에 미치는 영향(2005). 관광연구.
- 호텔 종사원이 지각하는 조직공정성과 심리적 계약위반이 결과변수에 미치
  는 영향(2005). 관광·레저연구.
- 호텔 종사원의 자기 효능감, 심리적 계약위반, 결과변수간의 구조적 관계
  (2005). 관광학연구.
- 관광호텔 종사원의 LMX 질에 따른 임파워먼트가 조직몰입에 미치는 영향
  (2005). 호텔경영학연구.
- 관광호텔 종사원의 고용불안정성 지각이 거래·관계 심리적 계약위반과 조
  직몰입에 미치는 영향(2004). 관광연구.
- 관광호텔 종사원의 LMX 질에 따른 거래·관계 심리적 계약위반이 조직몰
  입에 미치는 영향(2004). 관광이벤트연구.

외(外) 관광시장의 개방, 관계마케팅 활동, 서비스품질, 관광이벤트 활성화 등
과 관련한 다수의 논문이 있음.

관광과 이슈

- 초판 인쇄　　2008년 3월 5일
- 초판 발행　　2008년 3월 5일

- 지 은 이　　송지준
- 펴 낸 이　　채종준
- 펴 낸 곳　　한국학술정보㈜
　　　　　　　경기도 파주시 교하읍 문발리 513-5
　　　　　　　파주출판문화정보산업단지
　　　　　　　전화　031) 908-3181(대표) · 팩스　031) 908-3189
　　　　　　　홈페이지　http://www.kstudy.com
　　　　　　　e-mail(출판사업부)　publish@kstudy.com
- 등 　 록　　제일산-115호(2000. 6. 19)
- 가 　 격　　28,000원

ISBN　　　978-89-534-8246-3 98980 (Paper Book)
　　　　　　978-89-534-8246-3 98980 (e-Book)